排污单位自行监测技术指南教程
——稀有稀土金属冶炼

生态环境部生态环境监测司
中　国　环　境　监　测　总　站　　编著
四川省生态环境监测总站

中国环境出版集团·北京

图书在版编目（CIP）数据

排污单位自行监测技术指南教程. 稀有稀土金属冶炼/生态环境部生态环境监测司，中国环境监测总站，四川省生态环境监测总站编著. -- 北京 : 中国环境出版集团，2023.12

ISBN 978-7-5111-5860-4

Ⅰ. ①排… Ⅱ. ①生… ②中… ③四… Ⅲ. ①稀有金属－有色金属冶金－排污－环境监测－教材②稀土金属－有色金属冶金－排污－环境监测－教材 Ⅳ. ①X506 ②X758

中国国家版本馆 CIP 数据核字(2024)第 097082 号

出 版 人 武德凯
责任编辑 曲 婷
封面设计 彭 杉

出版发行 中国环境出版集团
（100062 北京市东城区广渠门内大街 16 号）
网 址：http://www.cesp.com.cn
电子邮箱：bjgl@cesp.com.cn
联系电话：010-67112765（编辑管理部）
发行热线：010-67125803，010-67113405（传真）
印 刷 北京中科印刷有限公司
经 销 各地新华书店
版 次 2023 年 12 月第 1 版
印 次 2023 年 12 月第 1 次印刷
开 本 787×960 1/16
印 张 23.75
字 数 380 千字
定 价 95.00 元

《排污单位自行监测技术指南教程》
编审委员会

《排污单位自行监测技术指南教程——稀有稀土金属冶炼》
编写委员会

主　　编　敬　红　易　丹　王军霞　冯元超　陈乾坤

张海震　刘通浩　倪辰辰

编写人员（以姓氏笔画排序）

王伟民　孔　川　冯亚玲　刘茂辉　刘常永

孙国翠　李文君　李宗超　李莉娜　杨伟伟

杨依然　吴艳娟　邱立莉　何　劲　张静星

陈雨艳　陈敏敏　赵　畅　秦承华　夏　青

夏　慧　倪鹏程　席英伟　董明丽　蒋华英

谭秀梅

序

生态环境是关系党的使命宗旨的重大政治问题，也是关系民生的重大社会问题。党中央、国务院高度重视生态环境保护工作，党的十八大将生态文明建设作为中国特色社会主义事业“五位一体”总体布局的重要组成部分。党的十九大报告全面阐述了加快生态文明体制改革、推进绿色发展、建设美丽中国的战略部署。习近平生态文明思想开启了新时代生态环境保护工作的新阶段，习近平总书记在全国生态环境保护大会上指出生态文明建设是关乎中华民族永续发展的根本大计。党的十八大以来，党中央以前所未有的力度抓生态文明建设，全党全国推动绿色发展的自觉性和主动性显著增强，美丽中国建设迈出重大步伐，我国生态环境保护发生历史性、转折性、全局性变化。

生态环境部组建以来，统一行使生态和城乡各类污染排放监管与行政执法职责，提高污染排放标准，强化排污者责任，健全环保信用评价、信息强制性披露、严惩重罚等制度，形成了政府为主导、企业为主体、社会组织和公众共同参与的环境治理体系。生态环境监测是生态环境保护工作的重要基础，是环境管理的基本手段。我国相关法律法规中明确要求排污单位对自身排污状况开展监测，排污单位开展自行监测是法定的责任和义务。

为规范和指导排污单位开展自行监测工作，生态环境部发布了一系列排污单位自行监测技术指南。同时，为让各级生态环境管理部门和排污单位更好地应用技术指南，生态环境部生态环境监测司组织中国环境监测总站等单位编写了排污单位自行监测技术指南教程系列图书，将排污单位自行监测技术指南分类解析，既突出对理论的解读，又兼顾实践的应用，具有很强的指导意义。本系列图书既可以作为各级生态环境主管部门、各研究机构、企事业单位环境监测人员的工作用书和培训教材，还可以作为大众学习的科普图书。

自行监测数据承载了大量污染排放和治理信息，是生态环保大数据重要的信息源，是排污许可证申请与核发等新时期环境管理的有力支撑。随着生态环境质量的不断改善，环境管理的不断深化，排污单位自行监测制度也将不断完善和改进。希望本系列图书的出版能为推进排污单位自行监测管理水平、落实企业自行监测主体责任发挥重要作用，为深入打好污染防治攻坚战作出应有的贡献。

编　者

2023 年 4 月

前　言

自 1972 年以来，我国生态环境保护工作从最初的意识启蒙阶段，经历了环境污染蔓延和加剧期的规模化、综合化治理，主要污染物总量控制等阶段，逐渐发展到以环境质量改善为核心的环境保护思路上来。为顺应生态环境保护工作的发展趋势，进一步规范企事业单位和其他生产经营者排污行为，控制污染物排放，自 2016 年以来，我国实施以排污许可制度为核心的固定污染源管理制度，在政府部门监督/执法监测基础上，强化了排污单位自行监测要求，排污单位自行监测是污染源监测的重要组成部分。

排污单位自行监测是排污单位依据相关法律、法规和技术规范对自身的排污状况开展监测的一系列活动。《中华人民共和国环境保护法》第四十二条、《中华人民共和国大气污染防治法》第二十四条、《中华人民共和国水污染防治法》第二十三条、《中华人民共和国土壤污染防治法》第二十一条、《中华人民共和国固体废物污染环境防治法》《中华人民共和国噪声污染防治法》第三十八条、《中华人民共和国环境保护税法》第十条和《排污许可管理条例》第十九条都对排污单位的自行监测提出了明确要求，排污单位开展自行监测是法律赋予的责任和义务，也是排污单位自证守法、自我保护的重要手段和途径。

为规范和指导稀有稀土冶炼工业排污单位开展自行监测，2022 年 4 月，生态环境部颁布了《排污单位自行监测技术指南 稀有稀土金属冶炼》。为进一步规范排污单位自行监测行为，提高自行监测质量，在生态环境部生态环境监测司的指导下，中国环境监测总站和四川省生态环境监测总站共同编写了《排污单位自行监测技术指南教程——稀有稀土金属冶炼》。本书共分 13 章。第 1 章从我国污染源监测的发展历程及管理的框架出发，引出了排污单位自行监测在当前污染源监测管理中的定位及一些管理规定，并说明了《排污单位自行监测技术指南 总则》与行业自行监测技术指南的关系。第 2 章主要介绍了排污单位开展自行监测的一般要求，从监测方案、监测设施、开展自行监测的要求、质量保证和质量控制、记录和保存五个方面进行了概述。第 3 章在分析目前稀有稀土金属冶炼行业概况和发展趋势的基础上对稀有稀土金属冶炼的生产工艺及产排污节点进行分析，并简要介绍了稀有稀土金属冶炼行业采用的一些常用污染治理技术。第 4 章对稀有稀土金属冶炼排污单位自行监测技术指南自行监测方案中各监测点位、监测指标、监测频次、监测要求等如何设定进行了解释说明，并选取了四个典型案例进行分析，为排污单位制定规范的自行监测方案提供了指导，在附录中给出了参考模板。第 5 章简要介绍了开展监测时，排污口、监测平台、自动监测设施等监测设施的设置和维护要求。第 6 章和第 8 章针对稀有稀土金属冶炼排污单位自行监测技术指南中废水、废气所涉及的监测指标如何采样、监测分析及注意事项进行了一一介绍。第 7 章和第 9 章对废水、废气自动监测系统从设备安装、调试、验收、运行管理及质量保证五个方面进行了介绍。第 10 章简要介绍了根据稀有稀土金属冶炼排污单位自行监测技术指南开展厂界环境噪声、地表水、近岸海域海水、地下水、土壤和环境空气等周边环境质量监测时的基本要求和注意事项。第 11 章从实验室体系管理角度出发，从人—机—料—法—环等环节对监测的质量保证和质量控制进行了简要概述，为提高自行监测数据质量奠定了基础。第 12 章是关于自行监测信息记录、报告和信息公开方面的相关要求，并就稀有稀土金属冶炼排污单位生产和污染治理设施运行等过程中的记录信息进行了梳理。第 13 章简要介绍了全国污染源监测数据管理与共享系统的总体架构和主要功能，为排污单位自行监测数据报送提供了方便。

本书在附录中列出了与自行监测相关的标准规范，以方便排污单位在使用时查询和索引。另外，还给出了一些记录样表和自行监测方案模板，为排污单位提供参考。

编 者

2023 年 4 月

目　录

第 1 章　排污单位自行监测定位与管理要求

污染源监测作为环境监测的重要组成部分，与我国环境保护工作同步发展，40 多年来不断发展壮大，现已基本形成了排污单位自行监测、管理部门监督/执法监测、社会公众监督的基本框架。排污单位自行监测是国家治理体系和治理能力现代化发展的需要，是排污单位应尽的社会责任，是法律明确要求的责任，也是排污许可制度的重要组成部分。我国关于排污单位自行监测的管理规定有很多，从不同层级和角度对排污单位进行了详细规定。为了保证排污单位自行监测制度的实施，指导和规范排污单位自行监测行为，我国制定了排污单位自行监测技术指南体系。《排污单位自行监测技术指南　稀有稀土金属冶炼》（HJ 1244—2022，以下简称《稀有稀土金属冶炼指南》）是其中的一个行业技术指南，是按照《排污单位自行监测技术指南　总则》（HJ 819—2017，以下简称《总则》）的要求和有关管理规定制定的，用于指导稀有稀土金属冶炼排污单位开展自行监测活动。

本章围绕排污单位自行监测定位和管理要求，对排污单位自行监测在我国污染源监测管理制度中的定位、排污单位自行监测管理要求、排污单位自行监测技术指南的定位及总体思路进行介绍。

1.1　我国污染源监测管理框架

1972 年以来，我国环境保护工作经历了环境保护意识启蒙阶段（1972—1978 年）、环境污染蔓延和环境保护制度建设阶段（1979—1992 年）、环境污染加剧和规模化治理阶段（1993—2001 年）、环保综合治理阶段（2002—2012 年）。集中的污染治理，尤其是严格的主要污染物总量控制，有效遏制了环境质量恶化的趋势，但仍未实现环境质量的全面改善。“十三五”以来，我国环境保护的思路转向以环境质量改善为核心。

与环境保护工作相适应，我国环境监测大致经历了三个阶段：第一阶段是污染调查监测与研究性监测阶段，第二阶段是污染源监测与环境质量监测并重阶段，第三阶段是环境质量监测与污染源监督监测阶段。

根据污染源监测在环境管理中的地位和实施情况，将污染源监测划分为三个阶段：严格的总量控制制度之前（“十一五”之前），污染源监测主要服务于工业污染源调查和环境管理“八项制度”；严格的总量控制制度时期（“十一五”和“十二五”），污染源监测围绕总量控制制度开展总量减排监测；以环境质量改善为核心阶段时期（“十三五”以来），污染源监测主要服务于环境保护执法和排污许可制实施。

我国现在已经基本形成排污单位自行监测、生态环境主管部门依法监管、社会公众监督的污染源监测管理框架（图 1-1）。2021 年 3 月 1 日正式实施的《排污许可管理条例》，从法律层面确立了以排污许可制为核心的固定污染源监管制度体系，进一步完善了以排污单位自行监测为主线、政府监督监测为抓手、鼓励社会公众广泛参与的污染源监测管理模式。排污单位开展自行监测，按要求向生态环境主管部门报告，向社会公众进行公开，同时接受生态环境主管部门的监管和社会公众的监督。生态环境主管部门向社会公众公布相关信息的同时受理社会公众对有关情况的举报。

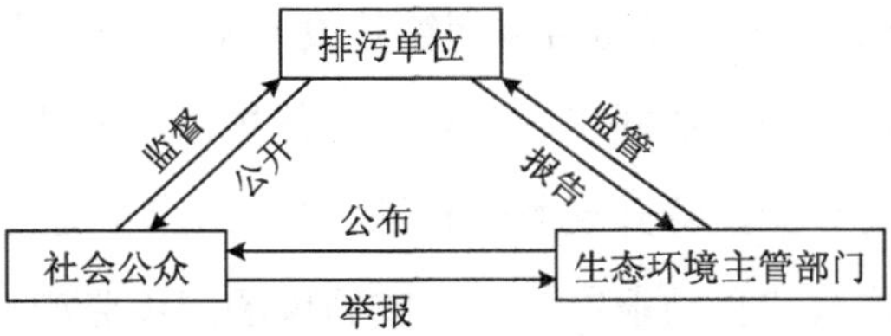

图 1-1　污染源监测管理框架

1.1.1　排污单位开展自行监测，并按照要求进行信息公开

近年来，我国大力推进排污单位自行监测和信息公开，《中华人民共和国环境保护法》《中华人民共和国大气污染防治法》《中华人民共和国水污染防治法》《中华人民共和国环境保护税法》《中华人民共和国土壤污染防治法》《中华人民共和国固体废物污染环境防治法》《中华人民共和国噪声污染防治法》等相关法律中均明确了排污单位自行监测和信息公开的责任。

在具体生态环境管理制度上，多项制度将排污单位自行监测和信息公开的责任进行了明确和落实。2013 年，环境保护部发布了《国家重点监控企业自行监测及信息公开办法（试行）》（环发〔2013〕81 号），将国家重点监控企业自行监测和信息公开率先作为主要污染物总量减排考核的一项指标。2016 年 11 月，国务院办公厅印发了《控制污染物排放许可制实施方案》（国办发〔2016〕81 号），提出控制污染物排放许可制的一项基本原则为："权责清晰，强化监管。排污许可证是企事业单位在生产运营期接受环境监管和环境保护部门实施监管的主要法律文书。企事业单位依法申领排污许可证，按证排污，自证守法。环境保护部门基于企事业单位守法承诺，依法发放排污许可证，依证强化事中事后监管，对违法排污行为实施严厉打击。"

1.1.2　生态环境主管部门组织开展监督/执法监测，实现测管协同

随着各项法律明确了排污单位自行监测的主体地位，管理部门的监测活动更

加聚焦于监督和执法。《生态环境监测网络建设方案》（国办发〔2015〕56号）要求：实现生态环境监测与执法同步。各级环境保护部门依法履行对排污单位的环境监管职责，依托污染源监测开展监管执法，建立监测与监管执法联动快速响应机制，根据污染物排放和自动报警信息，实施现场同步监测与执法。

《生态环境监测规划纲要（2020—2035年）》（环监测〔2019〕86号）提出：构建“国家监督、省级统筹、市县承担、分级管理”格局。落实自行监测制度，强化自行监测数据质量监督检查，督促排污单位规范监测、依证排放，实现自行监测数据真实可靠。建立完善监督制约机制，各级生态环境部门依法开展监督监测和抽查抽测。为落实纲要要求，各级生态环境主管部门按照“双随机、一公开”的原则，组织开展执法监测。通过排污单位证后监测监管，加强对排污单位自行监测数据质量和排放状况的监督，指导排污单位自行监测工作的改进，从而更好地提升排污单位自行监测水平。

《关于进一步加强固定污染源监测监督管理的通知》（环办监测〔2023〕5号）进一步提出，坚持精准治污、科学治污、依法治污，以固定污染源排污许可制为核心，构建排污单位依证监测、政府依法监管、社会共同监督的固定污染源监测监督管理的新格局，为深入打好污染防治攻坚战提供有力支撑。

1.1.3 社会公众参与监督，合力提升污染源监测质量

我国污染源量大面广，仅靠生态环境主管部门的监督远远不够，因此只有发动群众、实现全民监督，才能使违法排污行为无处遁形。2014年修订的《中华人民共和国环境保护法》更加明确地赋予了公众环保知情权和监督权：“公民、法人和其他组织依法享有获取环境信息、参与和监督环境保护的权利。各级人民政府环境保护主管部门和其他负有环境保护监督管理职责的部门，应当依法公开环境信息、完善公众参与程序，为公民、法人和其他组织参与和监督环境保护提供便利。”

排污单位通过各种方式公开自行监测结果，包括依托排污许可制度及平台、地方污染源监测信息公开渠道、通过本单位官方网站等。生态环境主管部门监督/执法

监测结果也依托排污许可制度及平台、依托地方污染源监测信息公开渠道等方式进行公开。社会公众可通过关注各类监测数据对排污单位及管理部门进行监督，督促排污单位和管理部门提高数据质量。

1.2　排污单位自行监测的定位

1.2.1　开展自行监测是构建政府、企业、社会共治的环境治理体系的需要

（1）构建现代环境治理体系的重大意义和总体要求

生态环境治理体系和治理能力是生态环境保护工作推进的基础支撑。2018 年 5 月，习近平总书记在全国生态环境保护大会上强调，要加快建立健全以治理体系和治理能力现代化为保障的生态文明制度体系，确保到 2035 年，生态环境质量实现根本好转，美丽中国目标基本实现；到本世纪中叶，生态环境领域国家治理体系和治理能力现代化全面实现，建成美丽中国。

党的十九大报告中提出构建政府为主导、企业为主体、社会组织和公众共同参与的环境治理体系。党的十九届四中全会将生态文明制度体系建设作为坚持和完善中国特色社会主义制度、推进国家治理体系和治理能力现代化的重要组成部分做出安排部署，强调实行最严格的生态环境保护制度，严明生态环境保护责任制度，要求健全源头预防、过程控制、损害赔偿、责任追究的生态环境保护体系，构建以排污许可制为核心的固定污染源监管制度体系，完善污染防治区域联动机制和陆海统筹的生态环境治理体系。2020 年 3 月，中共中央办公厅、国务院办公厅印发了《关于构建现代环境治理体系的指导意见》，提出了建立健全环境治理的领导责任体系、企业责任体系、全民行动体系、监管体系、市场体系、信用体系、法律法规政策体系。党的二十大报告提出深入推进环境污染防治，坚持精准治污、科学治污、依法治污，全面实行排污许可制，健全现代环境治理体系。

构建现代环境治理体系，是深入贯彻习近平生态文明思想和全国生态环境保

护大会精神的重要举措，是持续加强生态环境保护、满足人民日益增长的优美生态环境需要、建设美丽中国的内在要求，是完善生态文明制度体系、推动国家治理体系和治理能力现代化的重要内容，还将充分展现生态环境治理的中国智慧、中国方案和中国贡献，对全球生态环境治理进程产生重要影响。

坚决落实构建现代环境治理体系，要把握构建现代环境治理体系的总体要求。以习近平新时代中国特色社会主义思想为指导，深入贯彻习近平生态文明思想，坚定不移地贯彻新发展理念，以坚持党的集中统一领导为统领，以强化政府主导作用为关键，以深化企业主体作用为根本，以更好动员社会组织和公众共同参与为支撑，实现政府治理和社会调节、企业自治良性互动，完善体制机制，强化源头治理，形成工作合力。

（2）对排污单位自行监测的要求

污染源监测是污染防治的重要支撑，需要各方共同参与。为适应环境治理体系变革的需要，自行监测应发挥相应的作用，补齐短板，提供便利，为社会共治提供条件。

应改变传统生态环境治理模式中污染治理主体监测缺位现象。长期以来，污染源监测以政府部门监督性监测为主，尤其在“十一五”“十二五”总量减排时期，监督性监测得到快速发展，每年对国家重点监控企业按季度开展主要污染物监测，但排污单位在污染源监测中严重缺位。2013 年，为了解决单纯依靠环保部门有限的人力和资源难以全面掌握企业污染源状况的问题，环境保护部组织编制了《国家重点监控企业自行监测及信息公开办法（试行）》，大力推进企业开展自行监测。2014 年以来，多部生态环境保护相关法律均明确了排污单位自行监测的责任和要求。但是，自行监测数据的法定地位，以及如何在环境管理中应用并没有明确，自行监测数据在环境管理中的应用更是不足，并没有从根本上解决排污单位在环境治理体系中监测缺位的现象。新的环境治理体系应改变这一现状，使自行监测数据得到充分应用，才能保持多方参与的生命力和活力。

为公众提供便于获取、易于理解的自行监测信息。公众是社会共治环境治理体系的重要主体，公众参与的基础是及时获取信息，自行监测数据是反映排放状况的重要信息。社会的变革为公众参与提供了外在便利条件，为了提高自行监测在环境治理体系中的作用，就要充分利用自媒体、社交媒体等各种先进、便利的条件，为公众提供便于获取、易于理解的自行监测数据和基于数据加工而成的相关信息，为公众高效参与提供重要依据。2022 年 3 月 5 日，生态环境部办公厅发布了《关于环保设施向公众开放小程序正式上线的通知》（环办便函〔2022〕82 号），向公众公开了“环保设施向公众开放”小程序，提高设施开放单位和公众参与积极性，指导督促设施开放单位及时更新信息，为公众了解企业环保设施情况提供了新途径。

1.2.2　开展自行监测是社会责任和法定义务

企业是最主要的生产者，是社会财富的创造者，企业在追求自身利润的同时，向社会提供了产品，满足了人民的日常所需，推进了社会的进步。当然，在当代社会，由于企业是社会中普遍存在的社会组织，其数量众多、类型各异、存在范围广、对社会影响大。在这种情况下，社会的发展不仅要求企业承担生产经营和创造财富的义务，还要求其承担环境保护、社区建设和消费者权益维护等多方面的责任，这也是企业的社会责任。企业社会责任具有道义责任的属性和法律义务的属性。法律作为一种调整人们行为的规则，其调整作用是通过设置权利义务而实现的。因而，法律义务并非一种道义上的宣示，其有具体的、明确的规则指引人的行为。基于此，企业社会责任一旦进入环境法视域，即被分解为具体的法律义务。

企业开展排污状况自行监测是法定的责任和义务。《中华人民共和国环境保护法》第四十二条明确提出，“重点排污单位应当按照国家有关规定和监测规范安装使用监测设备，保证监测设备正常运行，保存原始监测记录”；第五十五条要求，“重点排污单位应当如实向社会公开其主要污染物的名称、排放方式、排放浓度和总量、超标排放情况，以及防治污染设施的建设和运行情况，接受社会监督”。《中华人民共和国大气污染防治法》《中华人民共和国水污染防治法》《中华人民共和国环境保护税法》《中华人民共和国土壤污染防治法》《中华人民共和国固体废物污染环境防治法》等相关法律中也均有排污单位自行监测的相关要求。

1.2.3 开展自行监测是自证守法和自我保护的重要手段和途径

排污许可制度作为固定污染源核心管理制度，其明确了排污单位自证守法的权利和责任，排污单位可以通过以下途径进行“自证”。一是依法开展自行监测，保证数据合法有效，妥善保存原始记录；二是建立准确完整的环境管理台账，记录能够证明其排污状况的相关信息，形成一套完整的证据链；三是定期、如实向生态环境部门报告排污许可证执行情况。可以看出，自行监测贯穿自证守法的全过程，是自证守法的重要手段和途径。

首先，排污单位被允许在标准限值下排放污染物，排放状况应该透明公开且合规。随着管理模式的改变，管理部门不对企业全面开展监测，仅对企业进行抽查抽测。排污单位需要对自身排放状况进行说明时，就需要开展自行监测。

其次，一旦出现排污单位对管理部门出具的监测数据或其他证明材料被质疑的情况，或者对公众举报等相关信息提出异议时，就需要出具自身排污状况的相关材料进行证明，而自行监测数据是非常重要的证明材料。

最后，自行监测可以对自身排污状况定期监控，也可对周边环境质量影响进行监测，及时掌握实际排污状况和对周边环境质量的影响，了解周边环境质量的变化趋势和承受能力，可以及时识别潜在环境风险，以便提前应对，避免引起更大的、无法挽救的环境事故，或对人民群众、生态环境和排污单位自身造成的巨大损害和损失。

1.2.4 开展自行监测是排污许可制度的重要组成部分

《控制污染物排放许可制实施方案》（国办发〔2016〕81 号）明确了排污单位应实行自行监测和定期发布报告。《排污许可管理条例》第十九条规定：“排污单位应当按照排污许可证规定和有关标准规范，依法开展自行监测，并保存原始监测记录。原始监测记录保存期限不得少于 5 年。排污单位应当对自行监测数据的真实性、准确性负责，不得篡改、伪造。”

因此，自行监测既是有明确法律法规要求的一项管理制度，也是固定污染源基础与核心管理制度——排污许可制度的重要组成部分。

1.2.5 开展自行监测是精细化管理与大数据时代信息输入与信息产品输出的需要

随着环境管理向精细化发展，强化数据应用、根据数据分析识别潜在的环境问题，做出更加科学精准的环境管理决策是环境管理面临的重大命题。大数据时代信息化水平的提升，为监测数据的加工分析提供了条件，也对数据输入提出了更高的需求。

自行监测数据承载了大量污染排放和治理信息，然而长期以来这些信息并没有得到充分的收集和利用，这是生态环境大数据中缺失的一项重要信息源。通过收集各类污染源长时间的监测数据，对同类污染源监测数据进行统计分析，可以更全面地判定污染源的实际排放水平，从而为制定排放标准、产排污系数提供科学依据。另外，通过监测数据与其他数据的关联分析，还能获得更多、更有价值的信息，为环境管理提供更有力的支撑。

1.3 排污单位自行监测的管理规定

我国现行法律法规、管理办法中有很多涉及排污单位自行监测的规定，具体见表 1-1。

表 1-1　我国现行与排污单位自行监测相关的法律法规和管理规定

名称	颁布机关	实施时间	主要相关内容
《中华人民共和国海洋环境保护法》	全国人民代表大会常务委员会	2000 年 4 月 1 日（2017 年 11 月 4 日修正）	规定了排污单位应当依法公开排污信息

名称	颁布机关	实施时间	主要相关内容
《中华人民共和国水污染防治法》	全国人民代表大会常务委员会	2008年6月1日（2017年6月27日修正）	规定了实行排污许可管理的企业事业单位和其他生产经营者应当对所排放的水污染物自行监测，并保存原始监测记录，排放有毒有害水污染物的还应开展周边环境监测，上述条款均设有对应罚则
《中华人民共和国环境保护法》	全国人民代表大会常务委员会	2015年1月1日	规定了重点排污单位应当安装使用监测设备，保证监测设备正常运行，保存原始监测记录，并进行信息公开
《中华人民共和国大气污染防治法》	全国人民代表大会常务委员会	2016年1月1日（2018年10月26日修正）	规定了企业事业单位和其他生产经营者应当对大气污染物进行监测，并保存原始监测记录
《中华人民共和国环境保护税法》	全国人民代表大会常务委员会	2018年1月1日（2018年10月26日修正）	规定了纳税人按季申报缴纳时，向税务机关报送所排放应税污染物浓度值
《中华人民共和国土壤污染防治法》	全国人民代表大会常务委员会	2019年1月1日	规定了土壤污染重点监管单位应制定、实施自行监测方案，并将监测数据报生态环境主管部门
《中华人民共和国固体废物污染环境防治法》	全国人民代表大会常务委员会	2020年9月1日	规定了产生、收集、贮存、运输、利用、处置固体废物的单位，应当依法及时公开固体废物污染环境防治信息，主动接受社会监督。 生活垃圾处理单位应当按照国家有关规定，安装使用监测设备，实时监测污染物的排放情况，将污染排放数据实时公开。监测设备应当与所在地生态环境主管部门的监控设备联网
《中华人民共和国刑法修正案（十一）》	全国人民代表大会常务委员会	2021年3月1日	规定了环境监测造假的法律责任
《中华人民共和国噪声污染防治法》	全国人民代表大会常务委员会	2022年6月5日	规定实行排污许可管理的单位应当按照规定，对工业噪声开展自行监测，保存原始监测记录，向社会公开监测结果，对监测数据的真实性和准确性负责。噪声重点排污单位应当按照国家规定，安装、使用、维护噪声自动监测设备，与生态环境主管部门的监控设备联网

名称	颁布机关	实施时间	主要相关内容
《城镇排水与污水处理条例》	国务院	2014 年 1 月 1 日	规定了排水户应按照国家有关规定建设水质、水量检测设施
《畜禽规模养殖污染防治条例》	国务院	2014 年 1 月 1 日	规定了畜禽养殖场、养殖小区应当定期将畜禽养殖废弃物排放情况报县级人民政府环境保护主管部门备案
《中华人民共和国环境保护税法实施条例》	国务院	2018 年 1 月 1 日	规定了未安装自动监测设备的纳税人，自行对污染物进行监测且所获取的监测数据符合国家有关规定和监测规范的，视同监测机构出具的监测数据，可作为计税依据
《排污许可管理条例》	国务院	2021 年 3 月 1 日	规定了持证单位自行监测责任，管理部门依证监管责任
《最高人民法院、最高人民检察院关于办理环境污染刑事案件适用法律若干问题的解释》	最高人民法院、最高人民检察院	2017 年 1 月 1 日	规定了重点排污单位篡改、伪造自动监测数据或者干扰自动监测设施的视为严重污染环境，并依据《刑法》有关规定予以处罚
《环境监测管理办法》	国家环境保护总局	2007 年 9 月 1 日	规定了排污者必须按照国家及技术规范的要求，开展排污状况自我监测；不具备环境监测能力的排污者，应当委托环境保护部门所属环境监测机构或者经省级环境保护部门认定的环境监测机构进行监测
《污染源自动监控设施现场监督检查办法》	环境保护部	2012 年 4 月 1 日	规定了：①排污单位或运营单位应当保证自动监测设备正常运行；②污染源自动监控设施发生故障停运期间，排污单位或者运营单位应当采用手工监测等方式，对污染物排放状况进行监测，并报送监测数据
《关于加强污染源环境监管信息公开工作的通知》	环境保护部	2013 年 7 月 12 日	规定了各级环保部门应积极鼓励引导企业进一步增强社会责任感，主动自愿公开环境信息。同时严格督促超标或者超总量的污染严重企业，以及排放有毒有害物质的企业主动公开相关信息，对不依法主动公布或不按规定公布的要依法严肃查处

名称	颁布机关	实施时间	主要相关内容
《关于印发〈国家重点监控企业自行监测及信息公开办法（试行）〉和〈国家重点监控企业污染源监督性监测及信息公开办法（试行）〉的通知》	环境保护部	2014 年 1 月 1 日	规定了企业开展自行监测及信息公开的各项要求，包括自行监测内容、自行监测方案，对通过手工监测和自动监测两种方式开展的自行监测分别提出了监测频次要求，自行监测记录内容，自行监测年度报告内容，自行监测信息公开的途径、内容及时间要求等
《环境保护主管部门实施限制生产、停产整治办法》	环境保护部	2015 年 1 月 1 日	规定了被限制生产的排污者在整改期间按照环境监测技术规范进行监测或者委托有条件的环境监测机构开展监测，保存监测记录，并上报监测报告
《生态环境监测网络建设方案》	国务院办公厅	2015 年 7 月 26 日	规定了重点排污单位必须落实污染物排放自行监测及信息公开的法定责任，严格执行排放标准和相关法律法规的监测要求
《关于支持环境监测体制改革的实施意见》	财政部、环境保护部	2015 年 11 月 2 日	规定了落实企业主体责任，企业应依法自行监测或委托社会化检测机构开展监测，及时向环保部门报告排污数据，重点企业还应定期向社会公开监测信息
《关于加强化工企业等重点排污单位特征污染物监测工作的通知》	环境保护部	2016 年 9 月 20 日	规定了：①化工企业等排污单位应制定自行监测方案，对污染物排放及周边环境开展自行监测，并公开监测信息；②监测内容应包含排放标准的规定项目和涉及的列入污染物名录库的全部项目；③监测频次，自动监测的应全天连续监测，手工监测的，废水特征污染物监测每月开展一次，废气特征污染物监测每季度开展一次，周边环境监测按照环评及其批复执行，可根据实际情况适当增加监测频次
《控制污染物排放许可制实施方案》	国务院办公厅	2016 年 11 月 10 日	规定了企事业单位应依法开展自行监测，安装或使用的监测设备应符合国家有关环境监测、计量认证规定和技术规范，建立准确完整的环境管理台账，安装在线监测设备的应与环境保护部门联网

名称	颁布机关	实施时间	主要相关内容
《关于实施工业污染源全面达标排放计划的通知》	环境保护部	2016 年 11 月 29 日	规定了：①各级环保部门应督促、指导企业开展自行监测，并向社会公开排放信息；②对超标排放的企业要督促其开展自行监测，加大对超标因子的监测频次，并及时向环保部门报告；③企业应安装和运行污染源在线监控设备，并与环保部门联网
《关于深化环境监测改革　提高环境监测数据质量的意见》	中共中央办公厅、国务院办公厅	2017 年 9 月 21 日	规定了环境保护部要加快完善排污单位自行监测标准规范；排污单位要开展自行监测，并按规定公开相关监测信息，对弄虚作假行为要依法处罚；重点排污单位应当建设污染源自动监测设备，并公开自动监测结果
《企业环境信息依法披露管理办法》	生态环境部	2022 年 2 月 8 日	规定了企业（包括重点排污单位）应当依法披露环境信息，包括企业自行监测信息等
《关于加强排污许可执法监管的指导意见》	生态环境部	2022 年 3 月 28 日	规定了排污单位应当提高自行监测质量。确保申报材料、环境管理台账记录、排污许可证执行报告、自行监测数据的真实、准确和完整，依法如实在全国排污许可证管理信息平台上公开信息，不得弄虚作假，自觉接受监督
《环境监管重点单位名录管理办法》	生态环境部	2023 年 1 月 1 日	环境监管重点单位应当依法履行自行监测、信息公开等生态环境法律义务，采取措施防治环境污染，防范环境风险
《关于进一步加强固定污染源监测监督管理的通知》	生态环境部	2023 年 3 月 8 日	规定了生态环境部门要加强排污单位自行监测监管，督促持证排污单位按照排污许可证要求，规范开展自行监测，并公开监测结果；督促重点排污单位、实行排污许可重点管理的排污单位，依法依规安装运维自动监测设备，并与生态环境部门联网；强化排污许可管理、环境监测、环境执法联动，形成管理闭环

注：截至 2023 年 3 月 8 日。

1.4 排污单位自行监测技术指南的定位

1.4.1 排污许可制度配套的技术支撑文件

排污许可证制度是国外普遍采用的控制污染的法律制度。从美国等发达国家实施排污许可制度的经验来看，监督检查是排污许可制度实施效果的重要保障；污染源监测是监督检查的重要组成部分和基础；自行监测是污染源监测的主体形式，作为重要的内容在排污许可证中载明。

我国当前推行的排污许可制度明确了企业“自证守法”，其中自行监测是排污单位自证守法的重要手段和方法。只有在特定监测方案和要求下的监测数据才能够支撑排污许可“自证”的要求。因此，在排污许可制度中，自行监测要求是必不可少的一部分。

重点排污单位自行监测的法律地位已得到明确，自行监测制度初步建立，而自行监测的有效实施还需要有配套的技术文件作为支撑，排污单位自行监测技术指南是基础而重要的技术指导性文件。因此，制定排污单位自行监测技术指南是落实相关法律法规的需要。

1.4.2 对现有标准和管理文件中关于排污单位自行监测规定的补充

对每个排污单位来说，生产工艺产生的污染物、不同监测点位执行排放标准和控制指标、环评报告要求的内容都有不同情况及独特内容。虽然各种监测技术标准与规范已从不同角度对排污单位的监测内容作出了规定，但依然不够全面。

为提高监测效率，应针对不同排放源污染物排放特性确定监测要求。监测是污染排放监管必不可少的技术支撑，具有重要的意义，但监测是需要成本的，所以应在监测效果和成本间寻找合理的平衡点。“一刀切”的监测要求必然会造成部分排放源监测要求过高，从而造成浪费；或者对部分排放源要求过低，从而达不到监管需求。因此，需要专门的技术文件，从排污单位监测要求进行系统分析和设计，使监测更精细化，从而提高监测效率。

1.4.3　对排污单位自行监测行为指导和规范的技术要求

我国自 2014 年以来开始推行国家重点监控企业自行监测及信息公开，从实施情况来看存在诸多问题，需要加强对排污单位自行监测行为的指导和规范。

与环境质量监测相比，污染源监测涉及的行业较多，监测内容更复杂。我国目前仅国家污染物排放标准就有近 200 项，且数量还在持续增加；省级人民政府依法制定并报生态环境部备案的地方污染物排放标准总数也有 100 多项，数量也同样不断增加。排放标准中的控制项目种类繁杂，水、气污染物均在 100 项以上。

由于国家发布的有关规定必须有普适性、原则性的特点，因此排污单位在开展自行监测过程中如何结合企业具体情况，合理确定监测点位、监测项目和监测频次等实际问题上面临着诸多疑问。

生态环境部在对全国各地区自行监测及信息公开平台的日常监督检查及现场检查等工作中发现，部分排污单位存在自行监测方案内容不完善、监测活动不规范、监测数据质量不高等问题。为解决排污单位开展自行监测过程中遇到的问题，需要进一步加强对排污单位自行监测的工作指导和规范行为，建立和完善排污单位自行监测相关规范内容，因此有必要制定自行监测技术指南，将自行监测要求进一步明确和细化。

1.5　行业技术指南在自行监测技术指南体系中的定位和制定思路

1.5.1　自行监测技术指南体系

排污单位自行监测指南体系以《总则》为统领，包括一系列重点行业排污单位自行监测技术指南、若干通用工序自行监测技术指南以及 1 个环境要素自行监测技术指南，共同组成排污单位自行监测技术指南体系，见图 1-2。

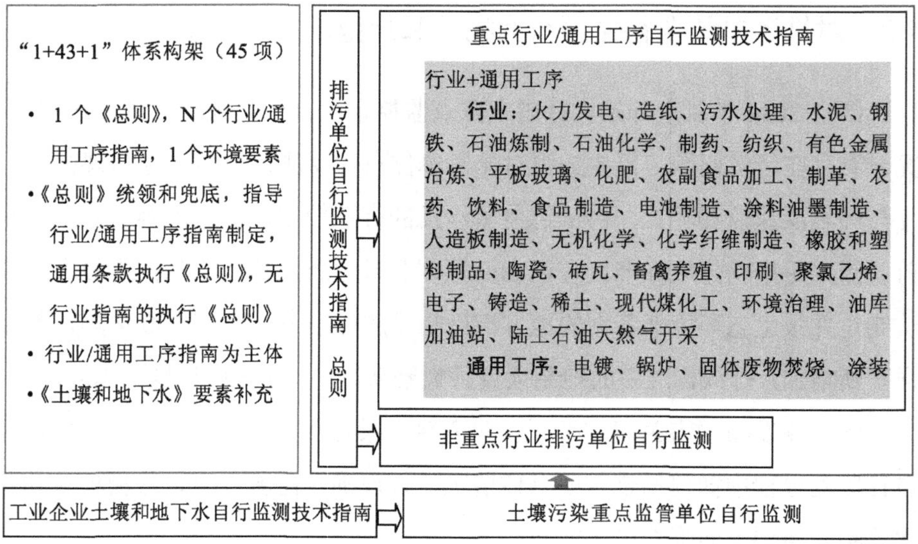

图 1-2　排污单位自行监测技术指南体系

《总则》在排污单位自行监测指南体系中属于纲领性的文件，起到统一思路和要求的作用。第一，对行业技术指南总体性原则进行规定，是行业技术指南的参考性文件；第二，对于行业技术指南中必不可少，但要求比较一致的内容，可以在《总则》中体现，在行业技术指南中加以引用，既保证一致性，也减少重复；第三，对于部分污染差异大、企业数量少的行业，单独制定行业技术指南意义不大，这类行业排污单位可以参照《总则》开展自行监测。行业技术指南未发布的，也应参照《总则》开展自行监测。

1.5.2　行业排污单位自行监测技术指南是对《总则》的细化

行业技术指南是在《总则》的统一原则要求下，考虑该行业排污单位所有废水、废气、噪声污染源的监测活动，在指南中进行统一规定。行业排污单位自行监测技术指南的核心内容包括以下两个方面：

（1）明确行业的监测方案。首先明确行业的主要污染源、各污染源的主要污染因子，针对各污染源的各污染因子提出监测方案设置的基本要求，包括监测点位、监测指标、监测频次、监测技术等。

（2）明确数据记录、报告和公开要求。根据行业特点，参照各参数或指标与校核污染物排放的相关性，提出监测相关数据记录要求。

除了行业技术指南中规定的内容，还应执行《总则》的要求。

1.5.3　稀有稀土金属冶炼排污单位自行监测技术指南制定原则与思路

1.5.3.1　以《总则》为指导，根据行业特点进行细化

稀有稀土金属冶炼排污单位自行监测技术指南中的主体内容是以《总则》为指导，根据《总则》中确定的基本原则和方法，在对稀有稀土金属冶炼产排污环节进行分析的基础上，结合行业实际排污特点，对稀有稀土金属冶炼排污单位监测方案、信息记录的内容具体化和明确化。

1.5.3.2　以污染物排放标准为基础，全指标覆盖

污染物排放标准规定的内容是行业自行监测技术指南制定的重要基础。在污染物指标确定时，行业技术指南主要以当前实施的、适用于稀有稀土金属冶炼排污单位的污染物排放标准为依据。同时，根据实地调研以及相关数据分析结果，对实际排放的或地方实际监管的污染物指标进行适当的考虑，在标准中列明，但标明为选测，或由排污单位根据实际监测结果判定是否排放，若实际生产中排放，则应进行监测。

1.5.3.3　以满足排污许可制度实施为主要目标

《稀有稀土金属冶炼指南》的制定以能够满足稀有稀土金属冶炼排污单位排污

许可制度实施为主要目标。

由于稀有稀土金属冶炼不同排污单位原辅料和生产工艺不同，实际存在的废气排放源差异较大，有些类型的废气源仅在少数稀有稀土金属冶炼企业中存在，《排污许可证申请与核发技术规范 稀有稀土金属冶炼》（HJ 1125—2020）中将常见的废气排放源纳入管控。《稀有稀土金属冶炼指南》以排放标准为技术依据，对常见废气排放源监测点位、指标、频次进行了规定。

排污许可制度对重点管理排污单位的主要排放口提出了许可排放浓度和许可排放量的“双管控”要求，一般排放口仅有许可排放浓度要求。为了支撑排污许可证制度实施对排放量核算的需求，有许可排放量要求的污染物，监测频次一般高于其他污染物。

第2章　自行监测的一般要求

按照开展自行监测活动的一般流程，排污单位应查清本单位的污染源、污染物指标及潜在的环境影响，制定监测方案，设置和维护监测设施，按照监测方案开展自行监测，做好质量保证和质量控制，记录和保存监测数据，依法向社会公开监测结果。

本章围绕排污单位自行监测流程中的关键节点，对其中的关键问题进行介绍。制定监测方案时，应重点保证监测内容、监测指标和监测频次的全面性、科学性，确保监测数据的代表性，这样才能全面反映排污单位的实际排放状况；设置和维护监测设施时，应能够满足监测要求，同时为监测的开展提供便利条件；在自行监测开展过程中，应该根据本单位实际情况自行监测或者委托有资质的单位开展监测，所有监测活动要严格按照监测技术规范执行；在开展监测的过程中，应做好质量保证和质量控制，确保监测数据质量；监测信息记录与公开时，应保证监测过程可溯，同时按要求报送和公开监测结果，接受管理部门和公众的监督。

2.1　制定监测方案

2.1.1　自行监测内容

排污单位自行监测不仅限于污染物排放监测，还应该围绕本单位污染物排放状况、污染治理情况、对周边环境质量影响监测状况来确定监测内容。但考虑到排污单位自行监测的实际情况，排污单位可根据管理要求，逐步开展。

2.1.1.1 污染物排放监测

污染物排放监测是排污单位自行监测的基本要求，包括废气污染物监测、废水污染物监测和噪声污染监测。废气污染物监测，包括对有组织排放废气污染物和无组织排放废气污染物的监测。废水污染物监测可按废水对水环境的影响程度来确定，而废水对水环境的影响程度主要取决于排放去向，即直接排入环境（即直接排放）和排入公共污水处理系统（间接排放）两种方式。噪声污染监测一般指厂界环境噪声监测。

2.1.1.2 周边环境质量影响监测

排污单位应根据自身排放对周边环境质量的影响开展周边环境质量影响状况监测，从而掌握自身排放状况对周边环境质量影响的实际情况和变化趋势。

《中华人民共和国大气污染防治法》第七十八条规定："排放前款名录中所列有毒有害大气污染物的企业事业单位，应当按照国家有关规定建设环境风险预警体系，对排放口和周边环境定期进行监测，评估环境风险，排查环境安全隐患，并采取有效措施防范环境风险。"《中华人民共和国水污染防治法》第三十二条规定："排放前款名录中所列有毒有害水污染物的企业事业单位和其他生产经营者，应当对排污口和周边环境进行监测，评估环境风险，排查环境安全隐患，并公开有毒有害水污染物信息，采取有效措施防范环境风险。"

目前，我国已发布第一批有毒有害大气污染物名录和有毒有害水污染物名录。第一批有毒有害大气污染物包括二氯甲烷、甲醛、三氯甲烷、三氯乙烯、四氯乙烯、乙醛、镉及其化合物、铬及其化合物、汞及其化合物、铅及其化合物、砷及其化合物。第一批有毒有害水污染物包括二氯甲烷、三氯甲烷、三氯乙烯、四氯乙烯、甲醛、镉及镉化合物、汞及汞化合物、六价铬化合物、铅及铅化合物、砷及砷化合物。因此，排污单位可根据本单位实际情况，自行确定监测指标和内容。

对于污染物排放标准、环境影响评价文件及其批复或其他环境管理制度有明确要求的，排污单位应按照要求对其周边相应的空气、地表水、地下水、土壤等环境质量开展监测。对于相关管理制度没有明确要求的，排污单位应依据《中华人民共和国大气污染防治法》《中华人民共和国水污染防治法》的要求，根据实际情况确定是否开展周边环境质量影响监测。

2.1.1.3　关键工艺参数监测

污染物排放监测需要专门的仪器设备、人力物力，经济成本较高。污染物排放状况与生产工艺、设备参数等相关指标有一定的关联性，而对这些工艺或设备相关参数的监测，有些是生产过程中必须监测的，有些虽然不是生产过程中必须监测的指标，但开展监测相对容易，成本较低。因此，在部分排放源或污染物指标监测成本相对较高、难以实现高频次监测的情况下，可以通过对与污染物产生和排放密切相关的关键工艺参数进行测试以补充污染物排放监测数据。

2.1.1.4　污染治理设施处理效果监测

有些排放标准对污染治理设施处理效果有限值要求，这就需要通过监测结果进行处理效果的评价。另外，有些情况下，排污单位需要掌握污染处理设施的处理效果，从而可以更好地调试生产和污染治理设施。因此，若污染物排放标准等环境管理文件对污染治理设施有特别要求的，或排污单位认为有必要的，应对污染治理设施处理效果进行监测。

2.1.2　自行监测方案内容

排污单位应当对本单位污染源排放状况进行全面梳理，分析潜在的环境风险，制定能够反映本单位实际排放状况的监测方案，以此作为开展自行监测的依据。

监测方案内容包括单位基本情况、监测点位及示意图、监测指标、执行标准及其限值、监测频次、采样和样品保存方法、监测分析方法和仪器、质量保证与质量控制等。

所有按照规定开展自行监测的排污单位，在投入生产或使用并产生实际排污行为之前，应完成自行监测方案的编制及相关准备工作。一旦发生排污行为，就应按照监测方案开展监测活动。

当有以下情况发生时，应变更监测方案：执行的排放标准发生变化；排放口位置、监测点位、监测指标、监测频次、监测技术任意一项内容发生变化；污染源、生产工艺或处理设施发生变化。

2.2 设置和维护监测设施

开展监测必须有相应的监测设施。为了保证监测活动的正常开展，排污单位应按照规定设置满足监测所需要的设施。

2.2.1 监测设施应符合监测规范要求

开展废水、废气污染物排放监测，应保证现场设施条件符合相关监测方法或技术规范的要求，确保监测数据的代表性。因此，废水排放口、废气监测断面及监测孔的设置都有相应的要求，要保证水流、气流不受干扰且混合均匀，采样点位的监测数据能够反映监测时点污染物排放的实际情况。

我国废水、废气监测相关标准规范中规定了监测设施必须满足的条件，排污单位可根据具体的监测项目，对照监测方法标准和技术规范确定监测设施的具体设置要求。原国家环境保护局发布的《排污口规范化整治技术要求（试行）》（环监〔1996〕470号）对排污口规范化整治技术提出了总体要求，部分省市也对其辖区排污口的规范化管理发布了技术规定、标准，对排污单位监测设施设置要求予以明确。如北京市出台的《固定污染源监测点位设置技术规范》(DB 11/1195—2015)、山东省出台的《固定污染源废气监测点位设置技术规范》(DB 37/T 3535—2019)。

中国环境保护产业协会发布的《固定污染源废气排放口监测点位设置技术规范》（T/CAEPI 46—2022），对固定污染源监测点位监测设施设置规范进行了全面规定，这也可以作为排污单位设置监测设施的重要参考。但总体来说，相关标准规范对监测设施的规定还是比较零散的，不够系统。

2.2.2　监测平台应便于开展监测活动

开展监测活动时需要一定的空间，有时还需要可供仪器设备使用的直流供电，因此排污单位应设置方便开展监测活动的平台，包括以下要求：一是到达监测平台要方便，可以随时开展监测活动；二是监测平台的空间要足够大，能够保证各类监测设备摆放和人员活动；三是监测平台要备有需要的电源等辅助设施，确保监测活动开展所必需的各类仪器设备和辅助设备能够正常工作。

2.2.3　监测平台应能保证监测人员的安全

开展监测活动的同时，必须要保证监测人员的人身安全，因此监测平台要设有必要的防护设施。一是高空监测平台，周边要有能够保障人员安全的围栏，监测平台底部的空隙不应过大；二是监测平台附近有造成人体机械伤害、灼烫、腐蚀、触电等危险源的，应在平台相应位置设置防护装置；三是监测平台上方有坠落物体隐患时，应在监测平台上方设置防护装置；四是排放剧毒、致癌物及对人体有严重危害物质的监测点位应储备相应的安全防护装备。所有围栏、底板、防护装置使用的材料要符合相关质量要求，能够承受预估的最大冲击力，从而保障人员的安全。

2.2.4　废水排放量大于 100 t/d 的，应安装自动测流设施并开展流量自动监测

废水流量监测是废水污染物监测的重要内容。从某种程度上来说，流量监测比污染物浓度监测更重要。流量监测易受环境影响、监测结果存在一定的不确定

性是国际上普遍存在的技术问题。但总体来看，流量监测技术日趋成熟，能够满足各种流量监测需要，也能满足自动测流的需要。废水流量的监测方法有多种，根据废水排放形式，分为电磁流量计和明渠流量计两种。其中，电磁流量计适用于管道排放，对流量范围的适用性较广。明渠流量计中，三角堰适用于流量较小的情况，监测范围低至 1.08 m^3/h 即能够满足 30 t/d 排放水平企业的需要。根据环境统计数据，全国废水排放量大于 30 t/d 的企业有 7.5 万家，约占企业总数的 79%；废水排放量大于 50 t/d 的企业有 6.7 万家，约占企业总数的 71%；废水排放量大于 100 t/d 的企业有 5.7 万家，约占企业总数的 60%。从监测技术稳定性和当前基础来看，建议废水排放量大于 100 t/d 的企业采取自动测流的方式。

2.3 开展自行监测

2.3.1 自行监测开展方式

在监测的组织方式上，开展监测活动时既可以选择依托自有人员、设备、场地自行开展监测，也可以委托有资质的社会化检测机构开展监测。在监测技术手段上，无论是自行监测还是委托监测，都可以采用手工监测和自动监测的方式。排污单位自行监测活动开展方式选择流程如图 2-1 所示。

排污单位首先根据自行监测方案明确需要开展监测的点位、监测项目、监测频次，在此基础上根据不同监测项目的监测要求分析本单位是否具备开展自行监测的条件。具备监测条件的项目可选择自行监测或委托监测；不具备监测条件的项目，排污单位可根据自身实际情况，决定是否提升自身监测能力，以满足自行监测的条件。如果通过筹建实验室、购买仪器、聘用人员等方式满足开展自行监测条件的，可以选择自行监测。若排污单位委托社会化检测机构开展监测，需要按照不同监测项目检查拟委托的社会化检测机构是否具备承担委托监测任务的条件。若拟委托的社会化检测机构符合条件，则可委托社会化检测机构开展委托监测；若不符合条件，则应更换具备条件的社会化检测机构承担相应的监测任务。由此来说，对排污单位自行监测有 3 种方式：全部自行监测、全部委托监测、部分自行监测与部分委托监测。同一排污单位针对不同监测项目，可委托多家社会化检测机构开展监测。

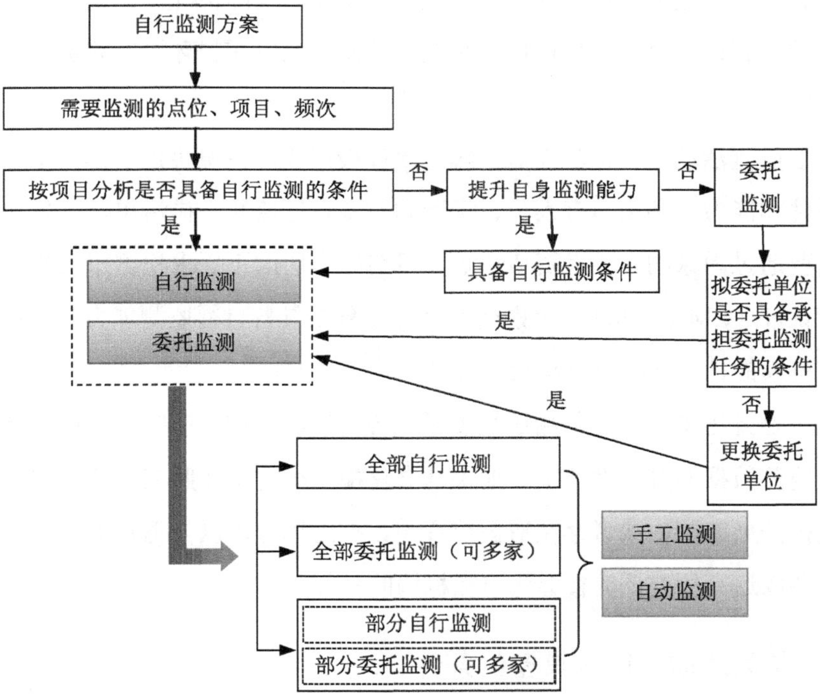

图 2-1　排污单位自行监测活动开展方式选择流程

无论是自行监测还是委托监测，都应当按照自行监测方案要求，确定各监测点位、监测项目的监测技术手段。对于明确要求开展自动监测的点位及项目，应采用自动监测的方式。其他点位和项目可根据排污单位实际情况，确定是否采用自动监测的方式。若采用自动监测的方式，应该按照相应技术规范的要求，定期采用手工监测方式进行校验。不采用自动监测的项目，应采用手工监测方式开展监测。

2.3.2 监测活动开展一般要求

监测活动开展的技术依据是监测技术规范。除了监测方法中的规定，我国还有一些系统性的监测技术规范对监测全过程或者专门针对监测的某个方面进行了规定。为了保证监测数据准确可靠，能够客观反映实际情况，无论是自行开展监测还是委托其他社会化检测机构，都应该按照国家发布的环境监测标准、技术规范来开展。

开展监测活动的机构和人员由排污单位根据实际情况决定。排污单位可根据自身条件和能力，利用自有人员、场所和设备自行监测。排污单位开展自行监测时不需要通过国家的实验室资质认定，目前国家层面不要求检测报告必须加盖中国质量认证（CMA）印章。个别或者全部项目不具备自行监测能力时，也可委托其他有资质的社会化检测机构代其开展。

无论是排污单位自行监测还是委托社会化检测机构开展监测，排污单位都应对自行监测数据的真实性负责。如果社会化检测机构未按照相应环境监测标准、技术规范开展监测，或者存在造假等行为，排污单位可以依据相关法律法规和委托合同条款追究所委托的社会化检测机构的责任。

2.3.3 监测活动开展应具备的条件

2.3.3.1 自行监测应具备的条件

自行开展监测活动的排污单位，应具备开展相应监测项目的能力，主要从以下几个方面考虑。

（1）人员

监测人员是指与生态环境监测工作相关的技术管理人员、质量管理人员、现场测试人员、采样人员、样品管理人员、实验室分析人员（包括样品前处理等辅助岗位人员）、数据处理人员、报告审核人员和授权签字人等各类专业技术人员的总称。

排污单位应设置承担环境监测职责的机构，落实环境监测经费，赋予相应的工作定位和职能，配备相应能力水平的生态环境监测技术人员。排污单位中开展自行监测工作人员的数量、专业技术背景、工作经历、监测能力要与所开展的监测活动相匹配。建议中级及以上专业技术职称或同等能力的人员数量不少于总数的 15%。

排污单位应与其监测人员建立固定的劳动关系，明确岗位职责、任职要求和工作关系，使其满足岗位要求并具有所需的权利和资源，履行建立、实施、保持和持续改进管理体系的职责。

排污单位监测机构最高管理者应组织和负责管理体系的建立和有效运行。排污单位应对操作设备、监测、签发监测报告等人员进行能力确认，由熟悉监测目的、程序、方法和结果评价的人员对监测人员进行质量监督。排污单位应制订人员培训计划，明确培训需求和实施人员培训，并评价培训活动的有效性。排污单位应保留技术人员的相关资质、能力确认、授权、教育、培训和监督的记录。

开展自行监测的相关人员应结合岗位设定，熟悉和掌握环境保护基础知识、法律法规、相关质量标准和排放标准、监测技术规范及有关化学安全和防护等知识。

（2）场所环境

排污单位应按照监测标准或技术规范，对现场监测或采样时的环境条件和安全保障条件予以关注，如监测或采样位置、电力供应、安全性等是否能保证监测人员安全和监测过程的规范性。

实验室宜集中布置，做到功能分区明确、布局合理、互不干扰，对于有温湿度控制要求的实验室，建筑设计应采取相应技术措施；实验室应有相应的安全消防保障措施。

实验室设计必须执行国家现行有关安全、卫生及环境保护法规和规定，对限制人员进入的实验区域应在其显眼区域设置警告装置或标志。

凡是空间内含有对人体有害的气体、蒸气、气味、烟雾、挥发物质的实验室，应设置通风柜，实验室需维持负压，向室外排风时必须经特殊过滤；凡是经常使用强酸、强碱，有化学品烧伤风险的实验室，应在出口就近设置应急喷淋器和应急洗眼器等装置。

实验室用房一般照明的照度均匀，其最低照度与平均照度之比不宜小于 0.7。微生物实验室宜设置紫外灭菌灯，其控制开关应设在门外并与一般照明灯具的控制开关分开安装。

对影响监测结果的环境条件，应制定相应的标准文件。如果规范、方法和程序有要求，或对结果的质量有影响，实验室应监测、控制和记录环境条件。当环境条件影响监测结果时，应停止监测。应将不相容活动的相邻区域进行有效隔离。对进入和使用影响监测质量的区域，应加以控制。应采取措施确保实验室的良好内务，必要时应制定专门的程序。

（3）设备设施

排污单位配备的设备种类和数量应满足监测标准规范的要求，包括现场监测设备、采样设备、制样设备、样品保存设备、前处理设备、实验室分析设备和其他辅助设备。现场监测设备主要包括便携式现场监测分析仪、气象参数监测设备等；采样设备主要有水质采样器、大气采样器、固定污染源采样器等；样品保存设备主要指样品采集后和运输过程中可供低温、冷冻或避光所需的设备；前处理设备主要指加热、烘干、研磨、消解、蒸馏、振荡、过滤、浸提等保存的设备；实验室分析设备主要有气相色谱仪、液相色谱仪、离子色谱仪、原子吸收光谱仪、原子荧光光谱仪、红外测油仪、分光光度计、万分之一天平等。设备在投入工作前应进行校准或核查，以保证其满足使用要求。

大型仪器设备应配有仪器设备操作规程和仪器设备运行与保养记录；每台仪器设备及其软件应有唯一性标识；应保存对监测具有重要影响的每台仪器设备及软件的相关记录，并存档。

（4）管理体系

排污单位应根据自行监测活动的范围，建立与之相匹配的管理体系。管理体系应覆盖自行监测活动的全部场所。应将点位布设、样品采集、样品管理、现场监测、样品运输和保存、样品制备、实验分析、数据传输、记录、报告编制和档案管理等监测活动纳入管理体系。应编制并执行质量手册、程序文件、作业指导书、质量和技术记录表格等，采取质量保证和质量控制措施，确保自行监测数据可靠。

2.3.3.2　委托单位相关要求

排污单位委托社会化检测机构开展自行监测的，也应对自行监测数据的真实性负责，因此排污单位应重视对被委托单位的监督管理。其中，具备监测资质是被委托单位承接监测任务的前提和基本要求。

接受自行监测任务的单位应具备监测相应项目的资质，即所出具的监测报告必须能够加盖 CMA 印章。排污单位除应对资质进行检查外，还应该加强对被委托单位的事前、事中、事后监督管理。

选择拟委托的社会化检测机构前，应对其既往业绩、实验室条件、人员条件等进行检查，重点考虑社会化检测机构是否具备承担委托项目的能力及经验，是否存在弄虚作假的行为不良记录等。

被委托单位开展监测活动过程中，排污单位应定期或不定期抽检被委托单位的监测报告和原始记录等。若有存疑的地方，可现场检查。

每年报送全年监测报告前，排污单位应对被委托单位的监测数据进行全面检查，包括监测的全面性、记录的规范性、监测数据的可靠性等，确保被委托单位能够按照要求开展监测。

2.4　监测质量保证与质量控制

无论是自行开展监测还是委托社会化检测机构开展监测，都应该根据相关监测技术规范、监测方法标准等要求做好质量保证与质量控制。

自行开展监测的排污单位应根据本单位自行监测的工作需求设置监测机构，梳理监测方案制定、样品采集、样品分析、出具监测结果、样品留存、相关记录的保存等各个环节，制定工作流程、管理措施与监督措施，建立自行监测质量体系，确保监测工作质量。质量体系应包括对以下内容的具体描述：监测机构、人员、出具监测数据所需仪器设备、监测辅助设施和实验室环境、监测方法技术能力验证、监测活动质量保证与质量控制等。

委托其他有资质的社会化检测机构代其开展自行监测的，排污单位不用建立监测质量体系，但应对社会化检测机构的资质进行确认。

2.5 记录和保存监测数据

记录监测数据与监测期间的工况信息，整理成台账资料，以备管理部门检查。手工监测时应保留全部原始记录信息，全过程留痕。自动监测时除了通过仪器全面记录监测数据外，还应有运行维护记录。另外，为了更好地梳理污染物排放状况，了解监测数据的代表性，对监测数据进行交叉印证，形成完整的证据链，还应详细记录监测期间的生产和污染治理状况。

排污单位应将自行监测数据接入全国污染源监测信息管理与共享平台，公开监测信息。此外，可以采取以下一种或者几种方式让公众更便捷地获取监测信息：公告或者公开发行的信息专刊，广播、电视等新闻媒体，信息公开服务、监督热线电话，本单位的资料索取点、信息公开栏、信息亭、电子屏幕、电子触摸屏等场所或者设施，其他便于公众及时、准确获得信息的方式。

第 3 章　稀有稀土金属冶炼工业发展及污染排放状况

稀有稀土金属冶炼工业是我国原材料工业的支柱产业之一，也是环境管理重点关注的行业之一。本章围绕稀有稀土金属冶炼工业产品产量区域分布情况、行业发展现状和趋势进行简要介绍，同时分类对典型工艺过程产排污节点和污染治理技术进行简要说明，为后文排污单位自行监测方案的制定提供基础依据。由于该行业涉及伴生放射性矿的开发利用，而生态环境部《关于发布〈伴生放射性矿开发利用企业环境辐射监测及信息公开办法（试行）〉的公告》（国环规辐射〔2018〕1 号）中对除铀（钍）矿外所有矿产资源开发利用活动中原矿、中间产品、尾矿（渣）或者其他残留物中铀（钍）系单个核素含量超过 1 Bq/g 的企业的环境辐射监测及信息公开工作作出了规定，稀有稀土金属冶炼排污单位中涉及环境辐射监测及信息公开要求按照该办法执行，本指南不再针对环境辐射污染物排放状况和污染治理技术进行分析。

3.1 行业概况及发展趋势

3.1.1 钨、钼冶炼行业

3.1.1.1 钨冶炼行业

钨行业主要包括矿山采选、冶炼和深加工。中国是世界上钨资源最丰富的国家，也是世界上最大的钨生产与出口国。

我国目前约有 190 万 t 的钨矿储量，2020 年全球占比 55.88%，钨冶炼原料有白钨精矿、黑钨精矿及其他含钨原料等，以白钨精矿、黑钨精矿为主，其中，白钨矿资源约占 67%，黑钨矿资源约占 23%，黑、白钨混合矿约占 10%。我国钨精矿主产区在江西、湖南和河南 3 省，江西主产黑钨矿，湖南、河南主产白钨矿，3 省钨精矿产量分别占全国总产量的 37.73%、33.84%和 13.37%，3 省总产量占全国总产量的 84.94%，2016—2020 年江西、湖南和河南 3 省钨精矿产量见图 3-1。

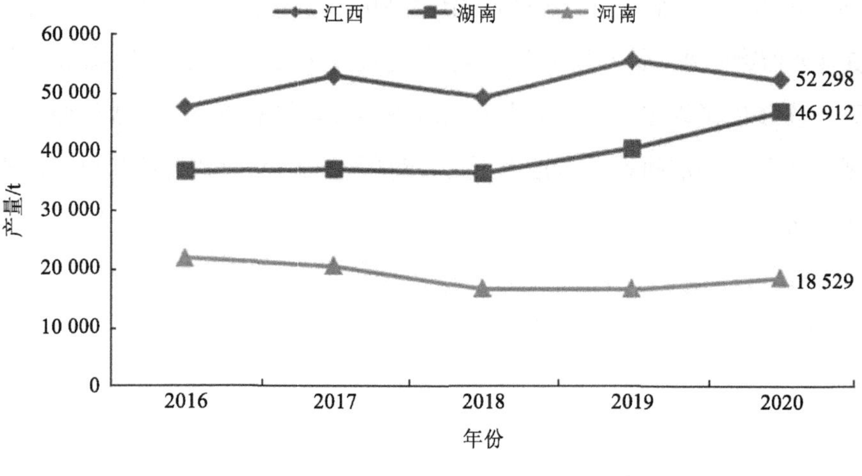

图 3-1　2016—2020 年江西、湖南和河南 3 省钨精矿产量

数据来源：中国钨业协会。

钨产品主要有仲钨酸铵（APT）、氧化钨、钨粉及碳化钨粉、硬质合金、钨合金以及钨丝、钨材等深加工产品。金属钨因具有高熔点、高比重特性，是国民经济各个领域不可或缺的重要原材料和功能材料，在某些关键领域具有不可替代性，广泛应用于金属切削加工、油田钻探、轨道交通、航空航天、国防军工等领域。国内从事钨冶炼的企业主要分布在湖南、江西、福建等省。

据中国钨业协会统计，2020 年全国钨精矿、APT、钨铁、氧化钨、钨粉、碳化钨、硬质合金和细钨丝产能分别为 17.30 万 t、19.75 万 t、3.0 万 t、12.30 万 t、8.8 万 t、8.0 万 t、5.5 万 t 和 280 亿 m。由于部分矿山实施资源接替项目及技改扩能，产能小幅增长；部分 APT 产能逐步退出，同时技改扩能新增了部分产能；全球照明方式的变革也导致钨丝产能逐步缩减；部分粉末、合金企业技改扩能，氧化钨、钨粉、碳化钨粉和硬质合金产能有所增长；钨铁产能持平。2016—2020 年全国主要钨产品产能见图 3-2。

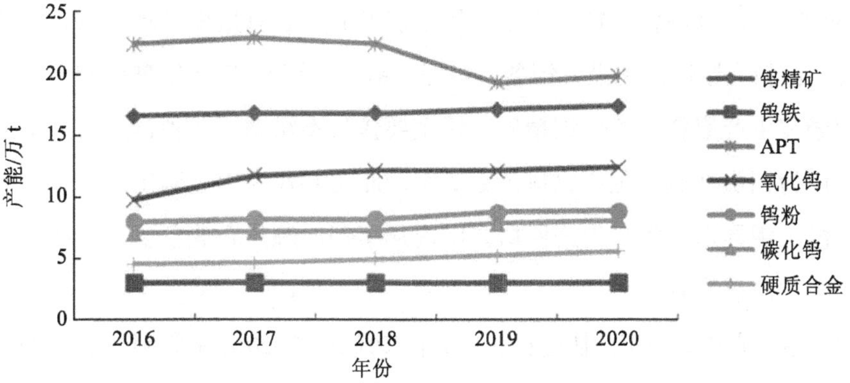

图 3-2　2016—2020 年全国主要钨产品产能

数据来源：中国钨业协会。

APT 产地主要在江西、湖南和福建 3 省，2020 年 3 省共产 7.96 万 t，其中江西产量占全国的 43.34%。硬质合金产地主要在湖南、江西、福建和四川 4 省，2020 年 4 省总产量 2.87 万 t，其中湖南产量占全国的 35%，居第一位。

3.1.1.2 钼冶炼行业

钼行业主要包括矿山采选、冶炼和深加工，我国钼工业产业链完整，除生产钼精矿外，钼冶炼、钼化工、钼金属、制品及加工已形成工业规模，并形成产业聚集区，主要分布在陕西、河南、辽宁、江苏等省。

我国的钼资源非常丰富，是世界上钼产品出口量较大的国家之一，主要集中在陕西、河南、吉林、辽宁、广东、安徽等省，其中河南、吉林、陕西 3 省占全国钼矿储量的 56.5%。据统计，全国储量大于 10 万 t 的大型钼矿的储量占全国总储量的 76%，储量在 1 万～10 万 t 的中型钼矿储量占全国总储量的 20%，适合于露天开采的钼矿储量占全国总储量的 64%。钼矿床主要有原生钼矿（辉钼矿精矿）、次生钼矿（从主产品铜矿中分离钼）、共生钼矿，我国钼矿床以原生钼矿为主。

钼冶炼原料有辉钼矿、铜钼矿、镍钼矿、钼中矿、钼细泥、低品位钼矿和含钼废杂物料等，以辉钼矿精矿为主。钼冶炼产品主要有焙烧钼精矿粉、焙烧钼精矿压块、钼粉、钼烧结制品（钼条、钼杆、钼板坯等），焙烧钼精矿粉主要作为钼铁及钼酸铵生产原料，焙烧钼精矿压块主要作为不锈钢、特种钢生产添加剂，钼粉主要作为钼烧结制品生产原料，钼烧结制品主要作为钼金属压延加工产品（钼丝、钼板、钼异形件等）生产原料。国内从事钼冶炼的企业主要分布在陕西、河南、辽宁、山东等省。

根据中国有色金属工业协会钼业分会初步统计，2020 年中国钼产量为 8.65 万 t，占全球的 31.7%，2021 年钼产量增至 10.20 万 t，占全球的 37.1%。2021 年，中国仍是全球最大的钼消费国，约占全球钼消费总量的 42.8%，也是世界上钼产品出口量较大的国家之一。2021 年，我国钼精矿产量为 227 500 t、工业氧化钼产量为 193 200 t、钼铁产量 154 700 t、钼化工产品产量为 51 254 t、钼粉及其制品产量为 22 955 t（包括钼粉、未锻轧钼金属产品、已锻轧钼金属产品、钼丝、其他钼制品等）。2021 年氧化钼、钼铁产量占 77.8%，同比减少 2.14%，居于钼产品主导地位；钼化工产品产量所占份额同比增加 2.51%；钼粉及其制品产量所占份额同比增加

27.89%。2015—2021 年全国主要钼产品产能见图 3-3，主要钼产品结构见图 3-4。

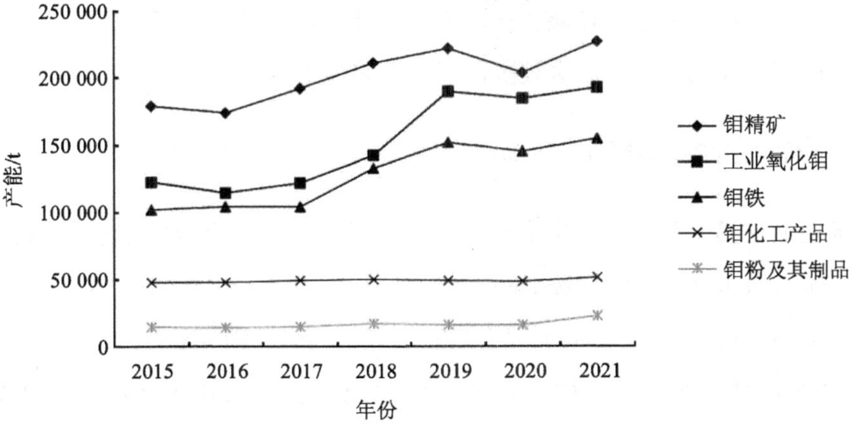

图 3-3　2015—2021 年全国主要钼产品产能

数据来源：中国有色金属工业协会钼业分会。

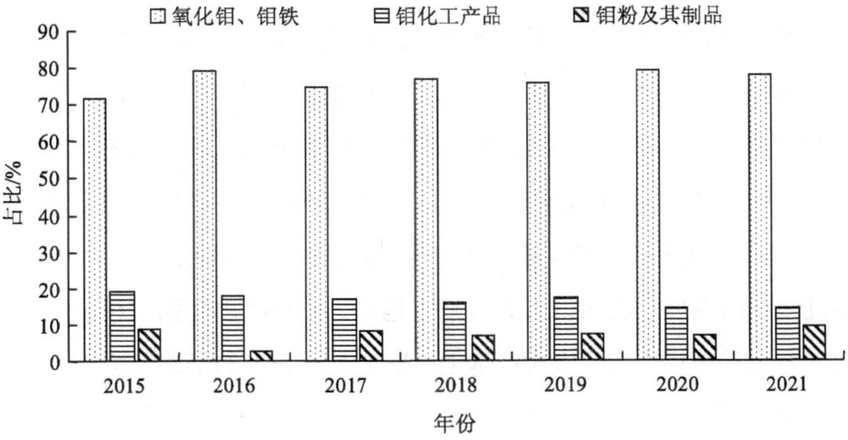

图 3-4　2015—2021 年全国主要钼产品结构

数据来源：中国有色金属工业协会钼业分会。

2021 年钼精矿的产地主要集中在河南、陕西、内蒙古、黑龙江、吉林、江西、河北 7 省区，7 省区钼精矿产量占全国钼精矿总产量的 93%，副产钼精矿产量为 21 270 t，占钼精矿总产量的 9.34%。钼铁的产地主要集中在河南、陕西、辽宁等省；钼酸铵等钼化工产品的产地主要集中在陕西、江苏、安徽、河南等省；钼粉及其制品的生产主要集中在陕西、河南、江苏和辽宁等省，其中江苏、河南等省专业生产钼粉及其制品的厂家较多，但规模都较小。

3.1.2 稀土金属冶炼行业

稀土又称稀土元素，是化学元素表中原子序数从 57 到 71 的镧系元素，即镧（La）、铈（Ce）、镨（Pr）、钕（Nd）、钷（Pm）、钐（Sm）、铕（Eu）、钆（Gd）、铽（Tb）、镝（Dy）、钬（Ho）、铒（Er）、铥（Tm）、镱（Yb）、镥（Lu），以及与这 15 个镧系元素密切相关的原子序数为 21 的钪（Sc）、原子序数为 39 的钇（Y）共 17 个元素的总称。稀土被各国视为关系国家安全和发展的最重要战略资源之一，其应用范围非常广泛，也是当前新技术和新领域中使用最多的元素，更是发现超高技术的重要元素之一，其重要性不言而喻。

我国稀土资源储量丰富、品种齐全，2019 年同时拥有 6 个“全球第一”，是第一大稀土资源国，储量全球占比 36.7%，形成北、南、东、西的分布格局，北轻南重的特点；产量全球第一，占比 62.9%；冶炼分离技术全球第一；消费量全球第一，占比 56.5%；出口量全球第一，出口总量 4.6 万 t；进口量全球第一，进口量为 2.3 万 t。我国稀土产业链包括上游开采选矿，中游冶炼分离和下游的深加工。经过多年的发展，我国已形成内蒙古包头、四川凉山轻稀土和以江西赣州为代表的南方七省中重稀土三大生产基地。它们具有完整的采选、冶炼、分离技术以及装备制造、材料加工和应用工业体系，可以生产 400 多个品种、1 000 多个规格的稀土产品。

我国稀土矿类型主要分为北方轻稀土矿和南方中重稀土矿，北方轻稀土矿包括包头混合型稀土矿、四川冕宁氟碳铈矿；南方中重稀土矿主要为江西等省的离子吸附型稀土矿，是我国特有的稀土矿产资源。包头混合型稀土矿与铁共生，主要稀土矿物有氟碳铈矿和独居石，故称混合矿；四川冕宁氟碳铈矿以氟碳铈矿为主，伴生有重晶石，以轻稀土为主；南方离子吸附型稀土矿主要位于以江西赣州为代表的南方 8 省区（江西、广东、广西、福建、湖南、云南、浙江、海南），以重稀土为主。

稀土矿经浮选、磁选、重选等选矿工艺生产的稀土精矿或者经浸出获得的稀土浸出液通过沉淀、萃取等化学方法生产稀土富集物，再经冶炼分离制得稀土化合物、稀土金属或稀土合金。稀土金属冶炼分离企业主要分布在内蒙古包头、甘肃、四川、山东、江西、江苏、广西、湖南、广东、福建、陕西、河北等地。我国目前拥有稀土冶炼分离企业 59 家，2022 年我国稀土冶炼分离总量指标为 20.2 万 t。

稀土材料制备主要为将稀土化合物或金属按设计要求配以相关的原料，采用一定的制备技术和工艺制备出符合要求的各种稀土材料产品。稀土具有良好的光、电、磁、热等特性，应用领域极为广泛。稀土永磁、石油化工、抛光材料、玻璃陶瓷、尾气净化是稀土用量较大的几个下游应用。2021 年稀土材料行业企业注册量为 8 631 家，较 2020 年增加 3 929 家。

我国稀土产品主要类别见表 3-1。

表 3-1　我国稀土产品主要类别

大类	小类
稀土化合物	碳酸稀土、氧化镧、氧化钕、氧化铈、氧化镨、氧化铽、氧化镝、氧化铕、氧化钇、氧化钐、镨钕氧化物等
稀土金属	镧、铈、镨、钕、钐、铕、钆、铽、镝、钬、铒、铥、钇、钪、镥、钷、镱
稀土合金	镨钕合金、镨钕镝合金、混合稀土金属、电池级混合稀土金属、富镧金属、富铈金属、镝铁合金等
稀土材料	稀土磁性材料、稀土贮氢材料、稀土催化材料、稀土发光和激光材料、稀土抛光材料、稀土精细陶瓷材料、复合材料等

3.1.3　其他稀有金属冶炼行业

其他稀有金属冶炼包括对钽、铌、锆、铍、铊、镓、铪、铟、铼和其他稀有金属的冶炼活动。我国钽铌矿资源十分短缺，主要分布在江西、湖南、广东、新疆和福建，宜春钽铌矿是中国唯一具有经济价值的钽铌资源矿山，国内钽铌原料主要依赖国外进口。锆资源较为缺乏，主要生产于海南文昌和万宁、广东湛江，为普通锆英砂，内蒙古的碱性花岗石矿床中锆约占 30%，与多种稀有金属共生，开发利用难度大。铍资源主要工业矿物为绿柱石和羟硅铍石，集中在新疆、四川、云南及内蒙古 4 省区，占全国资源量的 90%以上，其主要矿床类型为花岗伟晶岩，以新疆可可托海矿和川西甲基卡矿为代表。铊资源主要伴生于铜、铅、锌等有色金属硫化矿物中，从有色金属硫化矿冶炼过程中富集于烟灰、烧渣中，通过对烟灰进行浸出、氧化沉淀、酸溶、萃取等工艺可以提取。铟资源主要分布在广西、云南、内蒙古、青海等省区，从闪锌矿、方铅矿等含铟精矿经冶炼后得到的粗锌、粗铅、炉渣、浸出渣、溶液、烟尘、合金、阳极泥等是提炼原生铟的主要原料，常用的铟冶炼工艺技术有氧化造渣、金属置换、酸浸萃取、离子交换、电解精炼等。镓资源没有独立矿床，主要伴生在铝土矿、闪锌矿和煤中。铼资源主要分布在辉钼矿中，辉钼矿经氧化焙烧后，铼金属以 Re_2O_7 形态升华到烟气中，经对烟气中 Re_2O_7 喷淋吸收、萃取-净化-浓缩结晶等工序生产纯铼化合物。据不完全统计，我国钽铌氧化物年生产能力 1 万 t 左右，海绵锆为 300～400 t，镓为 60～65 t，铟为 500 t。目前独立冶炼企业主要为钽、铌冶炼，其他稀有金属几乎没有单独冶炼企业。

钽（Ta）、铌（Nb）的原子序列分别为 73、41，二者均位于 VB 族过渡元素范围，在自然界中常常共生，是重要的难熔稀有金属，具有高熔点、高沸点、蒸汽压低、冷加工性能好、化学稳定性高、抗液态金属和酸碱腐蚀能力强、表面氧化膜介电常数大、铌的热中子俘获截面小、铌钛和铌三锡合金超导性能好等优异性能。钽、铌主要用于生产钽电容器、高强度合金钢、改善各种合金性能和制作超硬工具的添加剂，产品包括化合物、金属、合金和制品；钽冶炼产品主要有钽粉、钽丝、钽化合物等；铌冶炼产品有铌铁、铌化学品、铌金属等。

目前，我国钽铌冶金工业已形成了从矿石到终端产品种类齐全的产业链生产体系，钽、铌冶炼加工企业有 20 家左右，主要分布在宁夏、江西、湖南和广东。

根据中国有色金属工业协会钽铌分会统计，2021 年氟钽酸钾产量为 833.5 t，钽粉产量为 214.8 t，钽丝产量为 53 t，钽化学品产量为 347.2 t，铌化学品产量为 3 115 t。2021 年我国钽铌工业主要产品产量见表 3-2。

表 3-2　2021 年我国钽、铌工业主要产品产量

类别	产品产量/t	同比/%	备注
钽精矿（Ta_2O_5）	97.84	–31	初级原料
氟钽酸钾	833.5	–16.8	—
钽化学品	347.2	–27	制备钽产品等
碳化钽	484.3	+273	硬质合金工业
钽粉	214.81	–14	电容器工业用
电容器用钽丝	53	+19	电容器工业用
钽锭	130	+25	溅射靶材、高温合金等
钽制品（不含钽丝）	110	—	高温炉部件、化工设备等
铌铁	21 000	—	钢铁工业
铌金属	907	—	合金、五氧化二铌等
铌化学品	3 115	+96	合金添加剂等

数据来源：中国有色金属工业协会钽铌分会。

3.2　典型生产工艺

3.2.1　钨冶炼

钨冶炼是指以钨精矿、含钨的物料为原料，生产仲钨酸铵（APT）、钨粉、钨条（杆）、钨粒、钨板坯、其他钨的冶炼活动。钨冶炼工艺主要包括 4 个生产过程，即钨矿物原料分解、高纯钨化合物制备、金属钨粉制取和钨材生产，我国现行主流工艺为高温强化分解-净化转型-蒸发结晶-煅烧还原工艺。钨矿物原料高温强化分解工艺通常又分为碱分解法和盐分解法，是在高温高压条件下，利用化学试剂与钨精矿作用，破坏其化学结构，使钨由固相转变成钨酸钠溶液相，绝大部分金

属离子（如钙、铁、锰等）和大量非金属离子（磷、砷、硅等）进入渣相。经原料分解后得到的钨酸钠溶液，仍含有少量的磷、硅、砷、锡等杂质离子，主要采用离子交换法/碱性萃取转型形成钨酸铵溶液，或者先经除杂、除钼后再通过酸性萃取转型成钨酸铵溶液。钨酸铵溶液经除钼、蒸发结晶、烘干等工序制得高纯的仲钨酸铵产品。以仲钨酸铵为原材料，经煅烧生成氧化钨，通过氢还原反应制备钨粉，再经后续深加工生产各类钨材制品。

（1）钨精矿-分解-离子交换

钨精矿-分解-离子交换生产仲钨酸铵即以钨精矿为原料，经磨矿、碱煮法或盐煮法分解、压滤获得粗钨酸钠溶液和浸出渣。利用强碱性阴离子交换树脂对阴离子亲和力的差异达到分离杂质和提纯钨的目的，粗钨酸钠溶液进入离子交换柱，钨酸根离子被树脂吸附，部分杂质阴离子随交后液排出。负载树脂经淋洗除杂后，加入解吸剂（NH_4Cl+NH_4OH）进行解吸，获得钨酸铵溶液。通常情况下，解吸后的钨酸铵溶液含钼较高，需采用硫化-沉钼方式进行除钼，除钼后溶液通过蒸发结晶、烘干最后得到仲钨酸铵产品。其基本生产流程见图 3-5。

（2）钨精矿-分解-萃取

1）酸性叔胺萃取法

钨精矿-分解-萃取生产仲钨酸铵工艺中净化环节广泛应用的是酸体系叔胺萃取法，即以各类钨矿物为原料，经磨矿、碱煮（钠碱）制取粗钨酸钠溶液，再经净化除杂、过滤固液分离、酸化沉钼、过滤后，采用叔胺型有机物做萃取剂（一般由 N-235、仲辛醇和稀释剂煤油混合而组成的有机相）进行萃取，萃余液经处理后排放，负载有机相经氨水反萃转型得到钨酸铵溶液，反萃液经蒸发结晶、烘干筛分而获得仲钨酸铵产品，反萃后的有机相经硫酸酸化后返回萃取过程。其基本生产流程见图 3-6。

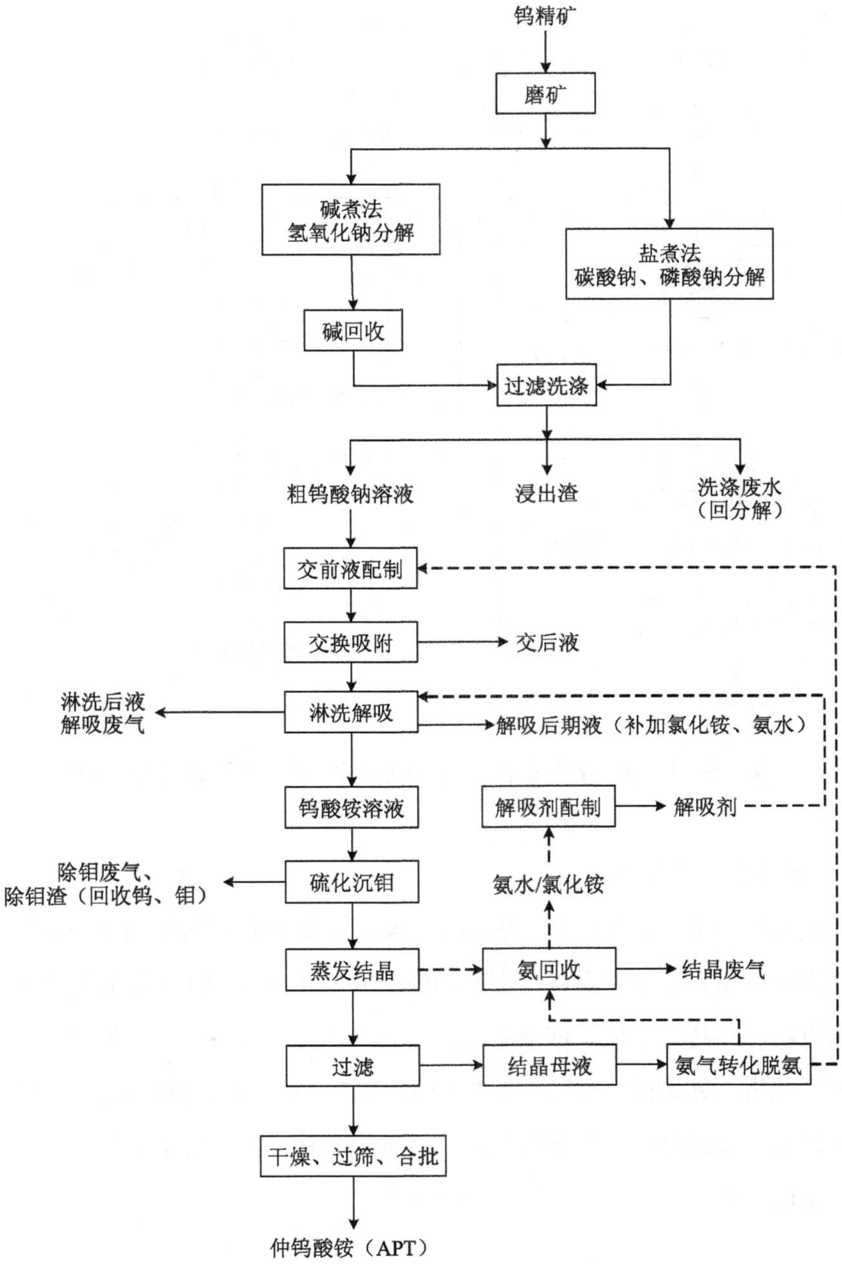

图 3-5　钨精矿-分解-离子交换生产仲钨酸铵工艺流程

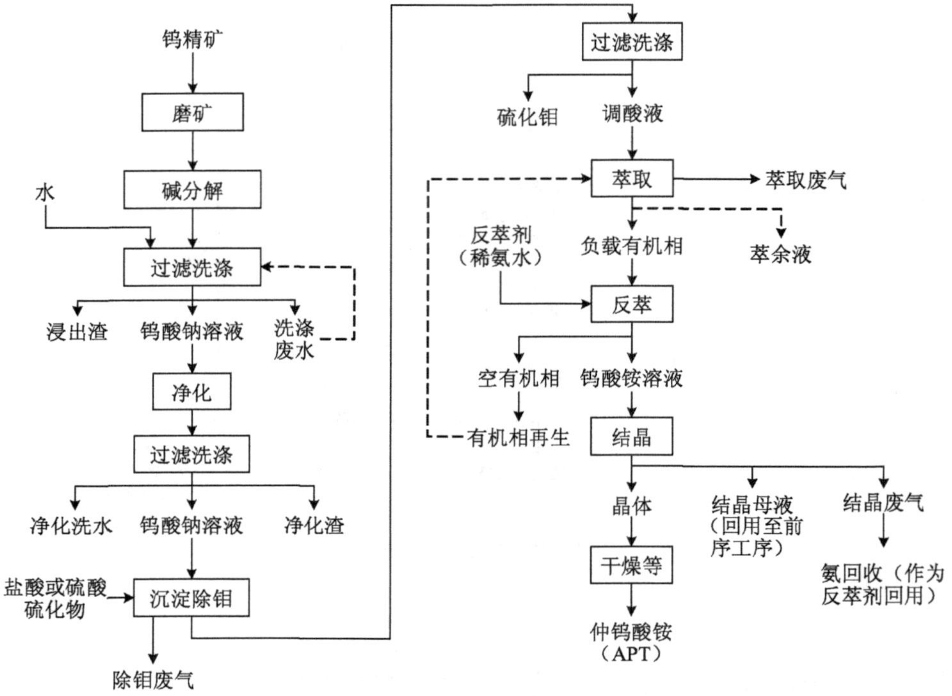

图 3-6 钨精矿-分解-萃取（酸性叔胺萃取）生产仲钨酸铵工艺流程

2）碱性季铵盐萃取法

以钨精矿为原料，经磨矿、碱高压分解、压滤获得粗钨酸钠溶液和浸出渣。钨酸钠在碱性条件下采用季铵型有机物做萃取剂（由 N-263 和稀释剂煤油混合而组成的有机相）进行萃取，萃余液为碳酸钠（苏打）溶液，可以返回到高压分解工序循环使用，负载有机相经反萃剂（NH_4HCO_3+NH_4OH）反萃得到钨酸铵溶液，反萃液同样经蒸发结晶、烘干筛分而获得仲钨酸铵产品，反萃后的有机相经再生后返回萃取过程。其基本生产流程见图 3-7。

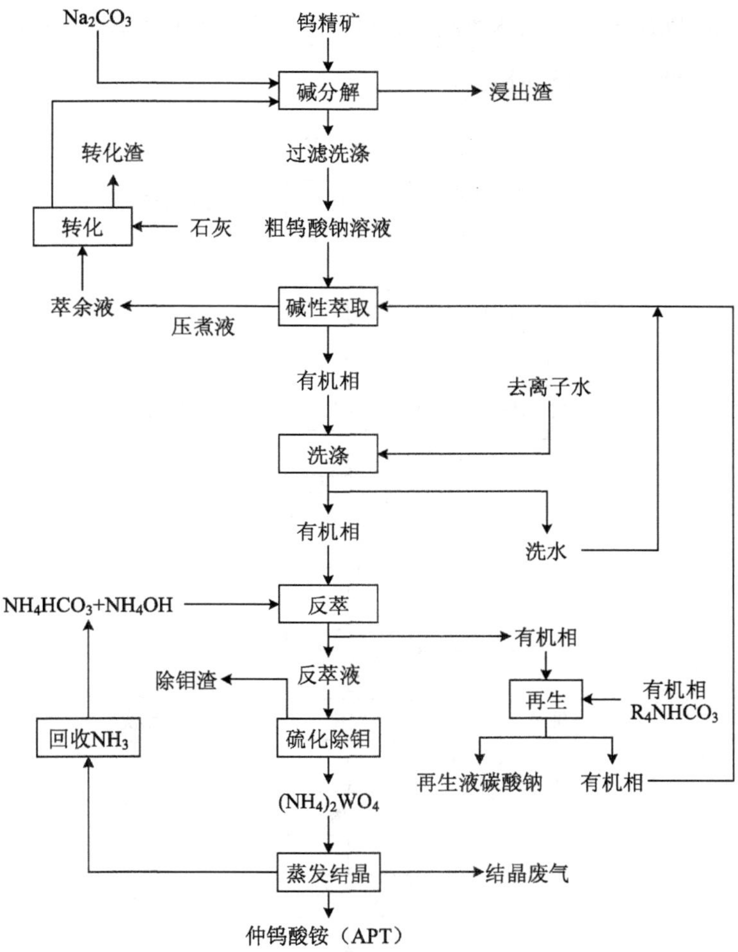

图 3-7　钨精矿-分解-萃取（碱性季铵盐萃取）生产仲钨酸铵工艺流程

（3）仲钨酸铵-煅烧-还原

以仲钨酸铵为原材料，经煅烧、过筛、合批包装生成氧化钨，煅烧通常在 600℃以上进行，多采用回转管式煅烧炉。

氧化钨在通入氢气的管炉内逆氢还原，再经炉前过筛、检测、过筛、合批包装后制得钨粉。

钨粉和炭黑在球磨机内混合研磨，在碳管炉、立式中频炉或高温钼丝加热炉内通氢碳化，碳化钨块再经球磨破碎、过筛、合批包装得到碳化钨粉。

其基本生产流程见图 3-8。

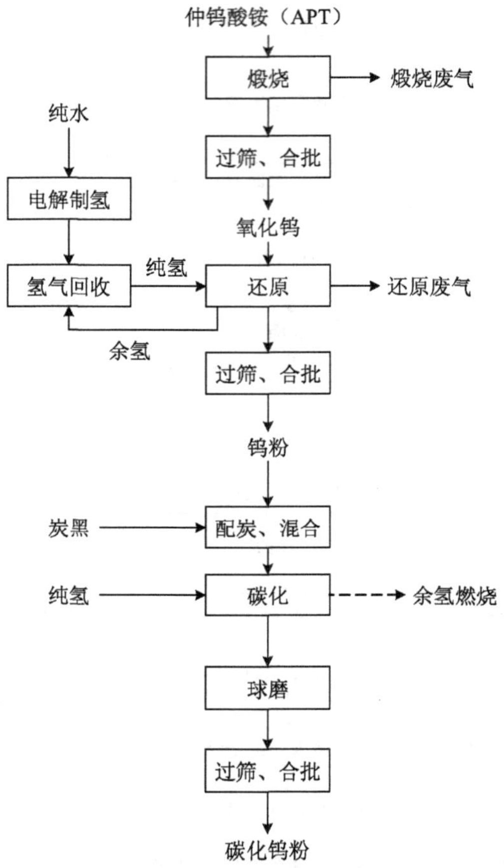

图 3-8　仲钨酸铵生产钨粉工艺流程

（4）钨粉-烧结

碳化钨粉、钨粉等经湿磨、喷雾干燥制得混合料，湿磨介质主要为酒精、己烷等，根据牌号和制品的要求压制为毛坯，再采用成型剂（石蜡或聚乙二醇）、预烧、烧结一次完成的真空烧结（通常采用电加热真空烧结一体炉），冷却后为烧结毛坯，经加工处理后制得硬质合金成品。其基本生产流程见图 3-9。

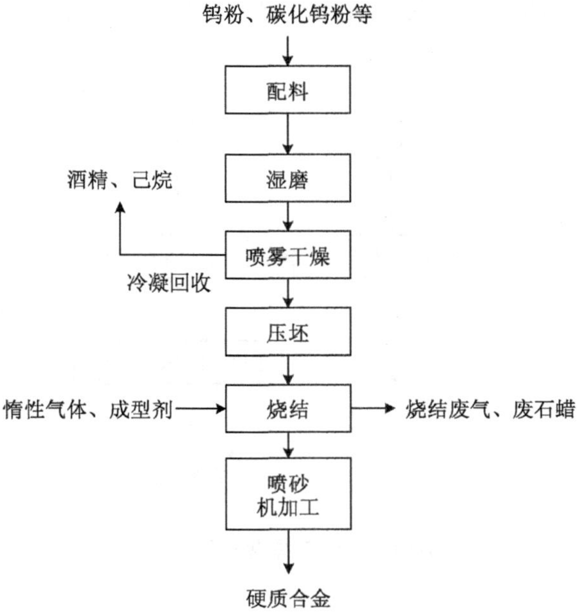

图 3-9　钨粉生产硬质合金工艺流程

3.2.2　钼冶炼

钼冶炼是指以钼精矿、含钼的物料为原料，生产焙烧钼精矿、钼粉、钼条（杆）、其他钼的冶炼活动。当前钼冶炼的原料大部分为辉钼矿，主要的原料处理方法有氧化焙烧-氨浸（碱浸）工艺等，将钼的硫化物转化为氧化钼（焙烧钼精矿）或者钼酸盐。钼精矿主要采用火法分解，得到的焙烧钼精矿部分直接用于钢铁行业，或通过加工钼铁用于钢铁行业，部分净化提纯钼酸盐，提纯得到的纯钼化合物（纯氧化钼和钼酸盐）部分直接用作工业产品，部分用氢还原法制备金属钼粉。

焙烧钼精矿分解提纯制备钼酸铵、钼酸铵煅烧制备纯三氧化钼环节属于无机化学工业，相关排污单位应参照《排污单位自行监测技术指南　无机化学工业》（HJ 1138—2020）的要求开展自行监测，本指南不再对此进行工艺介绍和污染物排放状况分析。

钼精矿-氧化焙烧环节和纯三氧化钼-还原烧结环节基本生产流程见图 3-10 和图 3-11。

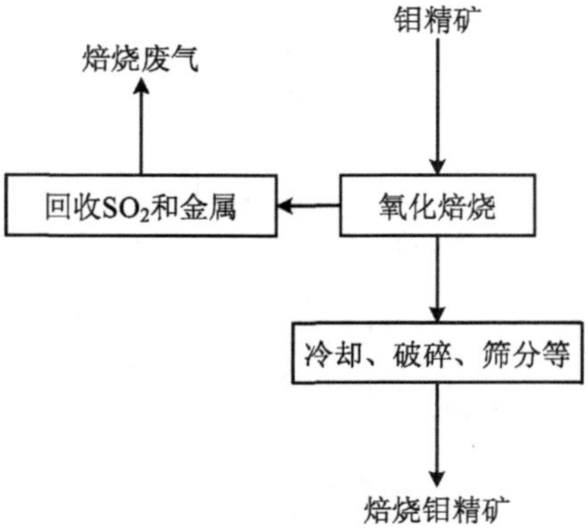

图 3-10 钼精矿-氧化焙烧工艺流程

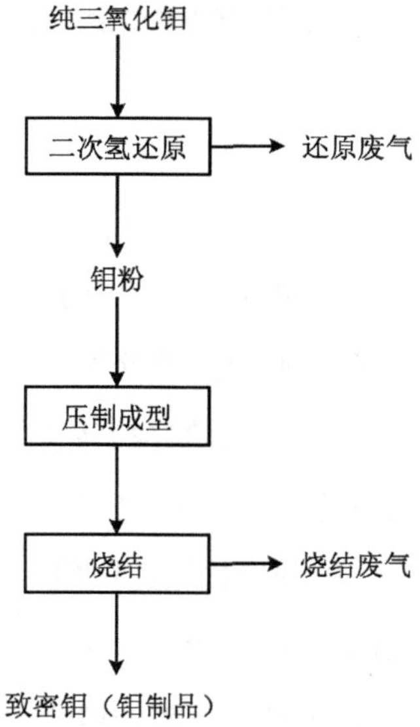

图 3-11 纯三氧化钼-还原烧结工艺流程

（1）钼精矿-氧化焙烧

钼精矿-氧化焙烧生产焙烧钼精矿的主要任务为将硫化钼氧化为氧化钼（二氧化钼和三氧化钼的混合物），工艺包括氧化焙烧、冷却、破碎、筛分等。氧化焙烧一般在 600℃左右进行，焙烧设备多采用多膛炉、回转窑等，产生的含二氧化硫的烟气经收尘、酸回收及脱硫处理，烟气处理淋洗液送烟气回收车间回收有价金属。

（2）纯三氧化钼-还原

采用三氧化钼为原料，在管状电炉中进行氢气两段还原获取金属钼粉。

（3）钼粉-烧结

金属钼粉经压实成坯块，再经低温预烧结、高温烧结制取致密金属钼（钼制品），烧结通常使用马弗炉、垂熔炉、电阻炉、感应电炉、电子束炉等。

3.2.3　稀土金属冶炼

稀土金属冶炼是指以稀土精矿或含稀土的物料为原料，含有分解提取、分组、分离，金属及合金制取工艺中至少一步生产稀土化合物、稀土金属或稀土合金的冶炼活动。

分解提取生产工艺指以稀土精矿或含稀土的物料为原料，经过焙烧或酸、碱等分解手段生产混合稀土化合物的过程。分组、分离生产工艺指以混合稀土化合物为原料，通过溶剂萃取、离子交换、萃取色层、氧化还原、结晶沉淀等分离提纯手段生产单一稀土化合物或稀土富集物的过程，以及将不溶性稀土盐类化合物经洗涤、煅烧制备稀土氧化物或其他化合物的过程。金属及合金制取工艺是指以单一或混合稀土化合物为原料，采用电解法等制得稀土金属及稀土合金的过程。

根据原料类型不同，分解提取、分组、分离工艺环节又可分为包头混合型稀土精矿冶炼工艺、氟碳铈稀土精矿冶炼工艺、南方离子吸附型稀土矿冶炼工艺。包头混合型稀土精矿冶炼又分为浓硫酸强化焙烧-萃取分离工艺和碱法分解处理-萃取分离工艺。金属及合金制取工艺目前主要为熔盐电解工艺。

分解提取、分组、分离工艺环节中，精矿焙烧设备一般使用回转窑，燃料通常采用煤、天然气等，也有部分使用水煤气等其他燃料；萃取分离工序一般选用非皂化/钙、镁皂化/钠皂化-模糊联动萃取分离等工艺类型；沉淀工序一般选用碳酸氢钠/碳酸钠沉淀、草酸沉淀、碳酸氢铵沉淀、碳酸氢镁沉淀工艺类型；沉淀后的稀土化合物煅烧设备常用辊道窑、隧道窑和回转窑，燃料通常采用天然气，也有部分使用煤、水煤气等其他燃料，燃烧方式有直接加热和间接加热。

3.2.3.1 包头混合型稀土精矿分解提取、分组、分离工艺

（1）浓硫酸强化焙烧-萃取分离工艺（酸法）

该工艺类型主体分解工艺为浓硫酸强化焙烧法，稀土精矿使用浓硫酸焙烧分解，分解后的焙烧矿用水浸出后，用氧化镁中和。液固分离后的水浸液经萃取和盐酸反萃，得到氯化稀土的料液；也可使用碳酸氢铵等沉淀制得混合碳酸稀土，再以盐酸溶解得到混合氯化稀土溶液，该溶液可浓缩结晶得到混合氯化稀土，也可使用 P-507 萃取，分离得到单一的氯化稀土溶液，再通过沉淀、煅烧工序后得到稀土分离产品。其基本生产流程见图 3-12。

（2）碱法分解处理-萃取分离工艺（碱法）

稀土精矿在反应器内，加入盐酸，钙、镁与盐酸反应生成氯化物进入溶液，稀土难溶于盐酸而留在酸洗矿中，再经洗涤、过滤，将杂质除去。将酸洗矿进行碱分解反应，再将碱转料在水洗罐内加入清水洗涤。水洗合格后的水洗料放入反应釜中，加入适量的盐酸在高温下进行溶解反应，使氢氧化稀土转成氯化稀土溶液。酸溶后的上清液打至回调罐内进行除杂和回调料液 pH，再通过浓缩使氯化稀土料液浓度达标。洗渣产生的上清液，进行碳沉产生的碳酸稀土返回回调工序使用。液体氯化稀土经后续萃取、沉淀、煅烧工序可制得稀土分离产品。其基本生产流程见图 3-13。

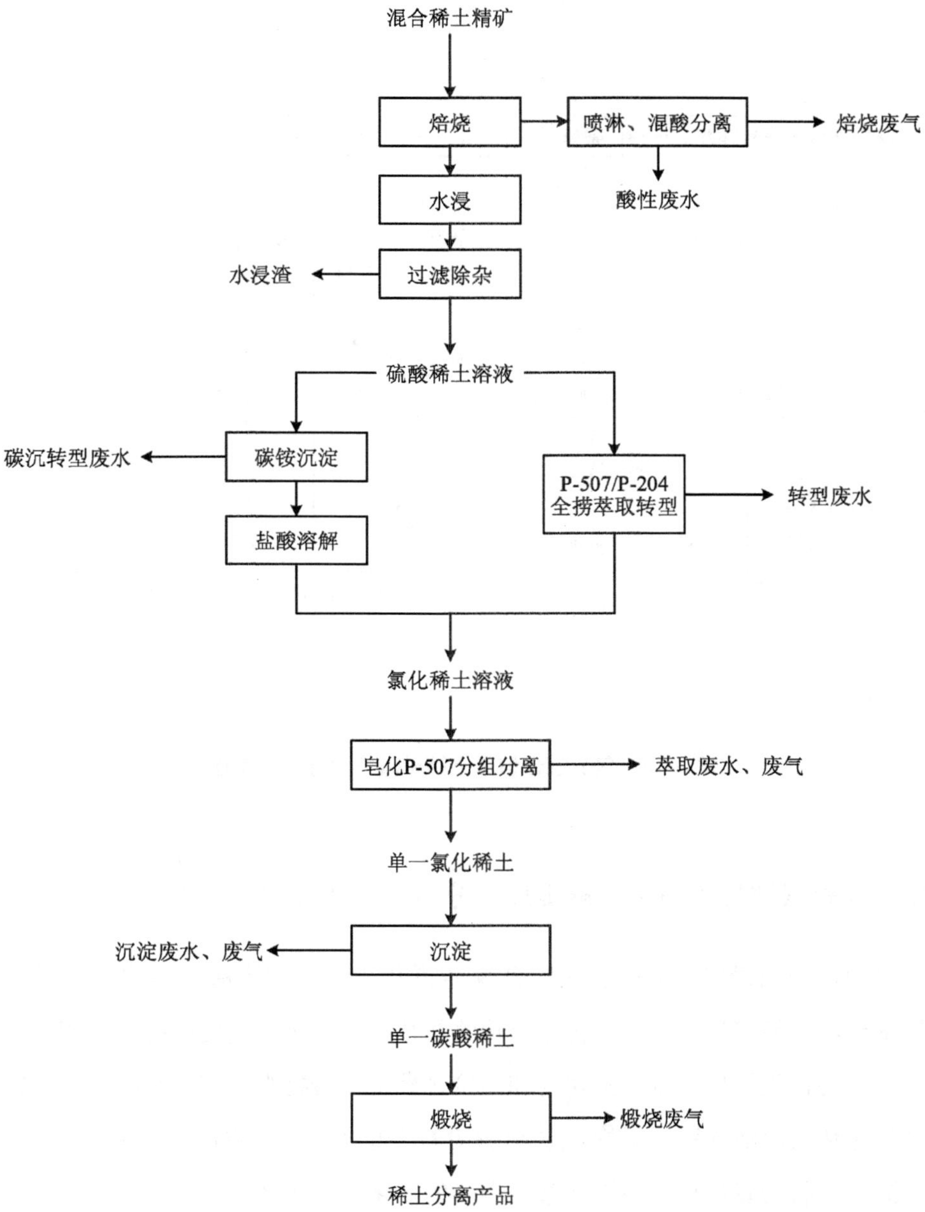

图 3-12 包头混合型稀土精矿酸法冶炼工艺流程

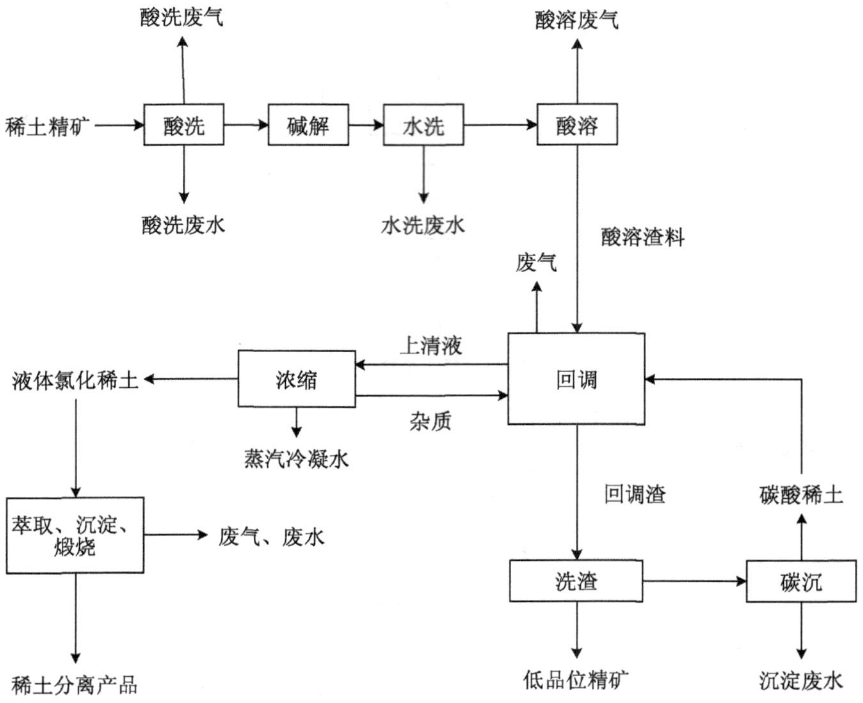

图 3-13 包头混合型稀土精矿碱法冶炼工艺流程

3.2.3.2 氟碳铈稀土精矿分解提取、分组、分离工艺

目前，应用最广泛的是氧化焙烧-稀盐酸优先浸出非铈稀土-碱分解工艺。氟碳铈稀土精矿经焙烧，分解成稀土氟化物和稀土氧化物。使用盐酸进行酸浸，使稀土氧化物优先浸出，稀土氟化物和四价铈稀土化合物则不溶于盐酸，分别得到少铈氯化稀土溶液和铈富集物。滤渣经碱分解-盐酸优溶回收部分稀土，最终得到富铈渣，回收的氯化稀土溶液和酸浸得到的氯化稀土溶液进行中和除杂，净化后的混合氯化稀土溶液送至萃取分离工序，采用 P-507 作为萃取剂，分离得到单一的氯化稀土溶液，再通过沉淀得到单一的碳酸稀土或草酸稀土，煅烧后可得到稀土分离产品。其基本生产流程见图 3-14。

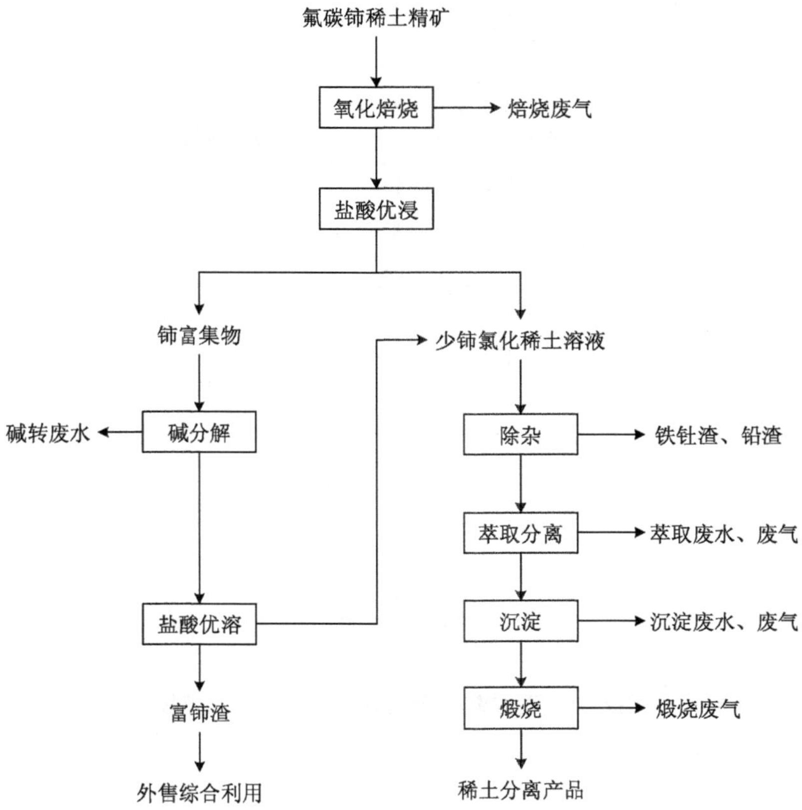

图 3-14　氟碳铈稀土精矿冶炼工艺流程

也可不使用碱分解，采用一步法盐酸优浸，含水富铈渣通过煅烧后外售，少铈氯化稀土溶液进入后续萃取分离工序。

3.2.3.3　南方离子吸附型稀土矿分解提取、分组、分离工艺

基本工艺路线为酸溶溶料-萃取分离-沉淀煅烧-稀土分离产品。将离子型稀土精矿用盐酸溶解，得到的料液净化后采用 P-507 联动萃取分离技术得到单一氯化稀土，再通过沉淀得到单一的碳酸稀土或草酸稀土，煅烧后可得到稀土分离产品。其基本生产流程见图 3-15。

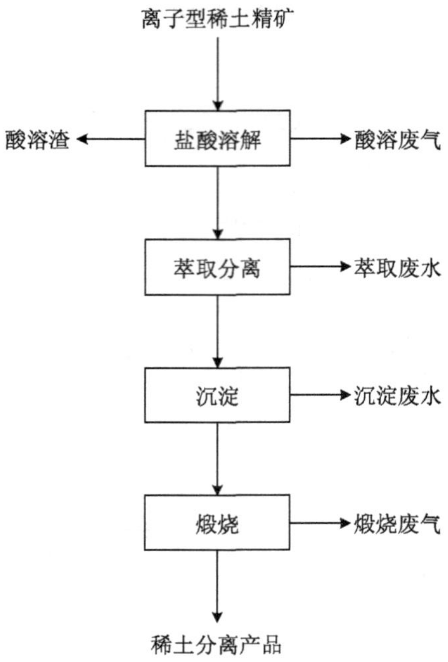

图 3-15　南方离子吸附型稀土矿冶炼工艺流程

3.2.3.4　熔盐电解金属及合金制取工艺

该工艺以稀土氟化物熔盐体系为电解质，石墨作电解槽及阳极材料，钨棒作为阴极，在熔融的稀土氟化物、氟化锂电解质体系中，加入稀土氧化物进行电解，稀土氧化物溶解于电解质中离解成为稀土离子及氧离子，在电场作用下，阴极析出稀土合金或金属，阳极产生二氧化碳。

3.2.3.5　稀土二次资源回收工艺

稀土二次资源主要是指将稀土材料加工废料，包括钕铁硼稀土永磁废料、钐钴稀土永磁废料、稀土荧光粉废料、稀土抛光粉废料、稀土催化剂废料、稀土储氢废料等，经焙烧、酸溶等分解方式转化为稀土料液，再经萃取分离、沉淀、煅烧得到的稀土金属氧化物。

3.2.4 钽铌冶炼

其他稀有金属冶炼是指对钽、铌、锆、铍等稀有金属精矿的冶炼活动。根据目前实际情况，独立冶炼主要涉及钽铌冶炼工艺，且除钽、铌、锆、铍以外的其他稀有金属均属于伴生矿。本书着重分析钽铌冶炼涉及的典型生产工艺。

钽铌由于性质相似，冶炼须分两步走，先进行铌和钽的分离制取中间化合物，再还原成金属，即钽铌混合精矿通过湿法冶炼得到五氧化二钽、五氧化二铌和氟钽酸钾，五氧化二铌和氟钽酸钾再分别采用火法冶炼得到金属铌和金属钽。我国目前主要采用的湿法冶炼工艺为氢氟酸和硫酸分解+萃取分离，萃取分离多采用甲基异丁基酮/仲辛醇作为萃取剂；火法冶炼钽粉主要工艺为钠还原法，铌粉的主要制备工艺为碳还原法。

钽铌精矿经球磨后，使用氢氟酸-硫酸混合酸进行分解，采用有机溶剂甲基异丁基酮或仲辛醇将含渣分解液中氟钽酸、氟铌酸选择性萃取到溶剂中，而其他杂质元素仍留于萃取余液中，达到钽、铌与杂质分离目的。矿浆萃取负载（Ta+Nb）萃取剂进行稀硫酸洗涤，用极稀硫酸选择性反萃取氟氧铌酸，再用纯水反萃取氟钽酸，萃取剂返回矿浆萃取循环使用。萃取分离出的氟钽酸和氟氧铌酸分别用氨进行中和，生成氢氧化钽［$Ta(OH)_5$］、氢氧化铌［$Nb(OH)_5$］沉淀，再经纯水洗涤、离心、烘干等工序制得五氧化二钽和五氧化二铌。氟钽酸钾则由反萃液加入氯化钾，氢氟酸经转化反应、冷却结晶、过滤、烘干而制得。氢氢化钽、氢氧化铌经煅烧生成五氧化二钽、五氧化二铌，煅烧多采用回转管式电炉、燃气窑炉等，煅烧温度控制在 800～1 000℃。其基本生产流程见图 3-16。

氟钽酸钾和氯化钾经烘干、钠还原后，用酸和水进行洗涤，去除表面铁、铬等离子，再经干燥和热处理制备钽粉。钽粉经配料、混料、成型，通过真空垂熔、校直等工序生产钽锭，再经烧结、机加工等工序生产钽片、钽管等下游产品。其基本生产流程见图 3-17。

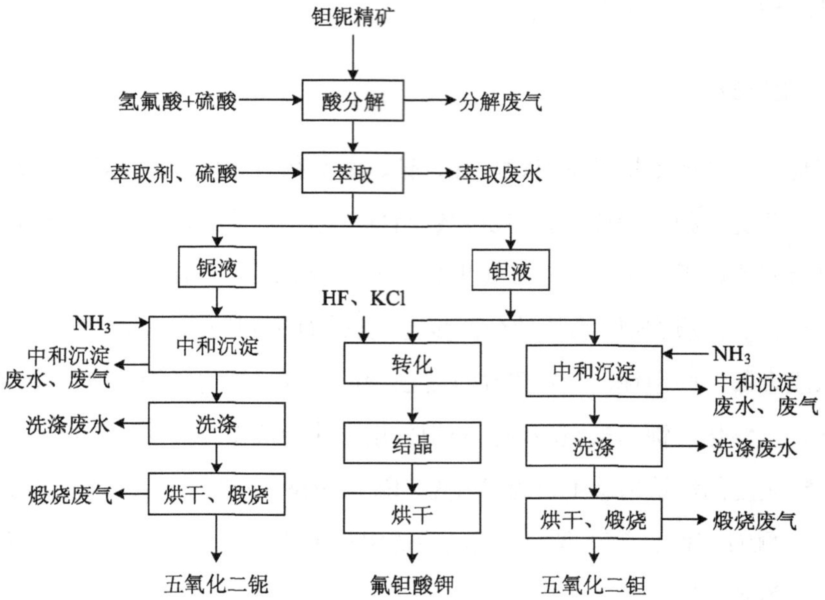

图 3-16　钽铌精矿-酸分解-萃取分离工艺流程

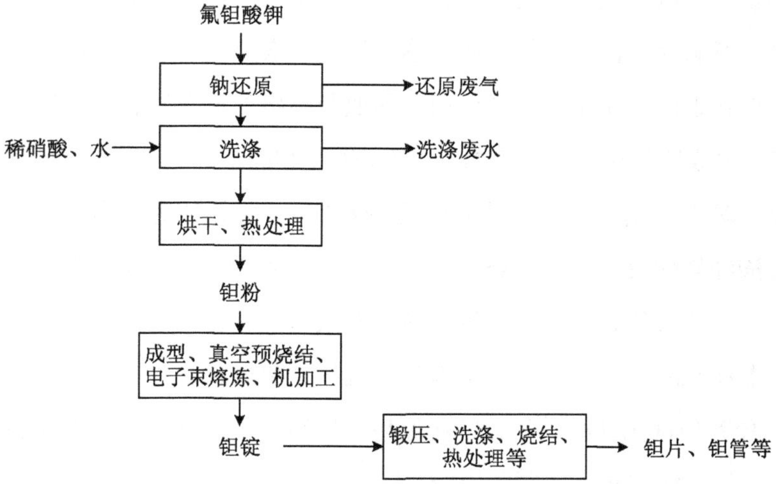

图 3-17　钠还原法制备钽粉和钽制品工艺流程

五氧化二铌与炭黑混合，在碳化炉中高温加热形成碳化铌，再和五氧化二铌混合在高温真空还原炉内进行氢化制粉，使金属铌与氢气反应生成金属间化合物从而变脆，再经真空脱氢炉脱氢，使氢元素与铌分离，完成后形成铌粉。铌粉经真空烧结、真空电子束熔炼、机械加工形成铌锭。其基本生产流程见图 3-18。

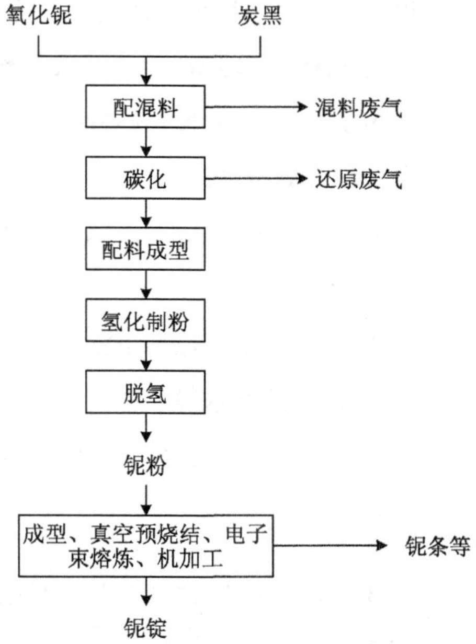

图 3-18　碳还原法制备铌粉和铌制品工艺流程

3.3　污染物排放状况分析

3.3.1　废水

由于原料和生产工艺各异，稀有稀土金属冶炼排污单位废水污染物排放存在一定差异，废水类型主要有含重金属废水、含氨氮废水、酸碱废水等工艺生产废水以及一般性生产废水、生活污水、初期雨水等。

钨冶炼排污单位的工艺废水主要包括分解工序过滤洗涤废水、净化工序离子交换废水或萃取废水、结晶废水。钼冶炼排污单位的工艺废水主要为氧化焙烧废气处理设施排水。

稀土金属冶炼排污单位的工艺废水根据原料来源和分解提取工艺不同，分解提取工序产生的工艺废水也存在差异，包头混合型稀土精矿分解提取工序主要产生浓硫酸强化焙烧尾气喷淋处理废水和转型废水，碱法分解处理酸洗和水洗废水；氟碳铈稀土精矿分解提取工序主要产生碱分解碱转废水。后续萃取分离工序工艺环节相似，主要产生萃取废水和沉淀废水。

钽铌冶炼排污单位的工艺废水主要有萃取废水、中和沉淀废水、洗涤废水、结晶废水等。

除了主体生产装置产生的废水外，还包括一般性生产废水（车间地面冲洗水、锅炉房排水等），以及生活污水、初期雨水等。

按照原料类型和生产工艺区分，废水类别、主要污染物和去向情况见表 3-3、表 3-4 和表 3-5。

表 3-3　钨钼冶炼排污单位废水来源与去向

工艺类别	生产工序	废水类别	主要污染物	去向
钨冶炼	分解	过滤洗涤废水	重金属、总磷、悬浮物	回收利用或进入废水处理系统
	离子交换	离子交换废水（交换后液、淋洗液）	总磷、化学需氧量、氨氮、重金属	废水处理系统
	萃取	萃取废水	总磷、化学需氧量、氨氮、重金属	回收利用或进入废水处理系统
	结晶	结晶废水	氨氮	回收利用或进入废水处理系统
钼冶炼	氧化焙烧	废气处理设施排水	氨氮、重金属、氟化物	回收酸、有价金属后进入废水处理系统
一般性生产废水（车间地面冲洗水、锅炉房排水等）			化学需氧量、氨氮、悬浮物、总磷、重金属、石油类	回收利用或进入废水处理系统
生活污水			化学需氧量、氨氮、悬浮物、总磷	厂区生活污水处理设施或市政污水处理设施
初期雨水			化学需氧量、氨氮、悬浮物、总磷、重金属、石油类	废水处理系统

表 3-4　稀土金属冶炼排污单位废水来源与去向

原料类型和生产工艺	生产工序	废水类别	主要污染物	去向
包头混合型稀土精矿	浓硫酸强化焙烧-萃取分离	焙烧尾气喷淋处理废水	氟化物	废酸回收系统处理后进入废水处理系统或综合利用
		转型废水	氟化物、硫酸盐、氨氮、石油类、化学需氧量、总磷	废水处理系统
		萃取废水	氨氮、化学需氧量、石油类、重金属、总磷	废水处理系统
		沉淀废水	氨氮、化学需氧量	废水处理系统
	碱法分解处理-萃取分离	酸洗废水	氟化物	废水处理系统
		水洗废水	氟化物	废水处理系统
		萃取废水	氨氮、化学需氧量、石油类、重金属、总磷	废水处理系统
		沉淀废水	氨氮、化学需氧量	废水处理系统
氟碳铈稀土精矿	碱分解	碱转废水	氟化物	废水处理系统
	萃取分离	萃取废水	氨氮、化学需氧量、石油类、重金属、总磷	废水处理系统
		沉淀废水	氨氮、化学需氧量	废水处理系统
南方离子吸附型稀土矿、稀土二次资源回收	萃取分离	萃取废水	化学需氧量、氨氮、石油类、重金属、总磷	废水处理系统
		沉淀废水	化学需氧量、氨氮	废水处理系统
一般性生产废水（车间地面冲洗水、锅炉房排水等）			化学需氧量、氨氮、悬浮物、重金属、氟化物、石油类	废水处理系统
生活污水			化学需氧量、氨氮、悬浮物、总磷	厂区生活污水处理设施或市政污水处理设施
初期雨水			化学需氧量、氨氮、悬浮物、总磷、重金属、氟化物、石油类	废水处理系统

表 3-5 钽铌冶炼排污单位废水来源与去向

<table>
<tr><th>生产工艺</th><th>生产工序</th><th>废水类别</th><th>主要污染物</th><th>去向</th></tr>
<tr><td rowspan="4">氢氟酸和硫酸分解-萃取分离</td><td>萃取</td><td>萃取废水</td><td>氟化物</td><td>废水处理系统</td></tr>
<tr><td>中和沉淀</td><td>中和沉淀废水</td><td>氟化物、氨氮</td><td>废水处理系统</td></tr>
<tr><td>洗涤</td><td>洗涤废水</td><td>氟化物、氨氮</td><td>废水处理系统</td></tr>
<tr><td>氟钽酸钾结晶</td><td>结晶废水</td><td>氟化物</td><td>废水处理系统</td></tr>
<tr><td>钠还原</td><td>洗涤</td><td>洗涤废水</td><td>氟化物</td><td>废水处理系统</td></tr>
<tr><td colspan="3">一般性生产废水
（车间地面冲洗水、锅炉房排水等）</td><td>化学需氧量、氨氮、悬浮物、氟化物、石油类</td><td>废水处理系统</td></tr>
<tr><td colspan="3">生活污水</td><td>化学需氧量、氨氮、悬浮物、总磷</td><td>厂区生活污水处理设施或市政污水处理设施</td></tr>
<tr><td colspan="3">初期雨水</td><td>化学需氧量、氨氮、悬浮物、石油类</td><td>废水处理系统</td></tr>
</table>

3.3.2 废气

由于原料和生产工艺各异，稀有稀土金属冶炼排污单位废气污染物排放存在一定差异。

钨冶炼排污单位废气类型主要有解吸废气/萃取废气、结晶废气、煅烧废气、还原废气、烧结废气等，主要污染物为氨、颗粒物等；采取分解-萃取工艺时，需要根据不同萃取方式对应的不同除钼工艺，选择具体的监测指标，如酸性萃取多在萃取前除钼，多采用硫化钠作为除钼剂，对应的污染物为硫化氢，而碱性萃取多在萃取后除钼，多采用硫酸铜作为除钼剂，对应的污染物为氨。钼冶炼排污单位废气类型主要有钼精矿备料废气、氧化焙烧废气、氧化钼破碎包装废气、还原和烧结废气，主要污染物为颗粒物、二氧化硫。

稀土金属冶炼排污单位废气根据原料来源和分解提取工艺不同，分解提取工序产生的工艺废气污染物也存在差异，包头混合型稀土精矿浓硫酸强化焙烧废气主要污染物为二氧化硫、颗粒物、氮氧化物、硫酸雾、氟化物，碱法分解处理酸洗酸溶废气主要污染物为氯化氢；氟碳铈稀土精矿氧化焙烧废气主要污染物为二氧化硫、颗粒物、氮氧化物、氟化物，浸出废气主要污染物为氯化氢、氯气；南方离子吸附型稀土矿酸溶废气主要污染物为氯化氢。因该行业主要采用盐酸进行提取、溶解等，配酸废气主要污染物为氯化氢。后续萃取分离工序工艺环节相似，工艺废气主要污染物为氯化氢。稀土化合物煅烧制备稀土氧化物时，煅烧废气主要污染物为颗粒物、二氧化硫、氮氧化物。采用熔盐电解法制备稀土金属及稀土合金时，电解废气主要污染物为颗粒物、氟化物。稀土二次资源回收焙烧或煅烧工序主要污染物为颗粒物、二氧化硫、氮氧化物，其余主要工序主要污染物均为氯化氢。

钽铌冶炼排污单位的工艺废气主要有磨矿废气、分解废气、中和沉淀废气、煅烧废气、混料和还原废气，主要污染物为氟化物、硫酸雾、氨、颗粒物。

除此之外，其他废气主要包括炉窑加料口和出料口、储罐、分解槽、萃取槽、净化槽等无组织排放的废气。

按照原料类型和生产工艺区分，废气产生来源、主要污染物和处理措施情况见表 3-6、表 3-7 和表 3-8。

表 3-6　钨钼冶炼排污单位废气来源与处理措施

原料类型	生产工艺	生产工序	废气类别	主要污染物	处理措施
钨精矿	分解-离子交换	解吸	解吸废气	氨	喷淋处理后由排气筒排放
		除钼	除钼废气	硫化氢、氨	喷淋处理后由排气筒排放
		结晶	结晶废气	氨	回收氨喷淋处理后由排气筒排放
	分解-萃取	除钼	除钼废气	硫化氢[a]、氨[a]	喷淋处理后由排气筒排放
		萃取	萃取废气	非甲烷总烃	吸附等处理后由排气筒排放
		结晶	结晶废气	氨	回收氨喷淋处理后由排气筒排放
仲钨酸铵	煅烧	煅烧	煅烧废气	氨、颗粒物	喷淋处理后由排气筒排放
	还原	还原	还原废气	颗粒物	除尘后由排气筒排放
钨粉	烧结	烧结	烧结废气	非甲烷总烃、颗粒物	活性炭吸附、燃烧处理等后由排气筒排放

原料类型	生产工艺	生产工序	废气类别	主要污染物	处理措施
钼精矿	备料	备料	备料废气	颗粒物	除尘后由排气筒排放
	氧化焙烧	氧化焙烧	焙烧废气	颗粒物、二氧化硫、氮氧化物、硫酸雾	除尘-酸回收-脱硫处理后由排气筒排放
氧化钼	破碎包装	破碎包装	破碎包装废气	颗粒物	除尘后由排气筒排放
纯三氧化钼	还原	还原	还原废气	颗粒物	除尘后由排气筒排放
钼粉	烧结	烧结	烧结废气	颗粒物	除尘后由排气筒排放
无组织废气			钨冶炼	颗粒物、二氧化硫、氨、硫化氢	直接排放
			钼冶炼	颗粒物、二氧化硫	直接排放

注：[a]根据实际的除钼工艺类别确定主要污染物。

表 3-7　稀土金属冶炼排污单位废气来源与处理措施

原料类型	生产工艺	生产工序	废气类别	主要污染物	处理措施
包头混合型稀土精矿	浓硫酸强化焙烧-萃取分离	焙烧	焙烧废气	颗粒物、二氧化硫、氮氧化物、硫酸雾、氟化物	喷淋-酸雾回收-脱硫系统处理后由排气筒排放
		配酸	配酸废气	氯化氢	喷淋处理后由排气筒排放
		萃取	萃取废气	氯化氢	喷淋处理后由排气筒排放
		沉淀	沉淀废气	氯化氢[a]	喷淋处理后由排气筒排放
		煅烧	煅烧废气	颗粒物、二氧化硫、氮氧化物	根据燃料情况，进行相应处理后由排气筒排放
	碱法分解处理-萃取分离	配酸	配酸废气	氯化氢	喷淋处理后由排气筒排放
		酸洗	酸洗废气	氯化氢	喷淋处理后由排气筒排放
		酸溶	酸溶废气	氯化氢	喷淋处理后由排气筒排放
		萃取	萃取废气	氯化氢	喷淋处理后由排气筒排放
		沉淀	沉淀废气	氯化氢[a]	喷淋处理后由排气筒排放
		煅烧	煅烧废气	颗粒物、二氧化硫、氮氧化物	根据燃料情况，进行相应处理后由排气筒排放

原料类型	生产工艺	生产工序	废气类别	主要污染物	处理措施
氟碳铈稀土精矿	分解提取和分组、分离生产	焙烧	焙烧废气	颗粒物、二氧化硫、氮氧化物、氟化物	除尘、喷淋等处理后由排气筒排放
		配酸	配酸废气	氯化氢	喷淋处理后由排气筒排放
		浸出	浸出废气	氯化氢、氯气	喷淋处理后由排气筒排放
		萃取	萃取废气	氯化氢	喷淋处理后由排气筒排放
		沉淀	沉淀废气	氯化氢[a]	喷淋处理后由排气筒排放
		煅烧	煅烧废气	颗粒物、二氧化硫、氮氧化物	根据燃料情况，进行相应处理后由排气筒排放
南方离子吸附型稀土矿	分解提取和分组、分离生产	配酸	配酸废气	氯化氢	喷淋处理后由排气筒排放
		酸溶	酸溶废气	氯化氢	喷淋处理后由排气筒排放
		萃取	萃取废气	氯化氢	喷淋处理后由排气筒排放
		沉淀	沉淀废气	氯化氢[a]	喷淋处理后由排气筒排放
		煅烧	煅烧废气	颗粒物、二氧化硫、氮氧化物	根据燃料情况，进行相应处理后由排气筒排放
稀土金属及合金生产（熔盐电解）		电解	电解废气	颗粒物、氟化物	除尘除氟后排气筒排放
稀土二次资源回收		焙烧	焙烧废气	颗粒物、二氧化硫、氮氧化物	除尘、喷淋等处理后由排气筒排放
		酸溶	酸溶废气	氯化氢	喷淋处理后由排气筒排放
		萃取	萃取废气	氯化氢	喷淋处理后由排气筒排放
		沉淀	沉淀废气	氯化氢[a]	喷淋处理后由排气筒排放
		煅烧	煅烧废气	颗粒物、二氧化硫、氮氧化物	根据燃料情况，进行相应处理后由排气筒排放
无组织废气				颗粒物、二氧化硫、氮氧化物、硫酸雾、氟化物、氯化氢	直接排放

注：[a]采用草酸沉淀工艺。

表 3-8 钽铌冶炼排污单位废气来源与处理措施

原料类型	生产工艺	生产工序	废气类别	主要污染物	处理措施
钽铌精矿	氢氟酸和硫酸分解-萃取分离	磨矿	磨矿废气	颗粒物	除尘后由排气筒排放
		分解	分解废气	氟化物、硫酸雾	喷淋处理后由排气筒排放
		中和沉淀洗涤	中和沉淀洗涤废气	氨	喷淋处理后由排气筒排放
		煅烧	煅烧废气	颗粒物、氨	除尘后由排气筒排放
氟钽酸钾/五氧化二铌	钠还原法/碳还原法	配混料	混料废气	颗粒物	除尘后由排气筒排放
		还原	还原废气	颗粒物	除尘后由排气筒排放
无组织废气				颗粒物、氨、氟化物	直接排放

3.3.3 噪声

稀有稀土金属冶炼排污单位噪声源主要有以下两类：

（1）各类生产及配套工程噪声源，如磨机、炉窑系统、输送泵、压滤机、鼓风机、冷却塔、循环水系统等；

（2）环保处理设施的噪声源，如风机、水泵、污泥脱水设备等。

3.3.4 工业固体废物

稀有稀土金属冶炼排污单位产生的工业固体废物分为一般工业固体废物和危险废物。

一般工业固体废物主要为锅炉渣、钨冶炼盐煮渣（钨渣）、老化熔盐、废旧电极、熔炼炉渣、废水处理中和沉淀渣、废气处理收尘渣和中和渣等；危险废物主要为钨冶炼排污单位仲钨酸铵生产过程的碱煮渣（钨渣）、净化过滤磷砷渣、除钼过程中产生的除钼渣、废水处理污泥等，其中碱煮渣（钨渣）和废水处理污泥在满足《水泥窑协同处置固体废物污染控制标准》（GB 30485—2013）和《水泥窑协同处置固体废物环境保护技术规范》（HJ 662—2013）要求进入水泥窑协同处置时，处置过程不按危险废物管理。

不同生产工艺的排污单位根据所含工序不同，主要产生的工业固体废物见表 3-9。

表 3-9　稀有稀土金属冶炼排污单位主要固体废物来源

<table>
<tr><th colspan="2">生产工艺</th><th>固体废物名称</th><th>类别</th></tr>
<tr><td rowspan="3">钨钼冶炼</td><td rowspan="2">钨冶炼</td><td>仲钨酸铵生产过程碱煮渣（钨渣）[a]、净化过滤磷砷渣、除钼过程中产生的除钼渣、废水处理污泥[b]等</td><td>危险废物</td></tr>
<tr><td>盐煮渣（钨渣）、锅炉渣、废气处理收尘渣等</td><td>一般工业固体废物</td></tr>
<tr><td>钼冶炼</td><td>锅炉渣、废气处理收尘渣、废酸中和石膏渣等</td><td>一般工业固体废物</td></tr>
<tr><td rowspan="5">稀土金属冶炼</td><td>包头混合型稀土精矿</td><td>锅炉渣、废水处理中和沉淀渣等</td><td>一般工业固体废物</td></tr>
<tr><td>氟碳铈稀土精矿</td><td>锅炉渣、废水处理中和沉淀渣、废气处理收尘渣等</td><td>一般工业固体废物</td></tr>
<tr><td>南方离子吸附型稀土矿</td><td>废水处理沉淀中和渣等</td><td>一般工业固体废物</td></tr>
<tr><td>稀土金属及合金生产（熔盐电解）</td><td>老化熔盐、废旧电极、熔炼炉渣、废气处理废渣等</td><td>一般工业固体废物</td></tr>
<tr><td>稀土二次资源回收</td><td>锅炉渣、废水处理沉淀中和渣等</td><td>一般工业固体废物</td></tr>
<tr><td colspan="2">钽铌冶炼</td><td>锅炉渣、废水处理污泥、废气处理收尘渣等</td><td>一般工业固体废物</td></tr>
</table>

注：[a] 满足《水泥窑协同处置固体废物污染控制标准》（GB 30485—2013）和《水泥窑协同处置固体废物环境保护技术规范》（HJ 662—2013）要求进入水泥窑协同处置时，处置过程不按危险废物管理。

[b] 采用浓硫酸强化焙烧-萃取分离工艺时产生。

3.4　污染治理技术

3.4.1　废水污染治理技术

3.4.1.1　含重金属废水

对于含有较高浓度的铅、砷等重金属的废水，需先进行处理去除高浓度重金属后，才能与其他酸性废水混合，并进一步净化处理。其处理工艺一般采用硫化法+石灰石/石灰中和法、石灰+铁盐法。

硫化法+石灰石/石灰中和法是向废水中投加硫化剂，使重金属离子与硫反应生成难溶的金属硫化物沉淀去除。硫化反应后向废水中投加石灰石或石灰，中和硫酸，生成硫酸钙沉淀去除，出水与酸性废水合并处理。硫化法+石灰石/石灰中和法具有渣量少、易脱水、沉渣金属品位高的特点，有利于有价金属的回收。

石灰+铁盐法是向废水中加入石灰乳进行中和反应，经固液分离、污泥脱水后产生石膏，进一步向废水中加入双氧水、液碱及铁盐，发生氧化沉砷反应，经固液分离、污泥脱水后产生砷渣，适用于含砷离子浓度较高废水的处理。

3.4.1.2 酸性废水

酸性废水一般采用石灰中和法、石灰+铁盐（铝盐）法、高密度泥浆法（HDS法）、硫化法等处理工艺，处理后出水回用，回用水质有特殊要求的，一般还在后续采用膜法处理技术进一步深度处理。

石灰中和法是向废水中投加石灰乳，使重金属离子与氢氧根反应，生成难溶的金属氢氧化物沉淀，并进行分离。对于含有多种重金属离子的废水，可以采用一次中和沉淀的方法，也可以采用分段中和沉淀的方法。该技术流程短，操作管理简单，处理成本低廉，便于回收有价金属。

石灰-铁盐（铝盐）法是向废水中加石灰乳，并投加铁盐，如废水中含有氟时，需投加铝盐。

HDS法是在石灰中和法的基础上，通过将污泥不断循环回流，改进沉淀物形态和沉淀污泥量，提高污泥的含固率。与石灰中和法相比，该技术可将水处理能力提高1～3倍，减少药剂投加量，节省运行成本。

硫化法是向水中投加碱性物质，形成一定的碱性条件，再投加硫化剂，使金属离子与硫化剂反应生成难溶的金属硫化物沉淀而去除。该技术可用于去除水中重金属，去除率高，沉渣量少，便于回收有价金属，但硫化剂费用高，反应过程中会产生硫化氢气体，易对人体造成危害。

3.4.1.3　含氟碱性废水

含氟碱性废水主要采用石灰或电石渣除氟，可结合磷酸盐沉淀工艺进行深度除氟。同时为了提高固液分离效果，常加入铝盐和铁盐无机絮凝剂，在水中水解形成吸附能力很强的絮凝氢氧化物沉淀，可以吸附废水中的氟离子。目前倾向采用聚合硫酸铁、聚合铝作为简单的铝铁盐替代品，除氟效果较好。

3.4.1.4　含氨废水

含氨废水处理工艺一般采用蒸发结晶法、生物脱氮法、汽提法、氨吹脱法、折点氯化法、反渗透膜法等。

（1）蒸发结晶法

蒸发结晶法是指含铵盐的废水经蒸发浓缩，达到过饱和状态，使铵盐在废水中形成晶核，继而逐步生成晶状固体的过程。蒸发结晶法对氨氮浓度高、水量小的情况适用，实际操作中，负压浓缩可降低蒸汽消耗量，再通过离心机脱水即可将铵盐分离，脱出的液体再去浓缩，没有废水外排，也不产生二次污染。

（2）生物脱氮法

生物脱氮法是在亚硝化细菌作用下先将氨氮转化为亚硝酸盐，再在硝化细菌作用下将亚硝酸盐进一步氧化为硝酸盐，然后在反硝化细菌作用下将硝酸盐和亚硝酸盐还原为氮分子而达到去除氮的目的。该技术适合处理含盐量不高于 1 000 mg/L 的低浓度氨氮废水，或 BOD_5/COD_{Cr} 较高的有机废水。

（3）汽提法（药剂强化热解络合-分子精馏法）

汽提法是用蒸汽等热源直接或间接与废水接触，使废水温度提升至沸点，利用蒸馏作用使废水中的游离氨挥发到大气中的一种处理方法。氨汽提主要基于气液相平衡原理，利用蒸汽汽提的物理作用，即在高 pH 时，使废水与蒸汽密切接触从而降低废水中氨的浓度，过程的推动力是蒸汽中氨的分压、与废水中氨浓度相当的平衡分压两者的压差。蒸汽与废水充分接触，两分压之差使废水中溶解气

体 NH_3 穿过气液界面，向气相扩散，从而达到降低废水中氨氮浓度的目的。该方法特别适用于高盐、高氨氮、含重金属的废水处理，可自动化控制、连续操作，能够与蒸发结晶法结合，同时回收氨水与钠盐。

（4）氨吹脱法

氨吹脱法主要基于气液传质原理，通过调节 pH，NH_4^+ 转化为游离态 NH_3，然后大量曝气促使水中 NH_3 解吸向大气中转移，以达到去除氨氮的目的。氨吹脱法可以在常温下操作，但为了防止废水中氨氮进入空气后产生二次污染，必须配套酸吸收塔，吸收气体中的氨。该技术适用于生物脱氮工艺的预处理。

（5）折点氯化法

折点氯化法是将一定量的氯气或次氯酸钠加入废水中使氨氮被氧化为氮，而达到去除氨氮的目的，当氯加入到一定量时，在余氯-加氯量曲线上出现一折点，此时废水中氯含量较低，而氨氮趋于零。当氯通入量超过该点时，水中的游离氯就会增多，该状态下的氯化称为折点氯化。该技术适用于低浓度氨氮废水处理。

（6）反渗透膜法

反渗透膜法是将低浓度含氨废水（0.3%）浓缩至 6%～7%的铵盐，然后再通过氨碱法生产氨水，该技术适用于低浓度、低 COD_{Cr} 和低钙镁的氨氮废水回收处理，用以提高氨氮浓度，得到高浓度的铵溶液后，再用蒸发结晶法处理。

3.4.1.5 萃取废水

萃取分离过程会产生含有机相、COD_{Cr}、总磷等污染物的废水，其治理技术主要包括有机相污染控制技术、COD_{Cr} 控制技术、总磷控制技术。

（1）有机相污染控制技术

有机相污染控制技术是将萃取分离过程中产生的夹带少量的萃取剂（有机相）的废水经高效隔油、气浮或超声气浮等，去除废水中大部分的悬浮态油、胶体态和溶解态油类污染物。

（2）COD_{Cr}控制技术

COD_{Cr} 控制技术是将萃取分离废水去除有机相后，再经中和沉降、臭氧催化氧化等方式处理，出水经澄清后排放。

（3）总磷控制技术

总磷控制技术是将萃取废水去除大部分的悬浮态油、胶体态和溶解态油类污染物，再经过熟石灰、混凝剂、絮凝剂等中和沉降，沉降后的上清液分别经前置高效过滤器、催化氧化反应塔，将废水中的溶解态含磷有机物分子结构打开，一方面去除废水中残留的有机污染物，另一方面，有机物磷被氧化为正态磷酸根离子，经投加化学除磷剂形成沉淀去除。

3.4.1.6 含盐废水

含盐废水经预处理（除油、中和除杂、过滤）后经过浓缩结晶，回收盐结晶固体，余水回用或进入末端污水处理站，其中产品沉淀等产生的无油的含盐废水无需除油工序。

3.4.1.7 一般性生产废水及生活污水

一般性生产废水根据排放去向或回用用途不同采取不同的处理工艺，一般包括一级处理（过滤、沉淀、冷却）、二级处理（生物接触氧化工艺、活性污泥法、A/O、A^2/O、其他）、深度处理（超滤/纳滤、反渗透、吸附过滤、其他）。净化+膜法废水深度处理技术是为提高水的重复利用率，对一般生产废水进行深度处理，使处理后水质达到工业循环水的标准，回用于循环水系统的补充水。除盐产生的浓盐水回用于冲渣等，不外排。膜分离技术是利用高压泵在浓溶液侧施加高于自然渗透压的操作压力，逆转水分子自然渗透的方向，迫使浓溶液中的水分子部分通过半透膜成为稀溶液侧净化水的过程。其工艺过程包括盘式过滤或精密过滤、微滤或超滤、反渗透等反渗透系统产生的淡水回用于生产线，浓水可独立处理后排放，或排入废水调节池进一步处理。

各种设备冷却排污水、辅助生产废水（机修废水、化验废水）处理工艺一般为一级处理工艺。生活污水主要含常规污染物，一般采取一级或二级处理工艺，包括生物接触氧化法、序批式活性污泥法、膜生物反应器处理工艺等。

3.4.1.8 初期雨水

对冶炼过程中富集在厂区地面、屋顶和设备上的烟（灰）尘和跑、冒、滴、漏的污染物随雨水形成的初期径流进行收集，全部回收利用或处理。初期雨水可与酸性废水合并处理，也可单独处理，一般采用中和法、石灰-铁盐法、电化学法或重金属捕集剂去除重金属。

钨钼冶炼行业、稀土金属冶炼行业、钽铌冶炼行业主要工艺废水污染治理可行技术见表 3-10、表 3-11、表 3-12。

表 3-10 钨钼冶炼行业主要工艺废水污染治理可行技术

废水类别	可行技术
高浓度氨氮废水	化学中和、混凝沉淀、吹脱、汽提、化学氧化法、冷凝、酸吸收、蒸发结晶
低浓度氨氮废水	化学中和、混凝沉淀、吹脱、汽提、化学氧化法、膜过滤
萃余液	气浮、微波处理、化学中和、混凝沉淀
焙烧烟气制酸废水	化学中和法、化学混凝法、化学沉淀法

表 3-11 稀土金属冶炼行业主要工艺废水污染治理可行技术

废水类别	可行技术
萃取废水	预处理：除油、沉淀、过滤等 生化处理：活性污泥法、生物膜法等 深度处理：高级氧化、混凝沉淀、活性炭吸附、膜过滤等
氨氮废水	蒸发结晶法、折点氯化法、反渗透膜法、吹脱法、汽提法、混凝沉淀法
含酸废水	化学中和法
含重金属废水	化学法、物理法
含盐废水	预处理（除油、中和除杂、过滤等）、浓缩结晶

表 3-12　钽铌冶炼行业主要工艺废水污染治理可行技术

<table>
<tr><th>废水类别</th><th>可行技术</th></tr>
<tr><td>萃取废水</td><td rowspan="4">pH：酸碱调配法
化学需氧量：物理隔离法、吸附法
悬浮物：砂滤法、微孔过滤法、絮凝沉淀法
氟化物：分步结晶法回收氟化氢铵、化学沉淀法、混凝沉降法、吸附法
氨氮：蒸汽汽提法、气态膜法、空气吹脱法</td></tr>
<tr><td>中和沉淀洗涤废水</td></tr>
<tr><td>结晶废水</td></tr>
<tr><td>钠还原洗涤废水</td></tr>
</table>

3.4.2　废气污染治理技术

3.4.2.1　含氟、酸废气

（1）喷淋净化技术

稀土矿硫酸焙烧、钽铌精矿分解等产生的含氟、酸废气经多级喷淋（水或碱喷淋），通过气水分离器分离，净化后废气经烟囱排空。喷淋净化的优点是投资规模小，操作方便，缺点是用水量大，产生的废水治理成本较高，且净化效率不高。

（2）综合回收利用技术

含氟、酸尾气综合回收利用技术主要由 4 部分构成：一是尾气双级降温、双级净化双级除雾以提高对污染物的捕集率和对各种污染物的净化效率；二是酸循环富集，混酸浓度 40%～50%；三是 40%～50%混酸浓缩分离回收 70%～93%硫酸及 15%～20%含氟酸，以保证综合利用要求；四是烟气的深度治理技术，采用脱硫—除湿—超高效专用除雾处理及配套的冷却脱水装置，实现烟气达标排放。

含氟、酸尾气综合回收利用技术是将尾气净化与水处理相结合的回收技术，通过尾气工艺及设备的新型设计或改造，采用新型净化降温工艺，在达到尾气净化目的同时使尾气中的有害酸类及氟类富集回收。该工艺能够极大降低废水中各项污染物的排放量，经该工艺治理后的废水略显酸性，中和后可实现达标排放。

（3）钼精矿焙烧酸性废气回收和处理综合处置技术

钼精矿焙烧尾气中可回收成分主要为 SO_2、钼和铼，焙烧烟气（尘）经旋风等收尘后进行喷淋洗涤，洗涤液经分离回收钼和铼，洗涤后的烟气回收 SO_2，高浓度 SO_2 用来生产硫酸，低浓度 SO_2 用碱液、氨水等吸收处理后排放。

钼冶炼企业广泛采取离子树脂法回收含铼烟气淋洗液、烟尘浸出液中铼以及将氨水反萃液中钼和铼分离，烟气淋洗过程铼以 ReO_4^- 进入淋洗液，淋洗液经液固分离、净化后采用树脂吸附，载铼树脂用 NH_4SCN 解吸，浓铼液经净化除杂、冷却结晶回收铼酸铵产品，含钼液进行钼的回收。

（4）熔盐电解含氟废气干法和湿法治理技术

对于氧化稀土熔盐电解产生的含氟废气的处理主要采用干法净化技术和湿法净化技术。

干法净化技术是氧化稀土熔盐电解法生产稀土金属或合金的废气采用多孔烧结筛板除尘器处理，再采用碳酸氢铵吸收含氟气体，氟以氟化氢铵固体形式回收。

湿法净化技术采用石灰水喷淋方式处理电解尾气，即含氟尾气与石灰水接触，主要设备为串联喷雾淋洗塔，喷淋处理后所形成的氟化钙浆液经静置沉降，澄清废水可循环利用再调浆。

3.4.2.2 含氨废气

对于含氨的废气处理，主要的治理技术有喷淋吸收、生物降解、氨催化分解等。

喷淋吸收是回收氨常用的技术，即以水或稀氨水为吸收剂吸收工业尾气中的氨，得到的低浓度氨水进一步浓缩得到浓氨水，再循环或综合利用。也可采用磷酸溶液等酸性液体吸收氨气，较其他酸性溶液或者水吸收有对设备腐蚀性不强，磷酸较稳定、不易分解和挥发等优点。

生物降解技术是利用微生物的代谢活动降解恶臭物质，使之氧化和分解为最终产物而达到无害化处理的目的。废气经过填料等介质，由于其中微生物的降解作用，废气中的污染物被氧化生成 CO_2、H_2O、NO_3^-、SO_4^{2-}等，通过过滤、曝气、洗涤等人工创造的环境，进行人为的控制与管理，因而可减少或避免二次污染。

氨催化分解技术是在催化剂的作用下将氨彻底分解为 N_2 和 H_2，是有效脱除氨和减轻环境污染的可行方法。氨的分解需在高温下进行，但当温度超过 1 200℃时，会使催化剂蒸汽压过高而加快催化剂的流失，当温度低于 900℃时，易发生催化剂的硫中毒等现象，将直接影响催化剂的使用寿命。

3.4.2.3　含氯、盐酸雾废气

含氯废气的净化一般采用化学中和法，常用的吸收剂有 NaOH 溶液、Na_2CO_3 溶液、石灰乳溶液等，吸收设备可采用喷淋塔或充填塔等。盐酸可溶于水，并能与碱发生中和反应，通常采用水或碱液喷淋吸收法进行治理，喷淋废水经过中和处理后排放。

3.4.2.4　有机废气

萃取过程产生的有机废气的处理主要采用抑制逸散技术和催化氧化治理技术。

（1）萃取有机废气抑制逸散技术

通过将萃取槽四周和搅拌机轴处加设水封，将逸出的酸性有机废气封存在槽内，减少萃取车间的无组织废气污染。该技术消耗主要是人工维护成本，不产生二次污染，方法简单、投资少，对抑制萃取车间酸性和有机废气污染效果较明显。

（2）萃取有机废气催化氧化治理技术

通过在萃取槽设立气体收集管道系统，将槽内废气负压收集后用风机送入催化氧化吸收反应塔，经过塔内催化氧化填料、接触反应填料层，采用气、水逆流方式与加入的氧化剂进行反应，去除废气中的部分有机污染物后，再进入喷淋塔处理后排放。该技术可同时处理废气中的多种污染物，工艺流程简单，运行费用相对较低，运行稳定可靠，处理效率高，去除效果明显。

3.4.2.5　含颗粒物废气

颗粒物一般采用袋式除尘、电除尘、旋风除尘、湿法除尘、电袋复合除尘等技术。

袋式除尘是利用纤维织物的过滤作用对含尘气体进行净化。该技术除尘效率高，可达 99.5%以上，适用范围广，不受颗粒物理化性质影响，但对烟气温度、湿度、腐蚀性等要求较高，系统阻力大，维护费用高。

电除尘是含尘气体通过高压电场电离使粉尘荷电，在电场力的作用下粉尘沉积于电极上，从而使粉尘从含尘气体中分离出来的一种除尘技术。电除尘技术除尘效率高，可达 99.0%～99.8%，可应用于高温、高压环境，系统阻力小，处理烟气量大，自动化程度高，运行维护费用低于袋式除尘，但一次性投资大。

旋风除尘是利用离心力的作用，使烟气在重力和离心力的共同作用下从烟气中分离而加以捕集。旋风除尘设备机构简单，投资成本低，可用于高温、含尘量高的烟气，但除尘效率较低，一般用于烟气预处理。

湿法除尘利用液滴或液膜黏附烟尘净化烟气，包括动力波除尘、水膜除尘、文丘里除尘、冲击式除尘等。湿法除尘技术操作简单、运行稳定、维护费用低，适用于烟气量变化较大的工况，如制酸系统尾气处理。

电袋复合除尘是将电除尘器与袋式除尘器相结合，电除尘器与袋式除尘器的优点互相补充，解决了布袋除尘器尺寸大、静电除尘器受粉尘比电阻制约的问题，除尘效率可以达到 99.99%及以上。

钨钼冶炼行业、稀土金属冶炼行业、钽铌冶炼行业主要废气污染治理可行技术见表 3-13、表 3-14、表 3-15。

表 3-13　钨钼冶炼行业主要废气污染治理可行技术

废气类别	可行技术
含氨废气	湿法除尘技术，冷凝、酸吸收、水吸收综合处理技术
仲钨酸铵煅烧废气	湿法、干式除尘技术，冷凝、酸吸收、水吸收综合处理技术
含有机物废气	干式除尘技术，吸附处理
钼精矿焙烧废气	湿法、干式除尘技术，电除尘技术，湿法、干法脱硫技术，酸净化回收技术
含尘废气	湿法、干法除尘技术

表 3-14　稀土金属冶炼行业主要废气污染治理可行技术

废气类别	可行技术
焙烧废气	除尘：湿法除尘、袋式除尘、电除尘 脱硫：干法脱硫、湿法脱硫 硫酸雾：碱液中和处理、三级喷淋净化 氟化物：湿法吸收、干法吸附 深度治理技术：双级降温净化除雾、酸循环富集、混酸浓缩分离、烟气深度净化
煅烧废气	除尘：湿法除尘、袋式除尘、电除尘 脱硫：干法脱硫、湿法脱硫
酸性废气	碱液中和处理技术
熔盐电解废气	除尘：湿法除尘、袋式除尘、电除尘 氟化物：湿法吸收、干法吸附

表 3-15　钽铌冶炼行业主要废气污染治理可行技术

废气类别	可行技术
分解废气	碱性喷淋法
中和沉淀洗涤废气	酸性或水喷淋法
煅烧废气	酸性或水喷淋法
含尘废气	湿法、干法除尘技术

3.4.3　噪声污染治理技术

稀有稀土金属冶炼排污单位噪声源主要有各类生产及配套工程和环保处理设施，噪声类型分为机械噪声和空气动力性噪声，主要降噪措施包括选用低噪设备及采取隔声、消声、吸声、减振措施等。

由振动、摩擦和撞击等引起的机械噪声，通常采取减振、隔声措施，如对设备加装减振垫、隔声罩等；车间内可采取吸声和隔声等降噪措施。对于空气动力性噪声，通常采取安装消声器的措施。

3.4.4 固体废物污染治理技术

固体废物污染治理的主要方式有资源化、焚烧、填埋等。稀有稀土金属冶炼行业产生的固体废物根据其特性分为一般固体废物和危险废物，根据其不同的属性类别采用不同的处理方式。

3.4.4.1 一般固体废物

对冶炼废渣、锅炉渣、废水处理中和沉淀渣、废气处理收尘渣或沉淀渣等一般固体废物可综合利用作建筑材料，也可进行无害化填埋处置。

3.4.4.2 危险废物

《国家危险废物名录》（2021 年版）明确属性为危险废物的物质包括：废物类别为 HW48，废物代码为 323-001-48 的仲钨酸铵生产过程碱煮渣（钨渣）、除钼过程中产生的除钼渣和废水处理污泥，若仲钨酸铵生产过程中碱煮渣（钨渣）和废水处理污泥满足《水泥窑协同处置固体废物污染控制标准》（GB 30485—2013）和《水泥窑协同处置固体废物环境保护技术规范》（HJ 662—2013）的要求进入水泥窑协同处置时，处置过程不按危险废物管理。同时，仲钨酸铵生产过程净化过滤磷砷渣通常也属于危险废物。

列入《国家危险废物名录》或按照国家危险废物鉴别标准和鉴别方法认定为危险废物的固体废物均应按照危险废物管理要求进行管控，包括贮存、转移、处理处置等各环节，同时须满足《危险废物贮存污染控制标准》和《危险废物转移联单管理办法》等管理要求。

第 4 章　排污单位自行监测方案的制定

立足排污单位自行监测在我国污染源监测管理制度中的定位，根据稀有稀土金属冶炼行业污染排放特征，我国发布了《总则》、《排污单位自行监测技术指南　火力发电及锅炉》（HJ 820—2017）、《稀有稀土金属冶炼指南》等，这些均是稀有稀土金属冶炼排污单位制定自行监测方案的依据。为了让使用者更好地理解标准规范中规定的内容，本章重点围绕《稀有稀土金属冶炼指南》的具体要求，一方面对其中主要要求的来源和考虑进行说明，另一方面对使用过程中需要注意的重点事项进行说明，以期为指南使用者提供更加详细的信息。

4.1　监测方案制定的依据

根据自行监测技术指南体系设计思路，稀有稀土金属冶炼排污单位主要是按照《稀有稀土金属冶炼指南》确定监测方案，其中《稀有稀土金属冶炼指南》中未规定，但《总则》中进行了明确规定的，应按照其执行。

由于锅炉广泛分布在各类企业中，稀有稀土金属冶炼排污单位中也会有锅炉，对于稀有稀土金属冶炼排污单位中的锅炉，应按照《排污单位自行监测技术指南　火力发电及锅炉》（HJ 820—2017）确定监测方案。

另外，生态环境部《关于发布〈伴生放射性矿开发利用企业环境辐射监测及信息公开办法（试行）〉的公告》（国环规辐射〔2018〕1 号）中对除铀（钍）矿外所有矿产资源开发利用活动中原矿、中间产品、尾矿（渣）或者其他残留物中铀（钍）系单个核素含量超过 1 Bq/g 的企业的环境辐射监测及信息公开工作作出了规定，稀有稀土金属冶炼排污单位中涉及环境辐射监测及信息公开的要求按照该办法执行。

4.2 废水排放监测

4.2.1 监测点位及监测指标的确定

根据《固定污染源排污许可分类管理名录（2019 年版）》（生态环境部令　第 11 号）的划分，稀有稀土金属冶炼（国民经济行业代码 323）为实施重点管理的行业。根据《总则》监测点位布设原则，在排放标准规定的污染物排放监控位置，并结合稀有稀土金属冶炼排污单位的废水实际排放状况，设置废水总排口、车间或生产设施废水排放口、生活污水排放口、雨水排放口为监测点位。主要以排放标准和污染物排放状况分析为依据，明确废水排放的监测指标。

与《排污许可证申请与核发技术规范　稀有稀土金属冶炼》（HJ 1125—2020）充分衔接，将其中排放口分类和污染物管控要求作为稀有稀土金属冶炼排污单位污染物监测要求的重要确定依据。

（1）污染物指标确定

以《污水综合排放标准》（GB 8978—1996）、《稀土工业污染物排放标准》（GB 26451—2011）和污染物排放状况分析为依据，纳入管控的废水污染物指标包括流量、pH、悬浮物、化学需氧量、总磷、总氮、氨氮、五日生化需氧量、氟化物、石油类和总锌 11 项污染物指标，车间或生产设施废水排放口主要控制总铅、总砷、总镉、总铬、总汞和六价铬 6 项污染物指标，共 17 项污染物指标。

根据我国水污染物排放标准的相关规定，污染物监控位置包括企业车间或生产设施废水排放口、废水总排口、生活污水排放口及雨水排放口。对于毒性较大、环境风险较高、仅是特定工序产生的重金属等污染物，监控位置在车间或生产设施废水排放口，这样可以避免其他废水混合后造成稀释排放，在污染物未得到有效治理的情况下实现浓度达标。其他多数工序都会产生的毒性相对较小、环境风险相对较低的污染物指标，监控位置多为企业废水总排口。由于排污单位有一定的办公生活区域，若生活污水单独排放，则应设置生活污水排放口。为防止雨水带料对水环境的污染，生态环境主管部门均要求排污单位“雨污分流、清污分流”，为加强监管，还规定排污单位须监测雨水排放口。

综上所述，将稀有稀土金属冶炼排污单位的废水排放口分为废水总排口、车间或生产设施废水排放口、生活污水排放口及雨水排放口 4 类。排污单位在设置废水监测点位时，有分解、离子交换、萃取分离工序等排放第一类污染物的排污单位，须在车间或生产设施废水排放口设置监测点位，同时须在废水总排口、生活污水排放口和雨水排放口设置监测点位。由于《稀土工业污染物排放标准》（GB 26451—2011）将与生产有直接或间接关系的各种外排废水（如厂区生活污水、冷却废水、厂区锅炉和电站排水等）统一纳入废水总排口管控，故稀土金属冶炼排污单位不设置单独的生活污水排放口。

稀有稀土金属冶炼排污单位执行的水污染物排放标准和对应的污染物情况见表 4-1。

表 4-1　稀有稀土金属冶炼排污单位废水污染物排放标准和污染物情况

行业	废水污染物排放执行标准	污染物项目			
		车间或生产设施废水排放口	废水总排口	生活污水排放口	雨水排放口
钨钼冶炼	《污水综合排放标准》（GB 8978—1996）	总铅、总砷、总镉、总汞	pH、悬浮物、化学需氧量、氨氮、五日生化需氧量、磷酸盐、氟化物、石油类、动植物油、总锌	流量、pH、悬浮物、化学需氧量、五日生化需氧量、氨氮、总磷	pH、悬浮物、化学需氧量、氨氮、石油类

行业	废水污染物排放执行标准	污染物项目			
		车间或生产设施废水排放口	废水总排口	生活污水排放口	雨水排放口
稀土金属冶炼	《稀土工业污染物排放标准》（GB 26451—2011）	总铅、总砷、总镉、总铬、六价铬	pH、悬浮物、化学需氧量、总磷、总氮、氨氮、氟化物、石油类、动植物油、总锌	—	pH、悬浮物、化学需氧量、氨氮、石油类
钽铌冶炼	《污水综合排放标准》（GB 8978—1996）	—	pH、悬浮物、氨氮、化学需氧量、五日生化需氧量、磷酸盐、氟化物、石油类、动植物油、总锌	流量、pH、悬浮物、化学需氧量、五日生化需氧量、氨氮、总磷	pH、悬浮物、化学需氧量、氨氮、石油类

注：表中磷酸盐对应《污水综合排放标准》（GB 8978—1996）中污染物项目，根据国家环境保护总局《关于〈污水综合排放标准〉（GB 8978—1996）中磷酸盐及其监测方法的通知》（环函〔1998〕28 号）的要求："污染物项目磷酸盐指总磷，即废水中溶解的、颗粒的有机磷和无机磷的总和，监测时按《水质　总磷的测定　钼酸铵分光光度法》（GB 11893—89）进行，以总磷报告分析数据"，故表示为总磷。

4.2.2　监测频次的确定

根据《固定污染源排污许可分类管理名录（2019 年版）》（生态环境部令　第 11 号），稀有稀土金属冶炼（国民经济行业代码 323）为实施重点管理的行业，依据《环境监管重点单位名录管理办法》（生态环境部令　第 27 号）的规定，排污许可分类管理名录规定的实施排污许可重点管理的企业事业单位，应当列为重点排污单位，稀有稀土金属冶炼排污单位按照重点排污单位进行管理，按《总则》对重点排污单位的要求确定各排污口不同污染物的监测频次，同时考虑废水直接排放和间接排放的去向不同，对于废水间接排放的排污单位适当降低了监测频次要求。

（1）监测频次的一般要求

根据《稀有稀土金属冶炼指南》，稀有稀土金属冶炼排污单位废水排放口各监测指标最低监测频次按表 4-2 执行。排污单位可根据管理要求或实际情况在表 4-2 的基础上提高监测频次。

表 4-2　废水排放监测点位、监测指标及最低监测频次

行业	监测点位	监测指标	监测频次	
			直接排放	间接排放
钨钼冶炼	废水总排口	流量、pH、化学需氧量、氨氮	自动监测	
		总磷	月	季度
		悬浮物、总锌、石油类、氟化物	季度	半年
	车间或生产设施废水排放口	流量、总铅、总砷、总汞、总镉	月	季度
	生活污水排放口[a]	流量、pH、悬浮物、化学需氧量、五日生化需氧量、氨氮、总磷	季度	—
	雨水排放口	pH、悬浮物、化学需氧量、氨氮、石油类	月[b]	
稀土金属冶炼	废水总排口	流量、pH、化学需氧量、氨氮	自动监测	
		总磷、总氮	月	季度
		悬浮物、总锌、石油类、氟化物	季度	半年
	车间或生产设施废水排放口	流量、总铅、总砷、总镉、总铬、六价铬	月	季度
	雨水排放口	pH、悬浮物、化学需氧量、氨氮、石油类	月[b]	
钽铌冶炼	废水总排口	流量、pH、化学需氧量、氨氮	自动监测	
		总磷	月	季度
		悬浮物、总锌、石油类、氟化物	季度	半年
	生活污水排放口[a]	流量、pH、悬浮物、化学需氧量、五日生化需氧量、氨氮、总磷	季度	—
	雨水排放口	pH、悬浮物、化学需氧量、氨氮、石油类	月[b]	

注：[a]排污单位间接排放不要求开展自行监测，但应说明排放去向。

[b]雨水排放口有流动水排放时按月监测。若监测一年无异常情况，可放宽至每季度开展 1 次监测。

（2）指南中监测频次确定的主要考虑

根据《中华人民共和国水污染防治法》第二十三条规定："实行排污许可管理的企业事业单位……重点排污单位还应当安装水污染物排放自动监测设备……"，配合排污许可证制度管理，废水流量监测是废水污染物监测的重要内容，更是核定污染物排放总量的依据，因此规定其自动监测；化学需氧量和氨氮为我国水污染物总量减排控制项目和废水许可排放量污染物；稀有稀土金属冶炼废水产生或污染治理具备酸碱污染特征，且特征指标 pH 的监测易实现，故规定排污单位自动监测项目为流量、pH、化学需氧量和氨氮。

废水总排口总磷、总氮为主要监测指标，直接排放按月开展监测，间接排放按季度开展监测。其他指标——悬浮物、总锌、石油类、氟化物，直接排放按季度开展监测，间接排放按半年开展监测。

车间或生产设施废水排放口总铅、总砷、总汞、总镉、总铬、六价铬为《总则》要求的主要监测指标，同时总铅、总砷、总汞、总镉为钨钼冶炼排污单位废水许可量污染物项目，总铅为稀土金属冶炼排污单位废水许可量污染物项目，故要求排污单位每月监测 1 次。若排污单位没有车间或车间处理设施废水排放口，排污单位废水循环利用或直接供下游产品再利用且不外排可不进行车间或生产设施排放口监测。

对生活污水直接排放的排污单位应在其排放口进行监测，则要求 pH、悬浮物、化学需氧量、五日生化需氧量、氨氮、总氮、总磷每季度至少监测 1 次。生活污水间接排放不要求开展自行监测，但应说明排放去向。

雨水排放口监测指标为 pH、悬浮物、化学需氧量、氨氮、石油类，监测频次受降雨影响，规定在排放期间按月监测。考虑排污单位监测成本，如监测一年无异常情况，可放宽至每季度监测 1 次。

有的地方为了改善本地区的环境质量，根据当地经济基础和科技水平制定了地方标准，或对工业废水进行集中处理，没有执行特定的行业标准，在方案制定时对照企业执行的排放标准，结合企业实际的生产状况，由设区的市级及以上生态环境主管部门确定其应增加的监测指标。污染物指标中出现超标的排污单位，应增加相应指标的监测频次。

根据当前环境管理状况，对稀有稀土金属冶炼排污单位内部监测没有明确要求，各地或排污单位有需要的，可根据《总则》确定监测点位、监测指标和监测频次。

4.3　废气排放监测

根据《总则》规定的监测点位布设原则，在排放标准规定的污染物排放监控位置，并结合稀有稀土金属冶炼排污单位的废气污染物排放状况分析，明确废气监测指标包括污染物排放标准、环境影响评价文件及批复、排污许可证等相关管理规定明确要求的污染物指标。按照《总则》对重点排污单位的要求确定各排污口不同污染物的监测频次。

同时与《排污许可证申请与核发技术规范　稀有稀土金属冶炼》（HJ 1125—2020）充分衔接，将其中排放口分类和污染物管控要求作为稀有稀土金属冶炼排污单位污染物监测要求的重要确定依据。

根据污染物排放状况分析，对稀有稀土金属冶炼排污单位废气排放标准和污染物控制因子整理如表 4-3 所示。

表 4-3　稀有稀土金属冶炼排污单位废气污染物排放标准和污染物情况

<table>
<tr><th rowspan="2">行业</th><th colspan="2" rowspan="2">废气污染物排放执行标准</th><th rowspan="2">有组织排放污染物项目</th><th colspan="2">无组织排放污染物项目</th></tr>
<tr><th>钨冶炼</th><th>钼冶炼</th></tr>
<tr><td rowspan="3">钨钼冶炼</td><td>焙烧炉（窑）、煅烧炉（窑）、还原炉、烧结炉排放的废气污染物</td><td>《工业炉窑大气污染物排放标准》（GB 9078—1996）</td><td>颗粒物、二氧化硫</td><td rowspan="3">颗粒物、二氧化硫、氨、硫化氢</td><td rowspan="3">颗粒物、二氧化硫</td></tr>
<tr><td>废气有组织排放口排放的氨、硫化氢</td><td>《恶臭污染物排放标准》（GB 14554—1993）</td><td>氨、硫化氢</td></tr>
<tr><td>其他废气有组织排放和无组织排放的污染物</td><td>《大气污染物综合排放标准》（GB 16297—1996）</td><td>颗粒物、非甲烷总烃、氯化氢</td></tr>
<tr><td>稀土金属冶炼</td><td>废气有组织排放和无组织排放的污染物</td><td>《稀土工业污染物排放标准》（GB 26451—2011）</td><td>颗粒物、二氧化硫、氮氧化物（以 NO_2 计）、硫酸雾、氟化物、氯化氢、氯气</td><td colspan="2">颗粒物、二氧化硫、氮氧化物（以 NO_2 计）、硫酸雾、氟化物、氯化氢</td></tr>
</table>

行业	废气污染物排放执行标准		有组织排放污染物项目	无组织排放污染物项目	
				钨冶炼	钼冶炼
钽铌冶炼	煅烧炉排放的废气污染物	《工业炉窑大气污染物排放标准》（GB 9078—1996）	颗粒物、二氧化硫	颗粒物、氨、氟化物	
	废气有组织排放口排放的氨	《恶臭污染物排放标准》（GB 14554—1993）	氨		
	其他废气有组织排放和无组织排放的污染物	《大气污染物综合排放标准》（GB 16297—1996）	颗粒物、氟化物		

注：根据《稀土工业污染物排放标准》（GB 26451—2011）中“大气污染物浓度测定方法标准”和现行适用的监测方法标准，计算氮氧化物浓度时均折算为二氧化氮，则指南表示为氮氧化物（以 NO_2 计）。

4.3.1 有组织废气

根据污染物排放状况分析和《总则》原则，并对接《排污许可证申请与核发技术规范 稀有稀土金属冶炼》（HJ 1125—2020），梳理出稀有稀土金属冶炼排污单位的有组织废气污染源和排放口类型。以产排污环节对应的生产设施或排放口为单位，监测点位统一为“排气筒”，并规定对于多个污染源或生产设备共用一个排气筒的，监测点位可布设在共用排气筒上。当执行不同排放控制要求的废气合并排气筒排放时，应在废气混合前进行监测；若监测点位只能布设在混合后的排气筒上，监测指标应涵盖所对应污染源或生产设备的监测指标，最低监测频次按照最严格的规定执行。为核算污染物排放总量，污染物指标监测的同时必须同步监测烟气参数。

（1）钨钼冶炼排污单位

钨钼冶炼排污单位有组织废气污染源和排放口类型见表 4-4。

表 4-4　钨钼冶炼排污单位有组织废气污染源和排放口类型

污染源			监测点位	主要污染物	排放口类型
原料类型	生产工艺	生产工序			
钨精矿	分解-离子交换	解吸	解吸废气处理系统排气筒	氨	一般排放口
		除钼	除钼废气处理系统排气筒	硫化氢、氨	一般排放口
		结晶	结晶废气处理系统排气筒	氨	主要排放口
	分解-萃取	除钼	除钼废气处理系统排气筒	硫化氢[a]、氨[a]	一般排放口
		萃取	萃取废气处理系统排气筒	非甲烷总烃	一般排放口
		结晶	结晶废气处理系统排气筒	氨	主要排放口
仲钨酸铵	煅烧	煅烧	煅烧废气处理系统排气筒	颗粒物、氨	主要排放口
	还原	还原	还原废气处理系统排气筒	颗粒物	一般排放口
钨粉	烧结	烧结	烧结废气处理系统排气筒	颗粒物	一般排放口
钼精矿	氧化焙烧	氧化焙烧	焙烧废气处理系统排气筒	颗粒物、二氧化硫	主要排放口
纯三氧化钼	还原	还原	还原废气处理系统排气筒	颗粒物	一般排放口
	烧结	烧结	烧结废气处理系统排气筒	颗粒物	一般排放口

注：[a]根据实际的除钼工艺类别确定主要污染物。

钨钼冶炼排污单位共涉及颗粒物、二氧化硫、氨、硫化氢、非甲烷总烃 5 类有组织废气监测指标，特征污染物根据所用原料和工艺特点不同，不能统一规定。对原料或中间产品采用炉窑焙烧、煅烧进行分解，钼冶炼氧化焙烧多采用多膛炉、回转窑等，排放的污染物主要有颗粒物、二氧化硫；仲钨酸铵煅烧制备金属氧化物一般采用回转管式煅烧炉，排放的污染物主要有氨、颗粒物，同时钨冶炼工艺环节中转型过程会使用氨水等，产生氨的排放，氨为列入许可排放量污染物指标，既是 8 种恶臭污染物之一，也是大气气溶胶的重要前体物，故需要加强对氨排放的管控。钨钼冶炼排污单位主要监测指标为颗粒物、二氧化硫、氨。

钨钼冶炼排污单位的废气主要排放口对应工序有结晶、煅烧、氧化焙烧，许可排放量的污染物为颗粒物、二氧化硫、氨。

根据《总则》5.2.1.4 规定的有组织废气监测指标的最低监测频次原则，主要排放口的主要监测指标按月—季度进行监测，其他监测指标按半年—年进行监测；其他排放口的监测指标按半年—年进行监测，对钨钼冶炼排污单位有组织废气监测频次作如下规定：为准确核算颗粒物、二氧化硫、氨排放总量，并根据自动监测现状，对焙烧、煅烧炉（窑）废气中颗粒物、二氧化硫开展自动监测，氨按月监测，煅烧炉（窑）采用天然气、电等清洁能源时颗粒物按半年监测；对其余主要排放口废气主要监测指标（氨）按月监测；一般排放口废气监测指标按半年开展监测。

钨钼冶炼排污单位有组织废气排放监测点位、监测指标及最低监测频次要求见表 4-5。

表 4-5　钨钼冶炼排污单位有组织废气排放监测点位、监测指标及最低监测频次

原料类型	生产工序	监测点位	监测指标	监测频次
钨精矿-分解-离子交换	解吸	解吸废气处理系统排气筒	氨	半年
	除钼	除钼废气处理系统排气筒	硫化氢、氨	半年
	结晶	结晶废气处理系统排气筒	氨	月
钨精矿-分解-萃取	除钼	除钼废气处理系统排气筒	硫化氢[a]、氨[a]	半年
	萃取	萃取废气处理系统排气筒	非甲烷总烃	半年
	结晶	结晶废气处理系统排气筒	氨	月
仲钨酸铵-煅烧-还原烧结	煅烧	煅烧废气处理系统排气筒	颗粒物	自动监测（半年[b]）
			氨	月
	还原	还原废气处理系统排气筒	颗粒物	半年
	烧结	烧结废气处理系统排气筒	颗粒物	半年
钼精矿-氧化焙烧	钼精矿备料	备料废气处理系统排气筒	颗粒物	半年
	氧化焙烧	焙烧废气处理系统排气筒	颗粒物、二氧化硫	自动监测
	氧化钼破碎包装	破碎包装废气处理系统排气筒	颗粒物	半年
纯三氧化钼-还原烧结	还原	还原废气处理系统排气筒	颗粒物	半年
	烧结	烧结废气处理系统排气筒	颗粒物	半年

注：应按照相应分析方法、技术规范同步监测烟气参数。

[a]根据除钼工艺类别选择监测指标。

[b]适用于采用天然气等清洁能源为燃料的煅烧炉、窑。

（2）稀土金属冶炼排污单位

稀土金属冶炼排污单位有组织废气污染源和排放口类型见表 4-6。

表 4-6　稀土金属冶炼排污单位有组织废气污染源和排放口类型

污染源			监测点位	主要污染物	排放口类型
原料类型	生产工艺	生产工序			
包头混合型稀土精矿	浓硫酸强化焙烧-萃取分离	焙烧	焙烧废气处理系统排气筒	颗粒物、二氧化硫、氮氧化物（以 NO_2 计）	主要排放口
				硫酸雾、氟化物	
		配酸	配酸废气处理系统排气筒	氯化氢	一般排放口
		萃取	萃取废气处理系统排气筒	氯化氢	一般排放口
		沉淀	沉淀废气处理系统排气筒	氯化氢[a]	一般排放口
		煅烧[b]	煅烧废气处理系统排气筒	颗粒物、二氧化硫、氮氧化物（以 NO_2 计）	主要排放口
	碱法分解处理-萃取分离	配酸	配酸废气处理系统排气筒	氯化氢	一般排放口
		酸洗	酸洗废气处理系统排气筒	氯化氢	一般排放口
		酸溶	酸溶废气处理系统排气筒	氯化氢	一般排放口
		萃取	萃取废气处理系统排气筒	氯化氢	一般排放口
		沉淀	沉淀废气处理系统排气筒	氯化氢[a]	一般排放口
		煅烧[b]	煅烧废气处理系统排气筒	颗粒物、二氧化硫、氮氧化物（以 NO_2 计）	主要排放口
氟碳铈稀土矿	分解提取和分组、分离生产	焙烧	焙烧废气处理系统排气筒	颗粒物、二氧化硫、氮氧化物（以 NO_2 计）、氟化物	主要排放口
		配酸	配酸废气处理系统排气筒	氯化氢	一般排放口
		浸出	酸浸废气处理系统排气筒	氯化氢、氯气	一般排放口

污染源			监测点位	主要污染物	排放口类型
原料类型	生产工艺	生产工序			
氟碳铈稀土矿	分解提取和分组、分离生产	萃取	萃取废气处理系统排气筒	氯化氢	一般排放口
		沉淀	沉淀废气处理系统排气筒	氯化氢[a]	一般排放口
		煅烧[b]	煅烧废气处理系统排气筒[d]	颗粒物、二氧化硫、氮氧化物（以 NO_2 计）	主要排放口
南方离子吸附型稀土矿	分解提取和分组、分离生产	配酸	配酸废气处理系统排气筒	氯化氢	一般排放口
		酸溶	酸溶废气处理系统排气筒	氯化氢	一般排放口
		萃取	萃取废气处理系统排气筒	氯化氢	一般排放口
		沉淀	沉淀废气处理系统排气筒	氯化氢[a]	一般排放口
		煅烧[b]	煅烧废气处理系统排气筒	颗粒物、二氧化硫、氮氧化物（以 NO_2 计）	主要排放口
稀土金属及合金生产（熔盐电解）		电解	电解槽废气处理系统排气筒	颗粒物、氟化物	一般排放口
稀土二次资源回收		焙烧	焙烧废气处理系统排气筒	颗粒物、二氧化硫、氮氧化物（以 NO_2 计）	主要排放口
		酸溶	酸溶废气处理系统排气筒	氯化氢	一般排放口
		萃取	萃取废气处理系统排气筒	氯化氢	一般排放口
		沉淀	沉淀废气处理系统排气筒	氯化氢[a]	一般排放口
		煅烧[b]	煅烧废气处理系统排气筒	颗粒物、二氧化硫、氮氧化物（以 NO_2 计）	主要排放口

注：[a] 采用草酸沉淀工艺。

[b] 对于采用天然气等清洁能源为燃料的煅烧窑未许可排放量，列为一般排放口。

1）稀土金属冶炼排污单位共涉及颗粒物、二氧化硫、氮氧化物、硫酸雾、氟化物、氯化氢、氯气 7 类有组织废气监测指标，特征污染物根据所用原料和工艺特点不同，不能统一规定，主要监测指标为颗粒物、二氧化硫、氮氧化物。

a）原料分解焙烧处理设备一般使用回转窑，燃料通常采用煤、天然气等，也有部分使用水煤气等其他燃料，排放的污染物主要有颗粒物、二氧化硫、氮氧化物以及来自原料分解产生的氟化物，包头混合型稀土精矿采用浓硫酸强化焙烧工艺还会产生硫酸雾排放。

b）产品制备煅烧设备常见辊道窑、隧道窑和回转窑，燃料通常采用天然气，也有部分使用煤、水煤气等其他燃料，排放的污染物主要有颗粒物、二氧化硫、氮氧化物，若采用纯电力能源，排放的污染物主要有颗粒物、氮氧化物。

c）酸、碱分解生产工序排放的主要污染物为氯化氢、氯气。萃取工序排放的主要污染物为氯化氢。沉淀工序根据使用的溶剂不同，排放的主要污染物也不同，采用碳酸氢钠/碳酸钠沉淀工艺的排放二氧化碳，采用草酸沉淀工艺的排放氯化氢，采用碳酸氢铵沉淀工艺的排放氨。

2）稀土金属冶炼排污单位的废气主要排放口对应工序有焙烧、煅烧，许可排放量的污染物为颗粒物、二氧化硫、氮氧化物。

3）根据《总则》，对稀土金属冶炼排污单位有组织废气监测频次作如下规定：

a）为准确核算颗粒物、二氧化硫、氮氧化物排放总量，并根据自动监测现状，对主要排放口主要监测指标开展自动监测。焙烧窑废气中硫酸雾和氟化物按半年监测。煅烧窑采用天然气等清洁能源时列为一般排放口，按半年监测，若采用纯电力能源，可不开展二氧化硫的监测。

b）酸、碱分解生产工序和萃取、沉淀等分离提纯生产工序废气排放口为一般排放口，排放的氯化氢、氯气按半年监测。

c）熔盐电解废气排放口为一般排放口，排放的颗粒物、氟化物按半年监测。

稀土金属冶炼排污单位有组织废气排放监测点位、监测指标及最低监测频次见表 4-7。

表 4-7　稀土金属冶炼排污单位有组织废气排放监测点位、监测指标及最低监测频次

原料类型	生产工序	监测点位	监测指标	监测频次
包头混合型稀土精矿	焙烧[a]	焙烧废气处理系统排气筒	颗粒物、二氧化硫、氮氧化物（以 NO_2 计）	自动监测
			硫酸雾、氟化物	半年
	配酸	配酸废气处理系统排气筒	氯化氢	半年
	酸洗[b]	酸洗废气处理系统排气筒	氯化氢	半年
	酸溶[b]	酸溶废气处理系统排气筒	氯化氢	半年
	萃取	萃取废气处理系统排气筒	氯化氢	半年
	沉淀	沉淀废气处理系统排气筒	氯化氢[c]	半年
	煅烧	煅烧废气处理系统排气筒	颗粒物、二氧化硫、氮氧化物（以 NO_2 计）	自动监测（半年[d]）
氟碳铈稀土精矿	焙烧	焙烧废气处理系统排气筒	颗粒物、二氧化硫、氮氧化物（以 NO_2 计）	自动监测
			氟化物	半年
	配酸	配酸废气处理系统排气筒	氯化氢	半年
	浸出	浸出废气处理系统排气筒	氯化氢、氯气	半年
	萃取	萃取废气处理系统排气筒	氯化氢	半年
氟碳铈稀土精矿	沉淀	沉淀废气处理系统排气筒	氯化氢[c]	半年
	煅烧	煅烧废气处理系统排气筒	颗粒物、二氧化硫、氮氧化物（以 NO_2 计）	自动监测（半年[d]）
南方离子吸附型稀土矿	配酸	配酸废气处理系统排气筒	氯化氢	半年
	酸溶	酸溶废气处理系统排气筒	氯化氢	半年
	萃取	萃取废气处理系统排气筒	氯化氢	半年
	沉淀	沉淀废气处理系统排气筒	氯化氢[c]	半年
	煅烧	煅烧废气处理系统排气筒	颗粒物、二氧化硫、氮氧化物（以 NO_2 计）	自动监测（半年[d]）
稀土金属及合金生产（熔盐电解）		电解废气处理系统排气筒	颗粒物、氟化物	半年
稀土二次资源回收	焙烧	焙烧废气处理系统排气筒	颗粒物、二氧化硫、氮氧化物（以 NO_2 计）	自动监测
	酸溶	酸溶废气处理系统排气筒	氯化氢	半年
	萃取	萃取废气处理系统排气筒	氯化氢	半年
	沉淀	沉淀废气处理系统排气筒	氯化氢[c]	半年
	煅烧	煅烧废气处理系统排气筒	颗粒物、二氧化硫、氮氧化物（以 NO_2 计）	自动监测（半年[d]）

注：应按照相应分析方法、技术规范同步监测烟气参数。

[a] 适用于浓硫酸强化焙烧-萃取分离工艺。

[b] 适用于碱法分解处理-萃取分离工艺。

[c] 适用于草酸沉淀工艺。

[d] 适用于采用天然气等清洁能源为燃料的煅烧炉、窑，若采用纯电力能源，可不监测二氧化硫。

（3）钽铌冶炼排污单位

钽铌冶炼排污单位有组织废气污染源和排放口类型见表 4-8。

表 4-8　钽铌冶炼排污单位有组织废气污染源和排放口类型

污染源			监测点位	主要污染物	排放口类型
原料类型	生产工艺	生产工序			
钽铌精矿	氢氟酸和硫酸分解-萃取分离	磨矿	磨矿废气处理系统排气筒	颗粒物	一般排放口
		分解	分解废气处理系统排气筒	氟化物、硫酸雾	主要排放口
		中和沉淀洗涤	中和沉淀洗涤废气处理系统排气筒	氨	主要排放口
		煅烧	煅烧废气处理系统排气筒	颗粒物、氨	主要排放口
氟钽酸钾/五氧化二铌	钠还原法/碳还原法	配混料	混料废气	颗粒物	一般排放口
		还原	还原废气	颗粒物	一般排放口

钽铌冶炼排污单位共涉及颗粒物、氟化物、氨、硫酸雾 4 类有组织废气监测指标。精矿磨矿工序排放的主要污染物为颗粒物，酸分解工序排放的主要污染物为氟化物和硫酸雾；中和沉淀时需要加入氨进行物料中和，主要污染物为氨；在制备钽铌氧化物时，使用炉窑进行煅烧，主要污染物为颗粒物和氨。氨为列入许可排放量污染物指标，既是 8 种恶臭污染物之一，也是大气气溶胶的重要前体物，故需要加强对氨排放的管控。钽铌冶炼排污单位主要监测指标为颗粒物和氨。

钽铌冶炼排污单位的废气主要排放口对应工序有分解、中和沉淀洗涤、煅烧，许可排放量的污染物为颗粒物和氨。

根据《总则》，对钽铌冶炼排污单位有组织废气监测频次作如下规定：为准确核算颗粒物、氨排放总量，并根据自动监测现状，对煅烧炉（窑）废气中颗粒物开展自动监测，当采用天然气、电等清洁能源时，颗粒物按半年监测；对其余主要排放口主要废气监测指标（氨）按月监测，其他废气监测指标（氟化物、硫酸雾）按半年开展监测；一般排放口废气监测指标按半年开展监测。

钽铌冶炼排污单位有组织废气排放监测点位、监测指标及最低监测频次见表 4-9。

表 4-9 钽铌冶炼排污单位有组织废气排放监测点位、监测指标及最低监测频次

原料类型	生产工序	监测点位	监测指标	监测频次
钽铌精矿	磨矿	磨矿废气处理系统排气筒	颗粒物	半年
	分解	分解废气处理系统排气筒	氟化物、硫酸雾	半年
	中和沉淀洗涤	中和沉淀洗涤废气处理系统排气筒	氨	月
	煅烧	煅烧废气处理系统排气筒	颗粒物	自动监测（半年[a]）
			氨	月
	混料	混料废气处理系统排气筒	颗粒物	半年
	还原	还原废气处理系统排气筒	颗粒物	半年

注：应按照相应分析方法、技术规范同步监测烟气参数。

[a]适用于采用天然气等清洁能源为燃料的煅烧炉、窑。

4.3.2 无组织废气

对于无组织排放，根据稀有稀土金属冶炼排污单位的无组织废气排放特征并兼顾对排污单位周边敏感点的影响，结合《总则》和污染物排放标准对无组织废气排放监测及控制的要求，对废气无组织排放的监测点位和监测指标进行了明确。

无组织排放监测点位为企业边界，监测指标根据有组织排放的废气污染物并兼顾对排污单位周边敏感点的影响确定。根据《国民经济行业分类》（GB/T 4754—2017），稀有稀土金属冶炼（国民经济行业代码 323）属于有色金属冶炼和压延加工业，为《总则》中界定的无组织废气排放较重的污染源，无组织排放的污染物每季度开展监测。具体要求见表 4-10。

表 4-10　无组织废气排放监测点位、监测指标及最低监测频次

排污单位类型		监测点位	监测指标	监测频次
钨钼冶炼	钨冶炼	企业边界	颗粒物、二氧化硫、氨、硫化氢	季度
	钼冶炼	企业边界	颗粒物、二氧化硫	季度
稀土金属冶炼		企业边界	颗粒物、二氧化硫、氮氧化物（以 NO_2 计）、硫酸雾、氟化物、氯化氢	季度
钽铌冶炼		企业边界	颗粒物、氨、氟化物	季度

注：根据生产工艺涉及的废气污染物确定具体的监测指标，应同步监测气象参数。

4.4　厂界环境噪声监测

厂界环境噪声监测点位设置应遵循《总则》中的规定：根据厂内主要噪声源距厂界位置布点；根据厂界周边敏感目标布点；"厂中厂"是否需要监测由内部和外围排污单位协商确定；面临海洋、大江、大河的厂界，原则上不布点；厂界紧邻交通干线不布点；厂界紧邻另一排污单位的，在邻近另一排污单位是否布点由排污单位协商确定。

对于稀有稀土金属冶炼排污单位内的噪声源，主要考虑表 4-11 中噪声源在厂区内的分布情况，若排污单位内还存在其他噪声源，应一并考虑，同时根据不同噪声源的强度选择对周边居民影响最大的位置开展监测。厂界环境噪声每季度至少开展一次昼、夜间噪声监测，监测指标为等效连续 A 声级，夜间有频发、偶发噪声影响时，同时测量频发、偶发最大声级。夜间不生产的可不开展夜间噪声监测。监测的目的主要是促进排污单位做好降噪措施，降低对周边居民的影响，因此周边有敏感建筑物的，应提高监测频次，具体的监测频次可由周边居民、排污单位、管理部门共同协商确定。

表 4-11 厂界环境噪声布点应关注的主要噪声源

噪声源	主要设备
各类生产及配套工程	磨机、炉窑系统、输送泵、压滤机、鼓风机、冷却塔、循环水系统等
环保处理设施	风机、水泵、污泥脱水设备等

4.5 周边环境质量影响监测

若法律法规等有明确要求的，排污单位应按要求开展周边环境质量影响监测。

若无明确要求的，若排污单位认为有必要的，可根据实际情况参照表 4-12 对周边地表水、海水、地下水、环境空气、土壤环境质量开展监测，监测点位可按照《环境影响评价技术导则　地表水环境》（HJ 2.3—2018）、《地表水环境质量监测技术规范》（HJ 91.2—2022）、《近岸海域环境监测技术规范　第八部分　直排海污染源及对近岸海域水环境影响监测》（HJ 442.8—2020）、《地下水环境监测技术规范》（HJ 164—2020）、《环境影响评价技术导则　地下水环境》（HJ 610—2016）、《环境影响评价技术导则　大气环境》（HJ 2.2—2018）、《环境空气质量手工监测技术规范》（HJ 194—2017）、《环境影响评价技术导则　土壤环境（试行）》（HJ 964—2018）、《土壤环境监测技术规范》（HJ/T 166—2004）中的相关规定设置。

表 4-12 周边环境质量影响监测指标及最低监测频次

目标环境	监测指标	监测频次
地表水	pH、氟化物、石油类、化学需氧量、总磷、氨氮、总氮、锌、镉、铅、砷、汞、六价铬等	季度
海水	pH、化学需氧量、非离子氨、无机氮、活性磷酸盐、锌、镉、铅、砷、汞、六价铬、石油类等	半年
地下水	pH、耗氧量、氨氮、氟化物、氯化物、锌、镉、铅、砷、汞、六价铬等	年
环境空气	颗粒物、二氧化硫、硫酸雾、氯化氢、氟化物、氨等	半年
土壤	pH、锌、镉、铅、砷、铬、汞、六价铬等	年

注：排污单位应根据环境影响评价文件及其批复、排污许可证等相关生态环境管理规定以及生产工艺、原辅用料、中间及最终产品等实际生产情况，确定具体的监测指标。

除此之外，排污单位认为有必要开展其他环境要素监测，以便更好地说清自身排放状况对周边环境质量影响状况的，也可参照《总则》、环境影响评价技术文件、环境质量监测技术规范开展监测。

4.6　其他要求

（1）《稀有稀土金属冶炼指南》中未规定的污染物指标

稀有稀土金属冶炼排污单位所持的排污许可证、所执行的污染物排放（控制）标准、环境影响评价文件及其批复［仅限 2015 年 1 月 1 日（含）后取得环境影响评价批复的排污单位］、相关生态环境管理规定明确要求的污染物指标，也应纳入自行监测范围内。另外，除《稀有稀土金属冶炼指南》中所规定的典型工艺所涉及的污染物指标外，排污单位根据生产过程的原辅用料、生产工艺、中间及最终产品类型、监测结果确定实际排放的，在有毒有害污染物名录或优先控制化学品名录中的污染物指标，或其他有毒污染物指标，也应纳入自行监测范围内。这些纳入自行监测范围的污染物指标，应参照《稀有稀土金属冶炼指南》中表 1～表 7，以及《总则》确定监测点位和监测频次。

（2）监测频次的确定

《稀有稀土金属冶炼指南》中的监测频次均为最低监测频次，排污单位在确保各指标的监测频次满足《稀有稀土金属冶炼指南》的基础上，可根据《总则》中监测频次的确定原则提高监测频次。监测频次的确定原则为不应低于国家或地方发布的标准、规范性文件、规划、环境影响评价文件及其批复等明确规定的监测频次；重点排污单位依法依规应当安装使用自动监测设备，非重点排污单位不作强制性要求，相应点位、指标的监测频次参照自行监测技术指南确定；主要排放口的监测频次高于非主要排放口；主要监测指标的监测频次高于其他监测指标；排向敏感地区的应适当增加监测频次；排放状况波动大的，应适当增加监测频次；历史稳定达标状况较差的需增加监测频次，达标状况良好的可以适当降低监测频次；监测成本应与排污企业自身能力相一致，尽量避免重复监测。

（3）其他要求

对于《稀有稀土金属冶炼指南》中未规定的内容，如内部监测点位设置及监测要求，采样方法、监测分析方法、监测质量保证与质量控制，监测方案的描述、变更等按照《总则》执行。

4.7 自行监测方案案例示例

为便于对本章中监测方案示例的正确掌握和应用，特别强调以下两点：

第一，本书附录 5 中列出了可供参考的完整的自行监测方案模板示例，排污单位可根据示例和本单位实际情况，进行相应的调整完善，作为本单位的监测方案使用。本章重点针对附录 5 中的监测点位、监测指标、监测频次、监测方法等内容给出示例，对于共性较大的描述性内容和质量控制等相关内容，在本章中不再进行列举，但并不意味着不重要或者不需要。

第二，本书给出的排放限值仅用于示例，可能会存在与实际要求略有差异的情况，这与各地实际管理要求有关，也与案例企业的特殊情况有关，本书对此不作深入解释和说明。

4.7.1 示例 1：某钨冶炼企业（间接排放）

（1）企业基本情况

大型钨冶炼企业，采用钨精矿碱分解-酸性叔胺萃取-蒸发结晶制备高纯仲钨酸铵，再经煅烧生成氧化钨。生产废水经废水处理站处理后由废水总排口排入工业园区污水厂，废水处理站设置有重金属处理单元对生产废水中涉及第一类污染物的废水进行处理，处理后的废水再进入后续综合处理单元。生活污水经化粪池预处理后由生活污水排放口排入城市污水处理厂。废水总排口安装有自动监测设施。主要废气排放涉及除钼、萃取、结晶和煅烧等工序，均设置有喷淋等处理设施。

（2）自行监测方案

1）废水

针对企业废水总排口、车间或生产设施废水排放口及雨水排放口设计监测方案，见表4-13。企业生活污水间接排放，可不开展自行监测。

表4-13 废水排放监测方案

排放口	监测指标	排放限值	技术手段	监测频次	分析方法
废水总排口（DW001）	流量	—	自动监测	连续	—
	pH	6～9	自动监测	连续	—
	化学需氧量	500 mg/L	自动监测	连续	—
	氨氮	—	自动监测	连续	—
	总磷	—	手工	季度	《水质 总磷的测定 钼酸铵分光光度法》（GB 11893—89）
	悬浮物	400 mg/L	手工	半年	《水质 悬浮物的测定 重量法》（GB 11901—89）
	总锌	5.0 mg/L	手工	半年	《水质 铜、锌、铅、镉的测定 原子吸收分光光度法》（GB 7475—1987）
	石油类	20 mg/L	手工	半年	《水质 石油类和动植物油类的测定 红外分光光度法》（HJ 637—2018）
	氟化物	20 mg/L	手工	半年	《水质 氟化物的测定 氟试剂分光光度法》（HJ 488—2009）
车间或生产设施废水排放口（DW002）	流量	—	手工	季度	—
	总铅	1.0 mg/L	手工	季度	《水质 铜、锌、铅、镉的测定 原子吸收分光光度法》（GB 7475—1987）
	总砷	0.5 mg/L	手工	季度	《水质 汞、砷、硒、铋和锑的测定 原子荧光法》（HJ 694—2014）
	总汞	0.05 mg/L	手工	季度	《水质 汞、砷、硒、铋和锑的测定 原子荧光法》（HJ 694—2014）
	总镉	0.1 mg/L	手工	季度	《水质 铜、锌、铅、镉的测定 原子吸收分光光度法》（GB 7475—1987）
雨水排放口（DW003）	pH	6～9	手工	月[a]	《水质 pH值的测定 电极法》（HJ 1147—2020）
	悬浮物	70 mg/L	手工	月[a]	《水质 悬浮物的测定 重量法》（GB 11901—89）
	化学需氧量	100 mg/L	手工	月[a]	《水质 化学需氧量的测定 重铬酸盐法》（HJ 828—2017）
	氨氮	15 mg/L	手工	月[a]	《水质 氨氮的测定 纳氏试剂分光光度法》（HJ 535—2009）
	石油类	5 mg/L	手工	月[a]	《水质 石油类和动植物油类的测定 红外分光光度法》（HJ 637—2018）

注：[a]雨水排放口有流动水排放时按月监测。若监测一年无异常情况，可放宽至每季度开展1次监测。

2）废气

针对除钼、萃取、结晶和煅烧工序等有组织排放源设计的监测方案，见表 4-14。

表 4-14　有组织废气排放监测方案

污染源信息		监测点位	监测指标	排放限值	技术手段	监测频次	分析方法
排放口	排放源类型						
DA001	除钼	排气筒	烟气参数	—	手工	半年	《固定污染源排气中颗粒物的测定与气态污染物采样方法》（GB/T 16157—1996）
			硫化氢	0.33 kg/h	手工	半年	《污染源废气　硫化氢的测定　亚甲基蓝分光光度法》［《空气和废气监测分析方法》（第四版）国家环境保护总局（2003 年）］
DA002	萃取	排气筒	烟气参数	—	手工	半年	《固定污染源排气中颗粒物的测定与气态污染物采样方法》（GB/T 16157—1996）
			非甲烷总烃	120 mg/m^3	手工	半年	《固定污染源废气　总烃、甲烷和非甲烷总烃的测定　气相色谱法》（HJ 38—2017）
DA003	结晶和煅烧[a]	排气筒	烟气参数	—	手工	半年	《固定污染源排气中颗粒物的测定与气态污染物采样方法》（GB/T 16157—1996）
			颗粒物	120 mg/m^3	手工	半年	
			氨	4.9 kg/h	手工	月	《环境空气和废气　氨的测定　纳氏试剂分光光度法》（HJ 533—2009）

注：[a]煅烧尾气并入结晶尾气处理装置（氨吸收塔）中一并处理，煅烧炉采用天然气作为原料。

根据企业实际情况，在企业边界设置无组织排放监测点位，具体见表 4-15。

表 4-15　无组织废气排放监测方案

监测点位	监测指标	排放限值	技术手段	监测频次	分析方法
企业边界	气象参数	—	手工	季度	—
	颗粒物	1.0 mg/m^3	手工	季度	《环境空气　总悬浮颗粒物的测定　重量法》（HJ 1263—2022）
	二氧化硫	0.40 mg/m^3	手工	季度	《环境空气　二氧化硫的测定　甲醛吸收—副玫瑰苯胺分光光度法》（HJ 482—2009）
	氨	1.5 mg/m^3	手工	季度	《环境空气和废气　氨的测定　纳氏试剂分光光度法》（HJ 533—2009）
	硫化氢	0.06 mg/m^3	手工	季度	《环境空气　硫化氢　甲硫醇　甲硫醚　二甲二硫的测定　气相色谱法》（GB/T 14678—1993）

3）厂界环境噪声

对企业厂界四周噪声开展监测，监测方案见表 4-16。周边若有噪声敏感建筑物，根据噪声源在厂内分布情况、厂界噪声监测情况和噪声敏感建筑物的位置开展噪声敏感建筑物噪声监测。

表 4-16　厂界环境噪声监测

监测点位	监测指标	排放限值/dB（A）	监测方式	监测频次	监测方法
厂界东外 1 m 处	等效连续 A 声级	65（昼）；55（夜）	手工	季度	《工业企业厂界环境噪声排放标准》（GB 12348—2008）
厂界南外 1 m 处		65（昼）；55（夜）			
厂界西外 1 m 处		65（昼）；55（夜）			
厂界北外 1 m 处		65（昼）；55（夜）			

4.7.2　示例 2：某钼冶炼企业（直接排放+间接排放）

（1）企业基本情况

大型钼冶炼企业下属 4 个分公司，分别为化学分公司、矿山分公司、金属分公司、冶炼分公司。其中冶炼分公司和金属分公司行业类别为钼冶炼，冶炼分公司包含钼精矿-氧化焙烧工艺，金属分公司包含纯三氧化钼-还原烧结工艺。

冶炼分公司钼精矿-氧化焙烧工艺环节无生产废水产生，其他生产工艺环节（硫酸生产板块）生产废水经生产废水处理站处理后，连同经生活污水处理站处理后的生活污水由废水总排口一并排入地表水体。金属分公司不产生生产废水，生活污水经厂区预处理后排入工业园区污水处理厂。两个分公司废水总排口均安装有自动监测设施。

冶炼分公司氧化焙烧产生的烟气经密闭管道输送至硫酸板块，作为原料使用，硫酸板块是以硫精砂为主要原料，利用冶炼板块生产过程中产生的冶炼烟气生产硫酸制品，硫酸板块尾气经处理后排放，排放口安装有自动监测设施。其余废气主要来源于原料投料配料工序、破碎筛分、包装工序等，均设置有布袋除尘器等处理设施。金属分公司废气主要来源于筛分、混料和烧结工序，均设置有布袋除尘器等处理设施。

（2）自行监测方案

1）废水

企业未设置单独的生活污水排放口，针对企业冶炼分公司和金属分公司废水总排口及雨水排放口设计监测方案，见表 4-17。

表 4-17　废水排放监测方案

排放口	监测指标	排放限值	技术手段	监测频次	分析方法
冶炼分公司废水总排口（DW001）	流量	—	自动监测	连续	—
	pH	6～9	自动监测	连续	—
	化学需氧量	50 mg/L	自动监测	连续	—
	氨氮	8 mg/L	自动监测	连续	—
	总磷	0.5 mg/L	手工	月	《水质　总磷的测定　钼酸铵分光光度法》（GB 11893—89）
	悬浮物	50 mg/L	手工	季度	《水质　悬浮物的测定　重量法》（GB 11901—89）
	总锌	2 mg/L	手工	季度	《水质　铜、锌、铅、镉的测定　原子吸收分光光度法》（GB 7475—1987）
	石油类	3 mg/L	手工	季度	《水质　石油类和动植物油类的测定　红外分光光度法》（HJ 637—2018）
	氟化物	8 mg/L	手工	季度	《水质　氟化物的测定　氟试剂分光光度法》（HJ 488—2009）
	五日生化需氧量	20 mg/L	手工	季度	《水质　五日生化需氧量（BOD_5）的测定　稀释与接种法》（HJ 505—2009）
冶炼分公司雨水排放口（DW002）	pH	6～9	手工	月[a]	《水质　pH 值的测定　电极法》（HJ 1147—2020）
	悬浮物	50 mg/L	手工	月[a]	《水质　悬浮物的测定　重量法》（GB 11901—89）
	化学需氧量	50 mg/L	手工	月[a]	《水质　化学需氧量的测定　重铬酸盐法》（HJ 828—2017）
	氨氮	8 mg/L	手工	月[a]	《水质　氨氮的测定　纳氏试剂分光光度法》（HJ 535—2009）
	石油类	3 mg/L	手工	月[a]	《水质　石油类和动植物油类的测定　红外分光光度法》（HJ 637—2018）

排放口	监测指标	排放限值	技术手段	监测频次	分析方法
金属分公司废水总排口（DW003）	流量	—	自动监测	连续	—
	pH	6～9	自动监测	连续	—
	化学需氧量	500 mg/L	自动监测	连续	—
	氨氮	45 mg/L	自动监测	连续	—
	总磷	8 mg/L	手工	季度	《水质　总磷的测定　钼酸铵分光光度法》（GB 11893—89）
	悬浮物	400 mg/L	手工	季度	《水质　悬浮物的测定　重量法》（GB 11901—89）
金属分公司雨水排放口（DW004）	pH	6～9	手工	月[a]	《水质　pH 值的测定　电极法》（HJ 1147—2020）
	悬浮物	70 mg/L	手工	月[a]	《水质　悬浮物的测定　重量法》（GB 11901—89）
	化学需氧量	100 mg/L	手工	月[a]	《水质　化学需氧量的测定　重铬酸盐法》（HJ 828—2017）
	氨氮	15 mg/L	手工	月[a]	《水质　氨氮的测定　纳氏试剂分光光度法》（HJ 535—2009）
	石油类	5 mg/L	手工	月[a]	《水质　石油类和动植物油类的测定　红外分光光度法》（HJ 637—2018）

注：[a]雨水排放口有流动水排放时按月监测。若监测一年无异常情况，可放宽至每季度开展 1 次监测。

2）废气

针对钼精矿备料、氧化焙烧、氧化钼破碎包装工序等有组织排放源设计的监测方案，见表 4-18。

表 4-18　有组织废气排放监测方案

污染源信息		监测点位	监测指标	排放限值	技术手段	监测频次	分析方法
排放口	排放源类型						
DA001	氧化钼加料收尘	排气筒	烟气参数	—	手工	半年	《固定污染源排气中颗粒物的测定与气态污染物采样方法》（GB/T 16157—1996）和《固定污染源废气　低浓度颗粒物的测定　重量法》（HJ 836—2017）
			颗粒物	10 mg/m^3	手工	半年	
DA002	钢屑加料收尘	排气筒	烟气参数	—	手工	半年	
			颗粒物	10 mg/m^3	手工	半年	
DA003	铁鳞加料收尘	排气筒	烟气参数	—	手工	半年	
			颗粒物	10 mg/m^3	手工	半年	
DA004	硅铁加料收尘	排气筒	烟气参数	—	手工	半年	
			颗粒物	10 mg/m^3	手工	半年	

污染源信息		监测点位	监测指标	排放限值	技术手段	监测频次	分析方法
排放口	排放源类型						
DA005	配料混合	排气筒	烟气参数	—	手工	半年	《固定污染源排气中颗粒物的测定与气态污染物采样方法》(GB/T 16157—1996)和《固定污染源废气 低浓度颗粒物的测定 重量法》(HJ 836—2017)
			颗粒物	10 mg/m³	手工	半年	
DA006	石英砂蜂窝制作	排气筒	烟气参数	—	手工	半年	
			颗粒物	10 mg/m³	手工	半年	
DA007	破碎筛分	排气筒	烟气参数	—	手工	半年	
			颗粒物	10 mg/m³	手工	半年	
DA008	钼精矿加料	排气筒	烟气参数	—	手工	半年	
			颗粒物	10 mg/m³	手工	半年	
DA009	钼精矿预处理	排气筒	烟气参数	—	手工	半年	
			颗粒物	10 mg/m³	手工	半年	
DA010	氧化焙烧(尾气进入硫酸板块做原料,与硫酸板块尾气合并排放)	排气筒	烟气参数	—	自动监测	连续	—
			颗粒物	10 mg/m³	自动监测	连续	—
			二氧化硫	100 mg/m³	自动监测	连续	—
			氮氧化物	100 mg/m³	自动监测	连续	—
			硫酸雾	30 mg/m³	手工	季度	《固定污染源废气 硫酸雾的测定 离子色谱法》(HJ 544—2016)
DA011	氧化钼破碎筛分	排气筒	烟气参数	—	手工	半年	《固定污染源排气中颗粒物的测定与气态污染物采样方法》(GB/T 16157—1996)和《固定污染源废气 低浓度颗粒物的测定 重量法》(HJ 836—2017)
			颗粒物	10 mg/m³	手工	半年	
DA012	氧化钼包装	排气筒	烟气参数	—	手工	半年	
			颗粒物	10 mg/m³	手工	半年	
DA013	筛分、混料	排气筒	烟气参数	—	手工	半年	
			颗粒物	10 mg/m³	手工	半年	
DA014	烧结	排气筒	烟气参数	—	手工	半年	
			颗粒物	10 mg/m³	手工	半年	

根据企业实际情况，在企业边界设置无组织排放监测点位，具体见表 4-19。

表 4-19　无组织废气排放监测方案

监测点位	监测指标	排放限值	技术手段	监测频次	分析方法
企业边界	气象参数	—	手工	季度	—
	颗粒物	1.0 mg/m^3	手工	季度	《环境空气　总悬浮颗粒物的测定　重量法》（HJ 1263—2022）
	二氧化硫	0.40 mg/m^3	手工	季度	《环境空气　二氧化硫的测定　甲醛吸收-副玫瑰苯胺分光光度法》（HJ 482—2009）

3）厂界环境噪声

对企业厂界四周噪声开展监测，监测方案见表 4-20。周边若有噪声敏感建筑物，根据噪声源在厂内分布情况、厂界噪声监测情况和噪声敏感建筑物的位置开展噪声敏感建筑物噪声监测。

表 4-20　厂界环境噪声监测

监测点位	监测指标	排放限值/dB（A）	监测方式	监测频次	监测方法
厂界东外 1 m 处	等效连续 A 声级	65（昼）；55（夜）	手工	季度	《工业企业厂界环境噪声排放标准》（GB 12348—2008）
厂界南外 1 m 处		65（昼）；55（夜）			
厂界西外 1 m 处		65（昼）；55（夜）			
厂界北外 1 m 处		65（昼）；55（夜）			

4.7.3　示例 3：某稀土金属冶炼企业（直接排放）

（1）企业基本情况

小型稀土金属冶炼企业，原料类型为氟碳铈稀土精矿，采用氧化焙烧—稀盐酸优先浸出非铈稀土—碱分解工艺。生产废水经废水处理站处理后由废水总排口直接排入地表水环境，废水处理站设置有重金属处理单元对生产废水中涉及第一类污染物的废水进行处理，处理后的废水再进入后续综合处理单元。生活污水经生活污水处理设施处理后由废水总排口排入地表水环境。废水总排口安装有自动监测设施。废气主要来源于焙烧、浸出、萃取、沉淀、煅烧等工序，设置有旋风除尘、布袋除尘、湿式除尘等处理设施，焙烧尾气排气筒安装有自动监测设施。

（2）自行监测方案

1）废水

针对企业废水总排口、车间或生产设施废水排放口、雨水排放口设计监测方案，见表 4-21。

表 4-21 废水排放监测方案

排放口	监测指标	排放限值	技术手段	监测频次	分析方法
废水总排口（DW001）	流量	—	自动监测	连续	—
	pH	6～9	自动监测	连续	—
	化学需氧量	70 mg/L	自动监测	连续	—
	氨氮	15 mg/L	自动监测	连续	—
	总磷	1 mg/L	手工	月	《水质 总磷的测定 钼酸铵分光光度法》（GB 11893—89）
	总氮	30 mg/L	手工	月	《水质 总氮的测定 碱性过硫酸钾消解紫外分光光度法》（HJ 636—2012）
	悬浮物	50 mg/L	手工	季度	《水质 悬浮物的测定 重量法》（GB 11901—1989）
	总锌	1 mg/L	手工	季度	《水质 铜、锌、铅、镉的测定 原子吸收分光光度法》（GB 7475—87）
	石油类	4 mg/L	手工	季度	《水质 石油类和动植物油类的测定 红外分光光度法》（HJ 637—2018）
	氟化物	8 mg/L	手工	季度	《水质 氟化物的测定 氟试剂分光光度法》（HJ 488—2009）
车间或生产设施废水排放口（DW002）	流量	—	手工	月	—
	总铅	0.2 mg/L	手工	月	《水质 铜、锌、铅、镉的测定 原子吸收分光光度法》（GB 7475—1987）
	总砷	0.1 mg/L	手工	月	《水质 总砷的测定 二乙基二硫代氨基甲酸银分光光度法》（GB/T 7485—1987）

排放口	监测指标	排放限值	技术手段	监测频次	分析方法
车间或生产设施废水排放口（DW002）	总镉	0.05 mg/L	手工	月	《水质　铜、锌、铅、镉的测定　原子吸收分光光度法》（GB 7475—1987）
	总铬	0.8 mg/L	手工	月	《水质　总铬的测定》（GB/T 7466—1987）
	六价铬	0.1 mg/L	手工	月	《水质　六价铬的测定　流动注射-二苯碳酰二肼光度法》（HJ 908—2017）
雨水排放口（DW003）	pH	6～9	手工	月[a]	《水质　pH 值的测定　电极法》（HJ 1147—2020）
	悬浮物	50 mg/L	手工	月[a]	《水质　悬浮物的测定　重量法》（GB 11901—89）
	化学需氧量	70 mg/L	手工	月[a]	《水质　化学需氧量的测定　重铬酸盐法》（HJ 828—2017）
	氨氮	15 mg/L	手工	月[a]	《水质　氨氮的测定　纳氏试剂分光光度法》（HJ 535—2009）
	石油类	4 mg/L	手工	月[a]	《水质　石油类和动植物油类的测定　红外分光光度法》（HJ 637—2018）

注：[a] 雨水排放口有流动水排放时按月监测。若监测一年无异常情况，可放宽至每季度开展 1 次监测。

2）废气

针对焙烧、萃取、煅烧工序等有组织排放源设计的监测方案，见表 4-22。

表 4-22　有组织废气排放监测方案

污染源信息		监测点位	监测指标	排放限值	技术手段	监测频次	分析方法
排放口	排放源类型						
DA001	焙烧	排气筒	烟气参数	—	自动监测	连续	—
			颗粒物	40 mg/m^3	自动监测	连续	—
			二氧化硫	300 mg/m^3	自动监测	连续	—
			氮氧化物	200 mg/m^3	自动监测	连续	—
			氟化物	7 mg/m^3	手工	半年	《大气固定污染源　氟化物的测定　离子选择电极法》（HJ/T 67—2001）

污染源信息		监测点位	监测指标	排放限值	技术手段	监测频次	分析方法
排放口	排放源类型						
DA002	浸出	排气筒	烟气参数	—	手工	半年	《固定污染源排气中颗粒物的测定与气态污染物采样方法》（GB/T 16157—1996）
			氯化氢	40 mg/m^3	手工	半年	《固定污染源废气 氯化氢的测定 硝酸银容量法》（HJ 548—2016）
			氯气	20 mg/m^3	手工	半年	《固定污染源废气 氯气的测定 碘量法》（HJ 547—2017）
DA003	萃取	排气筒	烟气参数	—	手工	半年	《固定污染源排气中颗粒物的测定与气态污染物采样方法》（GB/T 16157—1996）
			氯化氢	50 mg/m^3	手工	半年	《固定污染源废气 氯化氢的测定 硝酸银容量法》（HJ 548—2016）
DA004	沉淀[a]	排气筒	烟气参数	—	手工	半年	《固定污染源排气中颗粒物的测定与气态污染物采样方法》（GB/T 16157—1996）
			氯化氢	50 mg/m^3	手工	半年	《固定污染源废气 氯化氢的测定 硝酸银容量法》（HJ 548—2016）
DA005	煅烧[b]	排气筒	烟气参数	—	手工	半年	《固定污染源排气中颗粒物的测定与气态污染物采样方法》（GB/T 16157—1996）
			颗粒物	40 mg/m^3	手工	半年	《固定污染源废气 低浓度颗粒物的测定 重量法》（HJ 836—2017）
			氮氧化物	160 mg/m^3	手工	半年	《固定污染源废气 氮氧化物的测定 定电位电解法》（HJ 693—2014）
			二氧化硫	300 mg/m^3	手工	半年	《固定污染源废气 二氧化硫的测定 定电位电解法》（HJ 57—2017）

注：[a]采用草酸沉淀工艺。

[b]煅烧炉采用天然气作为燃料。

根据企业实际情况，在企业边界设置无组织排放监测点位，具体见表4-23。

表4-23 无组织废气排放监测方案

监测点位	监测指标	排放限值	技术手段	监测频次	分析方法
企业边界	气象参数	—	手工	季度	—
	颗粒物	1.0 mg/m^3	手工	季度	《环境空气 总悬浮颗粒物的测定 重量法》（HJ 1263—2022）
	二氧化硫	0.40 mg/m^3	手工	季度	《环境空气 二氧化硫的测定 甲醛吸收-副玫瑰苯胺分光光度法》（HJ 482—2009）
	氮氧化物	0.12 mg/m^3	手工	季度	《环境空气 氮氧化物（一氧化氮和二氧化氮）的测定 盐酸萘乙二胺分光光度法》（HJ 479—2009）
	氟化物	0.02 mg/m^3	手工	季度	《环境空气 氟化物的测定 滤膜采样/氟离子选择电极法》（HJ 955—2018）
	氯化氢	0.20 mg/m^3	手工	季度	《环境空气和废气 氯化氢的测定 离子色谱法》（HJ 549—2016）

3）厂界环境噪声

对企业厂界四周噪声开展监测，监测方案见表4-24。周边若有噪声敏感建筑物，根据噪声源在厂内分布情况、厂界噪声监测情况和噪声敏感建筑物的位置开展噪声敏感建筑物噪声监测。

表4-24 厂界环境噪声监测

监测点位	监测指标	排放限值/dB（A）	监测方式	监测频次	监测方法
厂界东外1 m处	等效连续A声级	60（昼）；50（夜）	手工	季度	《工业企业厂界环境噪声排放标准》（GB 12348—2008）
厂界南外1 m处		60（昼）；50（夜）			
厂界西外1 m处		60（昼）；50（夜）			
厂界北外1 m处		60（昼）；50（夜）			

4.7.4 示例 4：某钽铌冶炼企业（间接排放）

（1）企业基本情况

大型钽铌冶炼企业主要从事稀有金属钽、铌、钛及其合金等高技术产品的研发、生产、销售和进出口业务，由 10 个分厂及中心机构等组成，包括钽铌湿法冶金分厂、钽铌火法冶金分厂、钽粉分厂、钽丝分厂、钽铌特种材料工程技术研究中心、钽铌制品分厂、超导科技有限公司、钽业涂层研究室、钽业分析检测中心、钽业机电维修分厂。生产废水和生活污水经厂区污水处理厂处理后进入城市污水处理厂，废水总排口安装有自动监测设施。废气主要来源于磨矿、分解、中和沉淀、煅烧、混料、还原工序，均设置有滤筒式除尘、喷淋处理等处理设施。

（2）自行监测方案

1）废水

针对企业废水总排口及雨水排放口设计监测方案，见表 4-25。企业生活污水间接排放，可不开展自行监测。

表 4-25 废水排放监测方案

排放口	监测指标	排放限值	技术手段	监测频次	分析方法
废水总排口（DW001）	流量	—	自动监测	连续	—
	pH	6.5～9.5	自动监测	连续	—
	化学需氧量	500 mg/L	自动监测	连续	—
	氨氮	45 mg/L	自动监测	连续	—
	总磷	—	手工	季度	《水质 总磷的测定 钼酸铵分光光度法》（GB 11893—89）
	悬浮物	400 mg/L	手工	半年	《水质 悬浮物的测定 重量法》（GB 11901—89）
	总锌	5 mg/L	手工	半年	《水质 铜、锌、铅、镉的测定 原子吸收分光光度法》（GB 7475—1987）
	石油类	15 mg/L	手工	半年	《水质 石油类和动植物油类的测定 红外分光光度法》（HJ 637—2018）
	氟化物	20 mg/L	手工	半年	《水质 氟化物的测定 氟试剂分光光度法》（HJ 488—2009）

排放口	监测指标	排放限值	技术手段	监测频次	分析方法
雨水排放口（DW002）	pH	6～9	手工	月[a]	《水质　pH 值的测定　电极法》（HJ 1147—2020）
	悬浮物	50 mg/L	手工	月[a]	《水质　悬浮物的测定　重量法》（GB 11901—89）
	化学需氧量	70 mg/L	手工	月[a]	《水质　化学需氧量的测定　重铬酸盐法》（HJ 828—2017）
	氨氮	15 mg/L	手工	月[a]	《水质　氨氮的测定　纳氏试剂分光光度法》（HJ 535—2009）
	石油类	4 mg/L	手工	月[a]	《水质　石油类和动植物油类的测定　红外分光光度法》（HJ 637—2018）

注：[a]雨水排放口有流动水排放时按月监测。若监测一年无异常情况，可放宽至每季度开展 1 次监测。

2）废气

针对磨矿、分解、煅烧工序等有组织排放源设计的监测方案，见表 4-26。

表 4-26　有组织废气排放监测方案

污染源信息		监测点位	监测指标	排放限值	技术手段	监测频次	分析方法
排放口	排放源类型						
DA001	磨矿	排气筒	烟气参数	—	手工	半年	《固定污染源排气中颗粒物的测定与气态污染物采样方法》（GB/T 16157—1996）
			颗粒物	120 mg/m³	手工	半年	
DA002	分解	排气筒	烟气参数	—	手工	半年	《固定污染源排气中颗粒物的测定与气态污染物采样方法》（GB/T 16157—1996）
			氟化物	9 mg/m³	手工	半年	《大气固定污染源　氟化物的测定　离子选择电极法》（HJ/T 67—2001）
			硫酸雾	45 mg/m³	手工	半年	《固定污染源废气　硫酸雾的测定　离子色谱法》（HJ 544—2016）

污染源信息		监测点位	监测指标	排放限值	技术手段	监测频次	分析方法
排放口	排放源类型						
DA003	中和沉淀和煅烧[a]	排气筒	烟气参数	—	手工	月	《固定污染源排气中颗粒物的测定与气态污染物采样方法》（GB/T 16157—1996）
			颗粒物	120 mg/m^3	手工	半年	
			氨	4.9 kg/h	手工	月	《环境空气和废气　氨的测定　纳氏试剂分光光度法》（HJ 533—2009）
DA004	混料	排气筒	烟气参数	—	手工	半年	《固定污染源排气中颗粒物的测定与气态污染物采样方法》（GB/T 16157—1996）
			颗粒物	120 mg/m^3	手工	半年	
DA005	还原	排气筒	烟气参数	—	手工	半年	《固定污染源排气中颗粒物的测定与气态污染物采样方法》（GB/T 16157—1996）
			颗粒物	120 mg/m^3	手工	半年	

注：[a] 煅烧尾气并入中和沉淀尾气处理装置（氨吸收塔）中一并处理，煅烧炉采用天然气作为原料。

根据企业实际情况，在企业边界设置无组织排放监测点位，具体见表 4-27。

表 4-27　无组织废气排放监测方案

监测点位	监测指标	排放限值	技术手段	监测频次	分析方法
企业边界	气象参数	—	手工	季度	—
	颗粒物	1.0 mg/m^3	手工	季度	《环境空气　总悬浮颗粒物的测定　重量法》（HJ 1263—2022）
	氨	1.5 mg/m^3	手工	季度	《环境空气和废气　氨的测定　纳氏试剂分光光度法》（HJ 533—2009）
	氟化物	0.02 mg/m^3	手工	季度	《环境空气　氟化物的测定　滤膜采样/氟离子选择电极法》（HJ 955—2018）
	非甲烷总烃	4.0 mg/m^3	手工	季度	《环境空气　总烃、甲烷和非甲烷总烃的测定　直接进样-气相色谱法》（HJ 604—2017）

3）厂界环境噪声

对企业厂界四周噪声开展监测，监测方案见表 4-28。周边若有噪声敏感建筑物，根据噪声源在厂内分布情况、厂界噪声监测情况和噪声敏感建筑物的位置开展噪声敏感建筑物噪声监测。

表 4-28　厂界环境噪声监测

监测点位	监测指标	排放限值/dB（A）	监测方式	监测频次	监测方法
厂界东外 1 m 处	等效连续 A 声级	65（昼）；55（夜）	手工	季度	《工业企业厂界环境噪声排放标准》（GB 12348—2008）
厂界南外 1 m 处		65（昼）；55（夜）			
厂界西外 1 m 处		65（昼）；55（夜）			
厂界北外 1 m 处		65（昼）；55（夜）			

第 5 章　监测设施设置与维护要求

监测设施是开展监测活动的重要基础，监测设施的规范性直接影响监测数据质量。我国涉及监测设施设置与维护要求的标准规范有很多，但相对零散，且存在一定的衔接不够紧密的地方。本章立足现有标准规范，结合污染源监测实际开展情况，对监测设施设置与维护要求进行全面梳理和总结，供开展污染源监测的相关人员参考。

5.1　基本原则和依据

5.1.1　基本原则

排污单位应当依据国家污染源监测相关标准规范、污染物排放标准、自行监测相关技术指南和其他相关规定等进行监测点位的确定和排污口规范化设置；地方颁布执行的污染源监测标准规范、污染物排放标准等对监测点位的确定和排污口规范化设置有要求时，可按照地方规范、标准从严执行。

5.1.2　相关依据

排污单位的排污口主要包括废水排放口和废气排放口。

目前，国家有关废水监测点位确定及排污口规范化设置的标准规范主要包括

《污水监测技术规范》（HJ 91.1—2019）、《水污染物排放总量监测技术规范》（HJ/T 92—2002）、《固定污染源监测质量保证与质量控制技术规范（试行）》（HJ/T 373—2007）、《水污染源在线监测系统（COD_{Cr}、NH_3-N 等）安装技术规范》（HJ 353—2019）等。

废气监测点位确定及规范化设置的标准规范主要包括《固定污染源排气中颗粒物测定与气态污染物采样方法》（GB/T 16157—1996）、《固定源废气监测技术规范》（HJ/T 397—2007）、《固定污染源监测质量保证与质量控制技术规范（试行）》（HJ/T 373—2007）、《固定污染源烟气（SO_2、NO_x、颗粒物）排放连续监测技术规范》（HJ 75—2017）、《固定污染源烟气（SO_2、NO_x、颗粒物）排放连续监测系统技术要求及检测方法》（HJ 76—2017）等。

对于各类污染物排放口监测点位标志牌的规范化设置，主要依据国家环境保护总局发布的《排放口标志牌技术规格》（环办〔2003〕95 号），以及《环境保护图形标志——排放口（源）》（GB 15562.1—1995）等执行。

此外，国家环境保护局发布的《排污口规范化整治技术要求（试行）》（环监〔1996〕470 号）对排污口规范化整治技术提出了总体要求，部分省、自治区、直辖市、地级市也对本辖区排污口的规范化管理发布了技术规定、标准；各行业污染物排放标准以及各重点行业的排污单位自行监测的相关技术指南则对废水、废气排放口监测点位作了进一步明确。

5.2　废水监测点位的确定及排污口规范化设置

5.2.1　废水排放口的类型及监测点位确定

排污单位的废水排放口一般包括排污单位废水总排口、车间废水排放口、雨水排放口、生活污水排放口等。

废水总排口排放的一般应包括排污单位的生产废水、生活废水、初期雨水、事故废水等，开展自行监测的排污单位均须在废水总排口设置监测点位。

对于排放一类污染物的排污单位，即排放环境中难以降解或能在动植物体内蓄积，对人体健康和生态环境产生长远不良影响，具有致癌、致畸、致突变污染物的排污单位，必须在车间废水排放口设置监测点位，对一类污染物进行监测。

考虑到排污单位生产过程中，可能会有部分污染物通过雨排系统排入外环境，因此排污单位还应在雨水排放口设置监测点位，并在雨水排放口有雨水排放时开展监测。

部分排污单位的生产废水和生活污水分别设置排放口，对于此类排污单位，除在生产废水排放口设置监测点位外，还应在生活污水排放口设置监测点位。

此外，排污单位还应根据各行业自行监测技术指南的相关要求设置监测点位。

5.2.2 废水排放口的规范化设置

废水排放口的设置应满足以下要求：

（1）废水排放口应按照《环境保护图形标志——排放口（源）》（GB 15562.1—1995）的要求设置明显标志，废水排放口可以是矩形、圆形或梯形，一般使用混凝土、钢板或钢管等原料。

（2）废水排放口应满足现场采样和流量测定要求，用暗管或暗渠排污的，应设置一段能满足采样条件和流量测量的明渠。测流段水流应平直、稳定、集中，无下游水流顶托影响，上游顺直长度应大于 5 倍测流段最大水面宽度，同时测流段水深应大于 0.1 m 且不超过 1 m。

（3）废水排放口应能够方便安装三角堰、矩形堰、测流槽等测流装置或其他计量装置。有废水自动监测设施的排放口，还应能够满足安装污水水量自动计量装置（如超声波明渠流量计、管道式电磁流量计等）、采样取水系统、水质自动采样器等设备、设施的要求。

（4）排污单位应单独设置各类废水排放口，避免多家不同排污单位共用一个废水排放口。

5.2.3　采样点及监测平台的规范化设置

各类废水排放口的实际采样位置即采样点，一般应设在厂界内或厂界外不超过 10 m 范围内。压力管道式排放口应安装取样阀门；废水直接从暗渠排入市政管道的，应在企业界内或排入市政管道前设置取样口。有条件的排污单位应尽量设置一段能满足采样条件的明渠，以方便采样。

污水面在地面以下超过 1 m 的排放口，应配建取样台阶或梯架。监测平台面积应不小于 1 m^2，平台应设置不低于 1.2 m 的防护栏、高度不低于 10 cm 的脚部挡板。监测平台、梯架通道及防护栏的相关设计载荷及制造安装应符合《固定式钢梯及平台安全要求　第 3 部分：工业防护栏杆及钢平台》（GB 4053.3—2009）的要求。

应保证污水监测点位场所通风、照明正常，还应在有毒有害气体的监测场所设置强制通风系统，并安装相应的气体浓度报警装置。

5.2.4　废水自动监测设施的规范化设置

5.2.4.1　监测站房

废水自动监测站房的设置，应满足如下要求：

（1）应建有专用监测站房，新建监测站房面积应满足不同监测站房的功能需要，并保证水污染源在线监测系统的摆放、运转和维护，使用面积应不小于 15 m^2，站房高度应不低于 2.8 m。

（2）监测站房应尽量靠近采样点，与采样点的距离应小于 50 m。

（3）监测站房应安装空调和冬季采暖设备，空调具有来电自启动功能，具备温湿度计，保证室内清洁，环境温度、相对湿度和大气压等应符合《工业过程测量和控制装置　工作条件　第一部分：气候条件》（GB/T 17214.1—1998）的要求。

（4）监测站房内应配置安全合格的配电设备，能提供足够的电力负荷，功率≥5 kW，应配置稳压电源。

（5）监测站房内应有合格的给排水设施，使用符合实验要求的用水清洗仪器及有关装置。

（6）监测站房应有完善规范的接地装置和避雷措施、防盗和防止人为破坏的设施。接地装置安装工程的施工应满足《电气装置安装工程　接地装置施工及验收规范》（GB 50169—2016）的相关要求，建筑物防雷设计应满足《建筑物防雷设计规范》（GB 50057—2010）的相关要求。

（7）监测站房内应配备灭火器箱、手提式二氧化碳灭火器、干粉灭火器或沙桶等，并按消防相关要求布置。

（8）监测站房不应位于通信盲区，应能够实现数据传输。

（9）监测站房的设置应避免对企业安全生产和环境造成影响。

（10）监测站房内、采样口等区域应安装视频监控设施。

5.2.4.2　水质自动采样单元的设置

废水自动监测设备的水质自动采样单元设置，应满足如下要求：

（1）水质自动采样单元具有采集瞬时水样及混合水样，混匀及暂存水样、自动润洗及排空混匀桶，以及留样功能。

（2）pH 水质自动分析仪和温湿度计应原位测量或测量瞬时水样。

（3）COD_{Cr}、TOC、NH_3-N、TP、TN 水质自动分析仪应测量混合水样。

（4）水质自动采样单元的构造应保证将水样不变质地输送到各水质分析仪，应有必要的防冻和防腐设施。

（5）水质自动采样单元应设置混合水样的人工比对采样口。

（6）水质自动采样单元的管路宜设置为明管，并标注水流方向。

（7）水质自动采样单元的管材应采用优质的聚氯乙烯（PVC）、三丙聚丙烯（PPR）等不影响分析结果的硬管。

（8）采用明渠流量计测量流量时，水质自动采样单元的采水口应设置在堰槽前方，合流后充分混合的场所，并尽量设在流量监测单元标准化计量堰（槽）取水口头部的流路中央，采水口朝向与水流的方向一致，减少采水部前端的堵塞。采水装置宜设置成可随水面的涨落而上下移动的形式。

（9）采样泵应根据采样流量、水质自动采样单元的水头损失及水位差合理选择。应使用寿命长、易维护，并且对水质参数没有影响的采样泵，安装位置应便于采样泵的维护。

5.2.4.3　水污染源在线监测仪器安装要求

水污染源在线监测仪器的安装，应满足如下要求：

（1）水污染源在线监测仪器的各种电缆和管路应加保护管，保护管应在地下铺设或空中架设，空中架设的电缆应附着在牢固的桥架上，并在电缆、管路以及电缆和管路的两端设立明显标识。电缆线路的施工应满足《电气装置安装工程电缆线路施工及验收标准》（GB 50168—2018）的相关要求。

（2）各仪器应落地或壁挂式安装，有必要的防震措施，保证设备安装牢固稳定。在仪器周围应留有足够空间，方便仪器维护。其他要求参照仪器相应说明书相关内容，应满足《自动化仪表工程施工及质量验收规范》（GB 50093—2013）的相关要求。

（3）必要时（如南方的雷电多发区），仪器和电源应设置防雷设施。

5.2.4.4　流量计的安装要求

流量计的安装，应满足如下要求：

（1）采用明渠流量计测定流量，应按照《明渠堰槽流量计（试行）》（JJG 711—1990）、《城市排水流量堰槽测量标准　三角形薄壁堰》（CJ/T 3008.1—1993）、《城市排水流量堰槽测量标准　矩形薄壁堰》（CJ/T 3008.2—1993）、《城市排水流量堰槽测量标准　巴歇尔量水槽》（CJ/T 3008.3—1993）等技术要求修建或安装标准化计量堰（槽），并通过计量部门检定。主要流量堰槽的安装规范见《水污染源在线监测系统（COD_{Cr}、NH_3-N 等）安装技术规范》（HJ 353—2019）附录 D。

（2）应根据测量流量范围选择合适的标准化计量堰（槽），根据计量堰（槽）的类型确定明渠流量计的安装点位，具体要求如表 5-1 所示。

表 5-1 明渠流量计的安装点位

序号	堰槽类型	测量流量范围/（m^3/s）	流量计安装位置
1	巴歇尔槽	0.1×10^{-3}～93	应位于堰槽入口段（收缩段）1/3 处
2	三角形薄壁堰	0.2×10^{-3}～1.8	应位于堰板上游 3～4 倍最大液位处
3	矩形薄壁堰	1.4×10^{-3}～49	应位于堰板上游 3～4 倍最大液位处

（3）采用管道电磁流量计测定流量，应按照《环境保护产品技术要求　电磁管道流量计》（HJ/T 367—2007）等技术要求进行选型、设计和安装，并通过计量部门检定。

（4）电磁流量计在垂直管道上安装时，被测流体的流向应自下而上，在水平管道上安装时，两个测量电极不应在管道的正上方和正下方位置。流量计上游直管段长度和安装支撑方式应符合设计文件要求。管道设计应保证流量计测量部分管道水流时刻满管。

（5）流量计应安装牢固稳定，有必要的防震措施。仪器周围应留有足够空间，方便仪器维护与比对。

5.3 废气监测点位的确定及规范化设置

5.3.1 废气排放口类型及监测点位的确定

排污单位的废气排放口一般包括生产设施工艺废气排放口、自备火力发电机组（厂）或配套动力锅炉废气排放口、污染处理设施排放口（如自备危险废物焚烧炉废气排放口、污水处理设施废气排放口）等。

排气筒（烟道）是目前排污单位废气有组织排放的主要排放口，因此，有组织废气的监测点位通常设置在排气筒（烟道）的横截断面（监测断面）上，并通过监测断面上的监测孔完成废气污染物的采样监测及流速、流量等废气参数的测量。

废气排放口监测点位的确定包括监测断面的设置及监测孔的设置两个部分。排污单位应按照相关技术规范、标准的规定，根据所监测的污染物类别、监测技术手段的不同要求，先确定具体的废气排放口监测断面位置，再确定监测断面上监测孔的位置、数量。

5.3.2　监测断面规范化设置

5.3.2.1　基本要求

废气排放口监测断面包括手工监测断面和自动监测断面，监测断面设置应满足以下基本要求：

（1）监测断面应避开对测试人员操作有危险的场所，并在满足相关监测技术规范、标准规定的前提下，尽量选择方便监测人员操作、设备运输、安装的位置进行设置。

（2）若一个固定污染源排放的废气先通过多个烟道或管道后进入该固定污染源的总排气管，应尽可能将废气监测断面设置在总排气管上，不得只在其中的一个烟道或管道上设置监测断面开展监测并将测定值作为该污染源的排放结果；但允许在每个烟道或管道上均设置监测断面并同步开展废气污染物排放监测。

（3）监测断面一般优先选择设置在烟道垂直管段和负压区域，应避开烟道弯头和断面急剧变化的部位，确保所采集样品的代表性。

5.3.2.2　手工监测断面设置的具体要求

对于废气手工监测断面，在满足本章 5.3.2.1 中基本要求的同时，还应按照以下具体规定进行设置：

（1）颗粒态污染物及流速、流量监测断面

①监测断面的流速应不小于 5 m/s。

②监测断面位置应位于在距弯头、阀门、变径管下游方向不小于 6 倍直径（当量直径）和距上述部件上游方向不小于 3 倍直径（当量直径）处。

对矩形烟道，其当量直径的计算公式为

$$D=\frac{2AB}{A+B} \tag{5-1}$$

式中，A、B——边长。

③现场空间位置有限，很难满足②中要求时，可选择比较适宜的管段采样。手工监测位置与弯头、阀门、变径管等的距离至少是烟道直径的 1.5 倍，并应适当增加测点的数量和采样频次。

（2）气态污染物监测断面

手工监测时若需要同步监测颗粒态污染物及流速、流量，则监测断面应按照 5.3.2.2（1）中相关要求设置；否则，可不按上述要求设置，但要避开涡流区。

5.3.2.3 自动监测断面设置的具体要求

对于废气自动监测断面，在满足 5.3.2.1 中基本要求的同时，还应按照以下具体规定进行设置：

（1）一般要求

①位于固定污染源排放控制设备的下游和比对监测断面、比对采样监测孔的上游，且便于用参比方法进行校验；

②不受环境光线和电磁辐射的影响；

③烟道振动幅度尽可能小；

④安装位置应尽量避开烟气中水滴和水雾的干扰，如不能避开，应选用适用的检测探头及仪器；

⑤安装位置不漏风；

⑥固定污染源烟气净化设备设置有旁路烟道时，应在旁路烟道内安装自动监测设备采样和分析探头。

（2）颗粒态污染物及流速、流量监测断面

①监测断面的流速应不小于 5 m/s。

②颗粒物及流速自动监测设备采样和分析探头的安装位置，应设置在距弯头、阀门、变径管下游方向不小于 4 倍烟道直径处，以及距上述部件上游方向不小于 2 倍烟道直径处。矩形烟道当量直径可按照 5.3.2.2 式（5-1）计算。

③无法满足②中要求时，颗粒物及流速自动监测设备采样和分析探头的安装位置尽可能选择在气流稳定的断面，并采取相应措施保证监测断面烟气分布相对均匀，断面无紊流。对烟气分布均匀程度的判定采用相对均方根 σ_r 法，当 $\sigma_r \leqslant 0.15$ 时视为烟气分布均匀，σ_r 的计算公式为

$$\sigma_r = \sqrt{\frac{\sum_{i=1}^{n}(v_i - \bar{v})^2}{(n-1)\times \overline{v^2}}} \tag{5-2}$$

式中，v_i——测点烟气流速，m/s；

$\bar{v}$——截面烟气平均流速，m/s；

n——截面上的速度测点数目，测点的选择按照《固定污染源排气中颗粒物测定与气态污染物采样方法》（GB/T 16157—1996）执行。

（3）气态污染物监测断面

①气态污染物自动监测设备采样和分析探头的安装位置，应设置在距弯头、阀门、变径管下游方向不小于 2 倍烟道直径处，以及距上述部件上游方向不小于 0.5 倍烟道直径处。矩形烟道当量直径可按照 5.3.2.2 式（5-1）计算。

②无法满足①中要求时，应按照 5.3.2.3（2）③中的相关要求及式（5-2）计算，设置监测断面。

③同步进行颗粒态污染物及流速、流量监测的，应优先满足颗粒态污染物及

流速、流量监测断面的设置条件，监测断面的流速应不小于 5 m/s。

5.3.3 监测孔的规范化设置

5.3.3.1 监测孔规范化设置的基本要求

监测孔一般包括用于废气污染物排放监测的手工监测孔、用于废气自动监测设备校验的参比方法采样监测孔。

监测孔的设置应满足以下基本要求：

（1）监测孔位置应便于人员开展监测工作，应设置在规则的圆形或矩形烟道上，不宜设置在烟道的顶层。

（2）对于输送高温或有毒有害气体的烟道，监测孔应设置在烟道的负压段；若负压段满足不了开孔需求，对正压下输送高温和有毒有害气体的烟道，应安装带有闸板阀的密封监测孔，见图 5-1。

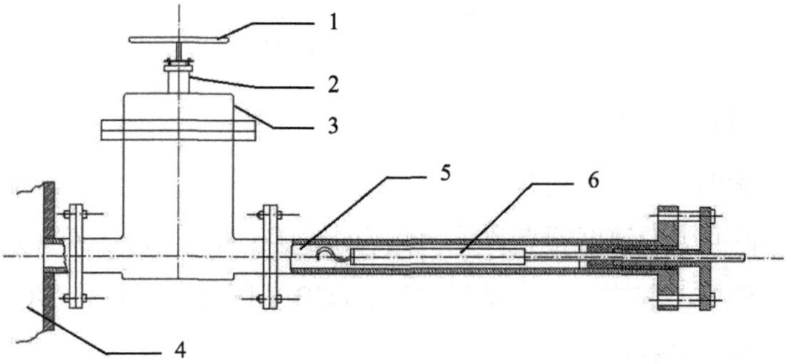

1—闸板阀手轮；2—闸板阀阀杆；3—闸板阀阀体；4—烟道；5—监测孔管；6—采样枪。

图 5-1 带有闸板阀的密封监测孔

（3）监测孔的内径一般不小于 80 mm，新建或改建污染源废气排放口监测孔的内径应不小于 90 mm；监测孔管长不大于 50 mm（安装闸板阀的监测孔管除外）。监测孔在不使用时用盖板或管帽封闭，在使用时应易开合。

5.3.3.2　手工监测开孔的具体要求

在确定的监测断面上设置手工监测的监测孔时，应在满足 5.3.3.1 中基本要求的同时，按照以下具体规定设置：

（1）若监测断面为圆形的烟道，监测孔应设在包括各测点在内的互相垂直的直径线上，其中，断面直径小于 3 m 时，应设置相互垂直的 2 个监测孔；断面直径大于 3 m 时，应尽量设置相互垂直的 4 个监测孔，见图 5-2。

（2）若监测断面为矩形烟道，监测孔应设在包括各测点在内的延长线上，其中，监测断面宽度大于 3 m 时，应尽量在烟道两侧对开监测孔，具体监测孔数量按照《固定污染源排气中颗粒物测定与气态污染物采样方法》（GB/T 16157—1996）的要求确定，见图 5-3。

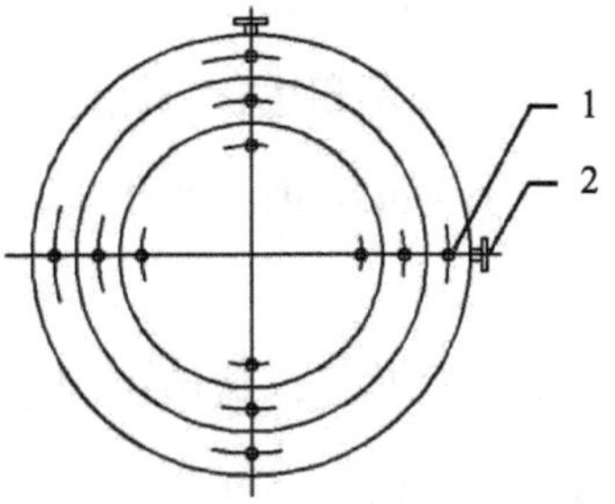

1—测点；2—监测孔。

图 5-2　圆形断面测点与监测孔

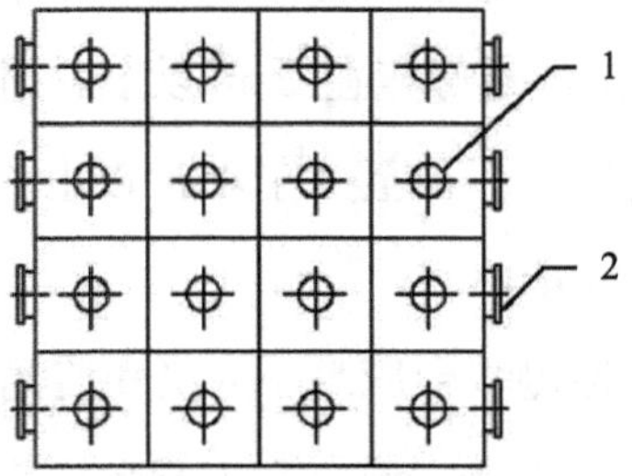

1—测点；2—监测孔。

图 5-3　矩形断面测点与监测孔

5.3.3.3　自动监测设备参比方法采样监测开孔的具体要求

废气自动监测设备参比方法采样监测孔的设置，在满足 5.3.3.1 中基本要求的同时，还应按照以下具体规定设置：

（1）应在自动监测断面下游预留参比方法采样监测孔，在互不影响监测的前提下，参比方法采样监测孔应尽可能靠近废气自动监测断面，距离以约 0.5 m 为宜。

（2）若监测断面为圆形烟道，参比方法采样监测孔应设在包括各测点在内的互相垂直的直径线上，其中，断面直径小于 4 m 时，应设置相互垂直的 2 个监测孔；断面直径大于 4 m 时，应尽量设置相互垂直的 4 个监测孔。

（3）若监测断面为矩形烟道，参比方法采样监测孔应设在包括各测点在内的延长线上，监测断面宽度大于 4 m 时，应尽量在烟道两侧对开监测孔，具体监测孔数量按照《固定污染源排气中颗粒物测定与气态污染物采样方法》（GB/T 16157—1996）的要求确定。

5.3.4 监测平台的规范化设置

监测平台应设置在监测孔的正下方 1.2～1.3 m 处，应安全、便于开展监测活动，必要时应设置多层平台以满足与监测孔距离的要求。

仅用于手工监测的平台可操作面积至少应大于 1.5 m^2（长度、宽度均不小于 1.2 m），最好应在 2 m^2 以上。用于安装废气自动监测设备和进行参比方法采样监测的平台面积至少在 4 m^2 以上（长度、宽度均不小于 2 m），或不小于采样枪长度外延 1 m。

监测平台应易于人员和监测仪器到达。应根据平台高度，按照《固定式钢梯及平台安全要求　第 1 部分：钢直梯》（GB 4053.1—2009）、《固定式钢梯及平台安全要求　第 2 部分：钢斜梯》（GB 4053.2—2009）的要求，设置直梯或斜梯。当监测平台距离地面或其他坠落面距离超过 2 m 时，不应设置直梯，应有通往平台的斜梯、旋梯或通过升降梯、电梯到达，斜梯、旋梯宽度应不小于 0.9 m，梯子倾角不超过 45°，其他具体指标详见 GB 4053.1—2009 和 GB 4053.2—2009。监测平台距离地面或其他坠落面距离超过 20 m 时，应有通往平台的升降梯，见图 5-4。

监测平台、通道的防护栏杆的高度应不低于 1.2 m，踢脚板不低于 10 cm。监测平台、通道、防护栏的设计载荷、制造安装、材料、结构及防护要求应符合《固定式钢梯及平台安全要求　第 3 部分：工业防护栏杆及钢平台》（GB 4053.3—2009）的要求，见图 5-5。

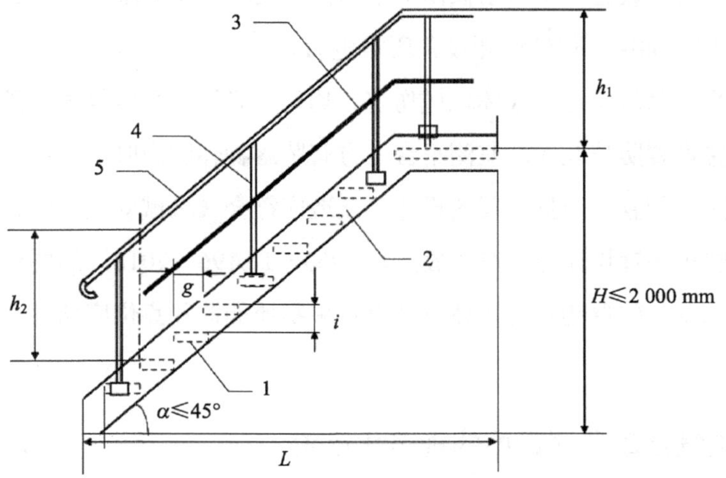

1—踏板；2—梯梁；3—中间栏杆；4—立柱；5—扶手；H—梯高；L—梯跨；

h_1—栏杆高；h_2—扶手高；α—梯子倾角；i—踏步高；g—踏步宽。

图 5-4　固定式钢斜梯

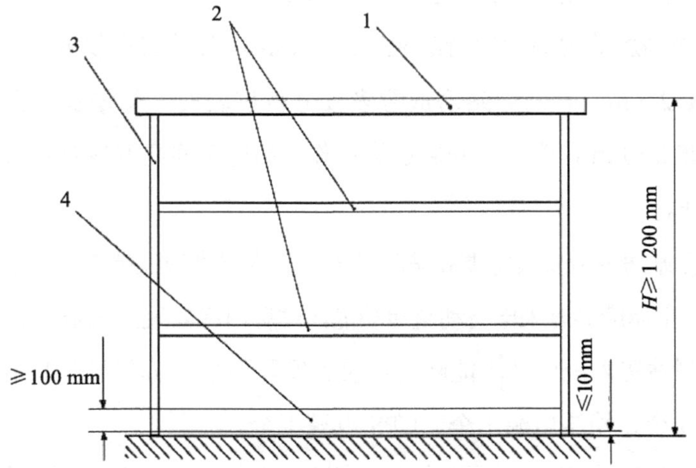

1—扶手（顶部栏杆）；2—中间栏杆；3—立柱；4—踢脚板；H—栏杆高度。

图 5-5　防护栏杆

监测平台应设置一个防水低压配电箱，内设漏电保护器、不少于 2 个 16A 插座及 2 个 10A 插座，保证监测设备所需电力。

监测平台附近有造成人体机械伤害、灼烫、腐蚀、触电等危险源的，应在平台相应位置设置防护装置。监测平台上方有坠落物体隐患时，应在监测平台上方高处设置防护装置。防护装置的设计与制造应符合《机械安全　防护装置固定式和活动式防护装置设计与制造一般要求》（GB/T 8196—2018）的要求。

排放剧毒、致癌物及对人体有严重危害物质的监测点位应储备相应的安全防护装备。

5.3.5　废气自动监测设施的规范化设置

5.3.5.1　监测站房的设置

废气自动监测站房的设置，应满足如下要求：

（1）应为室外的废气连续监测系统（CEMS）提供独立站房，监测站房与采样点之间距离应尽可能近，原则上不超过 70 m。

（2）监测站房的地面使用荷载应≥20 kN/m^2。若站房内仅放置单台机柜，面积应≥2.5 m×2.5 m。若同一站房放置多套分析仪表的，每增加一台机柜，站房面积应至少增加 3 m^2，以便于开展运维操作。站房空间高度应≥2.8 m，站房建在标高≥0 m 处。

（3）监测站房内应安装空调和采暖设备，室内温度应保持在 15～30℃，相对湿度应≤60%，空调应具有来电自动重启功能，站房内应安装排风扇或其他通风设施。

（4）监测站房内配电功率能够满足仪表实际要求，功率不小于 8 kW，至少预留三孔插座 5 个、稳压电源 1 个、UPS 电源 1 个。

（5）监测站房内应配备不同浓度的有证标准气体，且在有效期内。标准气体应当包含零气（含二氧化硫、氮氧化物浓度均≤0.1 μmol/mol 的标准气体，一般为高纯氮气，纯度≥99.999%；当测量烟气中二氧化碳时，零气中二氧化碳

≤400 μmol/mol，含有其他气体的浓度不得干扰仪器的读数）和 CEMS 测量的各种气体（SO_2、NO_x、O_2）的量程标气，以满足日常零点、量程校准、校验的需要。低浓度标准气体可由高浓度标准气体通过经校准合格的等比例稀释设备获得（精密度≤1%），也可单独配备。

（6）监测站房应有必要的防水、防潮、隔热、保温措施，在特定场合还应具备防爆功能。

（7）监测站房应具有能够满足废气自动监测系统数据传输要求的通信条件。

5.3.5.2　自动监测设备的安装施工要求

（1）废气自动监测系统安装施工应符合《自动化仪表工程施工及质量验收规范》（GB 50093—2013）、《电气装置安装工程　电缆线路施工及验收标准》（GB 50168—2018）的规定。

（2）施工单位应熟悉废气自动监测系统的原理、结构、性能，编制施工方案、施工技术流程图、设备技术文件、设计图样、监测设备及配件货物清单交接明细表、施工安全细则等有关文件。

（3）设备技术文件应包括资料清单，产品合格证，机械结构，电气、仪表安装的技术说明书，装箱清单，配套件、外购件检验合格证和使用说明书等。

（4）设计图样应符合技术制图、机械制图、电气制图、建筑结构制图等标准的规定。

（5）设备安装前的清理、检查及保养应符合以下要求。

①按交货清单和安装图样明细表清点检查设备及零部件，缺损件应及时处理，更换补齐；

②运转部件如取样泵、压缩机、监测仪器等，滑动部件均须清洗、注油润滑防护；

③因运输造成变形的仪器、设备的结构件应校正，并重新涂刷防锈漆及表面油漆，保养完毕后应恢复原标记。

（6）现场端连接材料（垫片、螺母、螺栓、短管、法兰等）为焊件组对成焊时，壁（板）的错边量应符合以下要求：

①管子或管件对口、内壁齐平，最大错边量≤1 mm；

②采样孔的法兰与连接法兰几何尺寸极限偏差不超过±5 mm，法兰端面的垂直度极限偏差≤0.2%；

③采用透射法原理颗粒物监测仪器发射单元和颗粒物监测仪反射单元，测量光束从发射孔的中心出射到对面中心线相叠合的极限偏差≤0.2%。

（7）从探头到分析仪的整条采样管线的铺设应采用桥架或穿管等方式，保证整条管线具有良好的支撑。管线倾斜度≥5°，防止管线内积水，在每隔 4～5 m 处装线卡箍。当使用伴热管线时应具备稳定、均匀加热和保温的功能；其设置加热温度≥120℃，且应在烟气露点温度 10℃以上，其实际温度值应能够在机柜或系统软件中显示查询。

（8）电缆桥架安装应满足最大直径电缆的最小弯曲半径要求。电缆桥架的连接应采用连接片。配电套管应采用钢管和 PVC 管材质配线管，其弯曲半径应满足最小弯曲半径要求。

（9）应将动力与信号电缆分开铺设，保证电缆通路及电缆保护管的密封，自控电缆应符合输入和输出分开、数字信号和模拟信号分开配线和铺设的要求。

（10）安装精度和连接部件坐标尺寸应符合技术文件和图样规定。监测站房仪器应排列整齐，监测仪器顶平直度和平面度应不大于 5 mm，监测仪器牢固固定，可靠接地。二次接线正确、牢固可靠，配导线的端部应标明回路编号。配线工艺整齐，绑扎牢固，绝缘性好。

（11）各连接管路、法兰、阀门封口垫圈应牢固完整，不得有漏气、漏水现象。保持所有管路畅通，保证气路阀门、排水系统安装后应畅通和启闭灵活。自动监测系统空载运行 24 小时后，管路不得出现脱落、渗漏、振动强烈现象。

（12）反吹气应为干燥清洁气体，反吹系统应进行耐压强度试验，试验压力为常用工作压力的 1.5 倍。

（13）电气控制和电气负载设备的外壳防护应符合《外壳防护等级（IP 代码）》（GB 4208—2017）的技术要求，户内达到防护等级 IP24 级，户外达到防护等级 IP54 级。

（14）防雷、绝缘要求：

①系统仪器设备的工作电源应有良好的接地措施，接地电缆应采用大于 4 mm^2 的独芯护套电缆，接地电阻小于 4 Ω，且不能和避雷接地线共用。

②平台、监测站房、交流电源设备、机柜、仪表和设备金属外壳、管缆屏蔽层和套管的防雷接地，可利用厂内区域保护接地网，采用多点接地方式。厂区内不能提供接地线或提供的接地线达不到要求的，应在子站附近重做接地装置。

③监测站房的防雷系统应符合《建筑物防雷设计规范》（GB 50057—2010）的规定，电源线和信号线设防雷装置。

④电源线、信号线与避雷线的平行净距离≥1 m，交叉净距离≥0.3 m，见图 5-6。

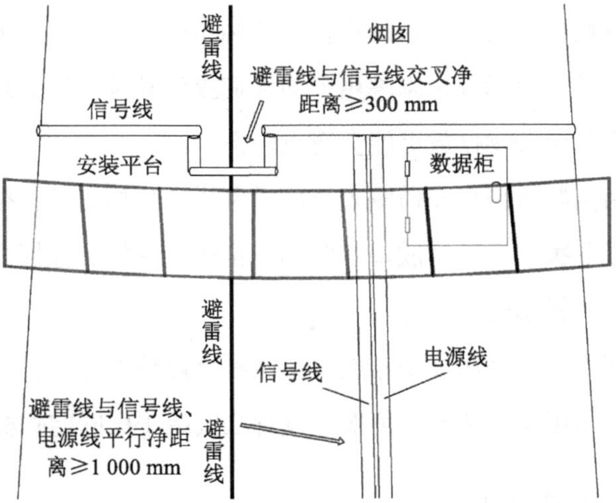

图 5-6　电源线、信号线与避雷线距离示意图

⑤由烟囱或主烟道上数据柜引出的数据信号线要经过避雷器引入监测站房，应将避雷器接地端同站房保护地线可靠连接。

⑥信号线为屏蔽电缆线，屏蔽层应有良好绝缘，不可与机架、柜体发生摩擦、

打火，屏蔽层两端及中间均须做接地连接，见图 5-7。

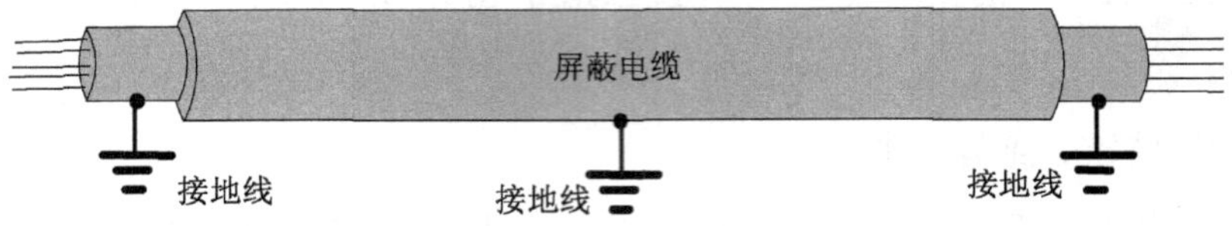

图 5-7 信号线接地示意图

5.4 排污口标志牌的规范化设置

5.4.1 标志牌设置的基本要求

排污单位应在排污口及监测点位设置标志牌，标志牌分为提示性标志牌和警告性标志牌两种。提示性标志牌用于向人们提供某种环境信息，警告性标志牌用于提醒人们注意污染物排放可能会造成危害。

一般性污染物排放口及监测点位应设置提示性标志牌。排放剧毒、致癌物及对人体有严重危害物质的排放口及监测点位应设置警告性标志牌，警告标志图案应设置于警告性标志牌的下方。

标志牌应设置在距污染物排放口及监测点位较近且醒目处，并能长久保留。

排污单位可根据监测点位情况，设置立式或平面固定式标志牌。

5.4.2 标志牌技术规格

5.4.2.1 环保图形标志

（1）环保图形标志必须符合《环境保护图形标志——排放口（源）》（GB 15562.1—1995）的要求。

（2）图形颜色及装置颜色：

①提示标志：底和立柱为绿色，图案、边框、支架和文字为白色；

②警告标志：底和立柱为黄色，图案、边框、支架和文字为黑色。

（3）辅助标志内容

①排放口标志名称；

②单位名称；

③排放口编号；

④污染物种类；

⑤××生态环境局监制；

⑥排放口经纬度坐标、排放去向、执行的污染物排放标准、标志牌设置依据的技术标准等。

（4）辅助标志字形：黑体字

（5）标志牌尺寸

①平面固定式标志牌外形尺寸：提示标志牌为 480 mm×300 mm；警告标志牌边长为 420 mm；

②立式固定式标志牌外形尺寸：提示标志牌为 420 mm×420 mm；警告标志牌边长为 560 mm；高度为标志牌最上端距地面 2 m。

5.4.2.2　其他要求

（1）标志牌材料

①标志牌采用 1.5～2 mm 冷轧钢板；

②立柱采用 38×4 无缝钢管；

③表面采用搪瓷或者反光贴膜。

（2）标志牌的表面处理

①搪瓷处理或贴膜处理；

②标志牌的端面及立柱要经过防腐处理。

（3）标志牌的外观质量要求

①标志牌、立柱无明显变形；

②标志牌表面无气泡，膜或搪瓷无脱落；

③图案清晰，色泽一致，不得有明显缺损；

④标志牌的表面不应有开裂、脱落及其他破损。

5.5 排污口规范化的日常管理与档案记录

排污单位应将排污口规范化建设纳入企业生产运行的管理体系中，制定相应的管理办法和规章制度，选派专职人员对排污口及监测点位进行日常管理和维护，并保存相关管理记录。

排污单位应建立排污口及监测点位档案。档案内容除包括排污口及监测点位的位置、编号、污染物种类、排放去向、排放规律、执行的排放标准等基本信息外，还应包括相关日常管理的记录，如标志牌的内容是否清晰完整，监测平台、各类梯架、监测孔、自动监测设施等是否能够正常使用，废水排放口是否损坏、排气筒有无漏风、破损现象等方面的检查记录，以及相应的维护、维修记录。

排污口及监测点位一经确认，排污单位不得随意变动。监测点位位置、排污口排放的污染物发生变化的，或排污口需拆除、增加、调整、改造或更新的，应按相关要求及时向生态环境主管部门报备，并及时设立新的标志牌或更换标志牌相应内容。

第 6 章　废水手工监测技术要点

废水手工监测是一项全面性、系统性的工作。为了规范手工监测活动的开展，我国发布了一系列监测技术规范和方法标准。总体来说，废水手工监测要按照相关的技术规范和方法标准开展。为便于理解和应用，本章立足现有的技术规范和标准，结合日常工作经验，分别从流量监测、现场手工监测和实验室分析 3 个方面归纳总结了常见的方法和操作要求，以及方法使用过程中的重点注意事项。对于一些虽然适用，但不够便捷，目前实际应用很少的方法，本书中未进行列举，若排污单位根据实际情况确实需要采用这类方法的，应严格按照方法的适用条件和要求开展相关监测活动。

6.1　流量

流量是排污单位排污总量核算的重要指标，在废水排放监测和管理中有着重要的地位。流量测量最初始于水文水利领域对天然河流、人工运河、引水渠道等的流量监测。对于工业废水的流量监测，目前常用的方法有自动测量和手工测量两种方式。

6.1.1　自动测量

自动测量是采用污水流量计进行测量，通常包括明渠流量计和管道流量计。

通过污水流量计测量渠道内和管道内废水（或污水）的体积流量。

（1）明渠流量计

利用明渠流量计进行自动测量时，采用超声波液位计和巴歇尔量水槽（以下简称巴氏槽）配合使用进行流量测定，并根据不同尺寸巴氏槽的经验公式计算出流量。需要注意的事项如下：

①巴氏槽安装前，应测算废水排放量并充分考虑污水处理设施的远期扩容，确保巴氏槽能满足最大流量下的测量。巴氏槽的材质要根据污水性质考虑防腐蚀。

②巴氏槽应安装于顺直平坦的渠道段，该段渠道长度不小于槽宽的 10 倍，下游渠道应无阻塞、不壅水，确保巴氏槽的水流处于自由出流状态。渠道应保持清洁，底部无障碍物，水槽应保持牢固可靠、不受损坏，若有漏水部位应及时修补，每年应校验 1 次液位计的精度和水头零点。详细的安装和维护要求见《城市排水流量堰槽测量标准　巴歇尔量水槽》（CJ/T 3008.3—1993）。

③与巴氏槽配合使用的超声波液位计应注意日常维护，确保稳定运行，出现故障应及时更换。

（2）管道流量计

利用管道流量计测量时，可选择电磁流量计或超声流量计，宜优先选择电磁流量计。需要注意的事项如下：

①电磁流量计的选型应充分考虑测量精度、污水性质、流量范围、排水规律等。流量计的口径通常与管道相同，也可以根据设计流量、流速范围来选择流量计和配套管道，管道中的流速通常以 2～4 m/s 为宜。

②电磁流量计选型时，应充分考虑废水的电导率、最大流量、常用流量、最小流量、工艺管径、管内温度、压力，以及是否有负压存在等信息。

③电磁流量计一定要安装在管路的最低点或者管路的垂直段且务必保证管内满流，若安装在垂直管线，要求水流自下而上，尽量不要自上而下，否则容易出现非满流，使读数波动变化较大。流量计前后应避免有阀门、弯头、三通等结构

存在，以防产生涡流或气泡，影响测流。

④电磁流量计应避免安装在温度变化很大或受到设备高温辐射的场所，若必须安装时，须有隔热、通风的措施；电磁流量计最好安装在室内，若必须安装在室外，应避免雨水淋浇、积水受淹及太阳暴晒，须有防潮和防晒的措施；避免安装在含有腐蚀性气体的环境中，必须安装时，须有通风的措施；为了安装、维护、保养方便，在电磁流量计周围需有充裕的空间；避免有磁场及强振动源，如管道振动大，在电磁流量计两边应有固定管道的支座。

⑤应对电磁流量计进行周期性检查，定期扫除尘垢确保无沾污，检查接线是否良好。

6.1.2　手工测量

手工测量方法是相对自动测量方法而言的，这种方法操作复杂、准确度较低，仅建议在不满足自动测流条件或自动测流设施损坏时的临时补救措施，不建议用作长期自行监测手段。常用的测流方法有明渠流速仪、便携式超声波管道测流仪和容积法。

（1）明渠流速仪

明渠流速仪适用于明渠排水流量的测量，它是通过流速仪测量过水断面不同位置的流速，计算平均流速，再乘以断面面积即得测量时刻的瞬时流量，见图 6-1。

用这种方法测量流量时，排污截面底部需硬质平滑，截面形状为规则的几何形，排污口处有不小于 3 m 的平直过流水段，且水位高度不小于 0.1 m。在明渠流量计自动测量断电或损坏时，可用此方法临时测量排水流量。

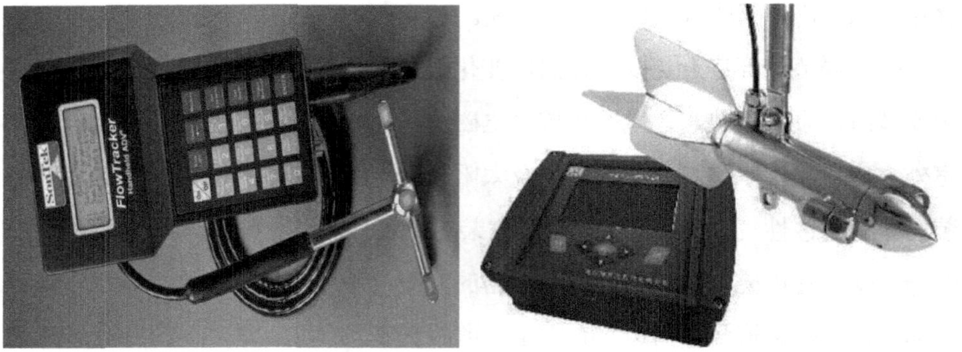

便携式超声波流速仪

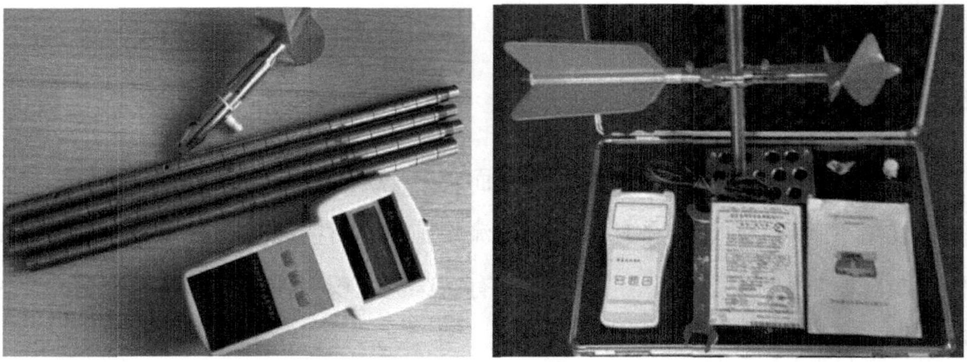

便携式旋桨流速仪

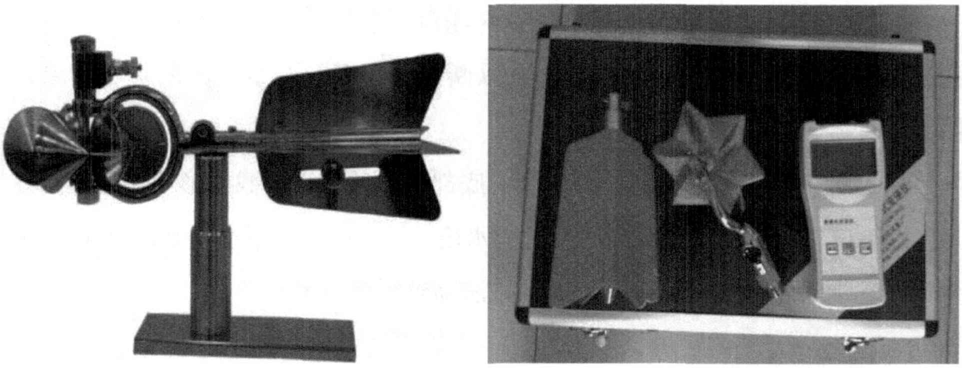

便携式旋杯流速仪

图 6-1　明渠流速仪

（2）便携式超声波管道测流仪

便携式超声波管道测流仪的使用条件与电磁式自动测流仪一致，适用于顺直管道的满流测量，见图 6-2。测量时，沿着管道的流向，将两个传感器分别贴合于管道，错开一定距离，通过两个传感器的时差测量流速，再乘以管道截面积，最终得出流量。测量的管壁应为能传导超声波的密实介质，如铸铁、碳钢、不锈钢、玻璃钢、PVC 等。测点应避开弯头、阀门等，确保流态稳定，无气泡和涡流。测点应避开大功率变频器和强磁场设备，以免产生干扰。在电磁流量计断电或损坏时，可用此方法临时测量排水流量。

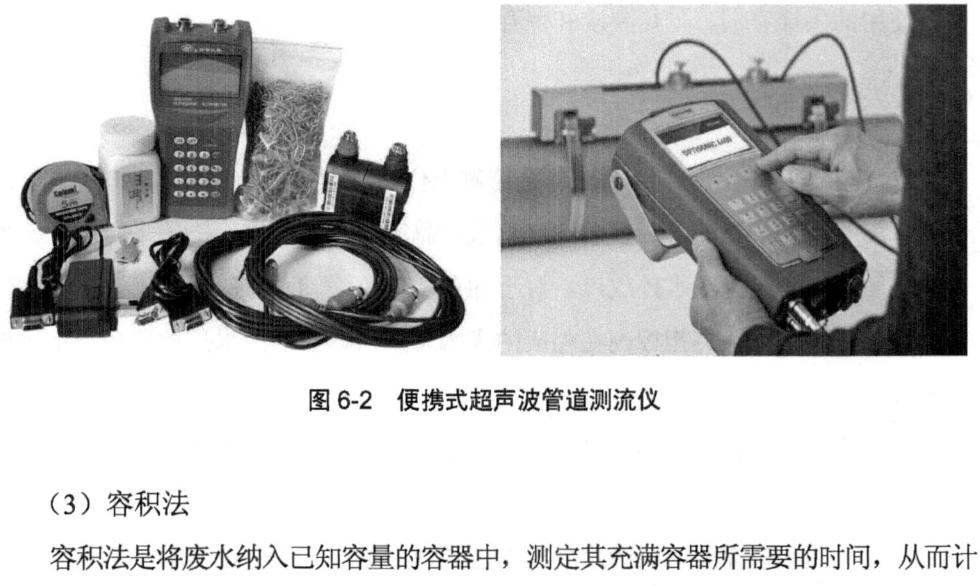

图 6-2　便携式超声波管道测流仪

（3）容积法

容积法是将废水纳入已知容量的容器中，测定其充满容器所需要的时间，从而计算水量的方法。该方法简单易行，适用于计量污水量较小的连续或间歇排放的污水。用此方法测量流量时，溢流口与受纳水体应有适当的落差或能用导水管形成落差。

手工测量时，一般遵循如下原则：

①如果排放污水的“流量—时间”排放曲线波动较小，即用瞬时流量代表平均流量所引起的误差小于 10%，则在某一时段内的任意时间测得的瞬时流量乘以该时间即为该时段的流量；

②如果排放污水的“流量—时间”排放曲线虽有明显波动，但其波动有固定

的规律，可以用该时段中几个等时间间隔的瞬时流量来计算出平均流量，然后再乘以时间得到流量；

③如果排放污水的“流量—时间”排放曲线既有明显波动又无规律可循，则必须连续测定流量，流量对时间的积分即为总量。

6.2 现场采样

采样前要根据采样任务确定监测点位、各监测点位的监测指标、各监测指标需要使用的采样容器、采样要求和保存运输要求等。

6.2.1 采样点位

《稀有稀土金属冶炼指南》对每个监测点位的监测指标均进行了明确规定，对于属于第一类污染物的总铅、总砷、总汞、总镉、总铬、六价铬的采样点位一律设在车间或生产设施废水排放口。对于 pH、化学需氧量、氨氮、悬浮物、总锌、石油类、氟化物等监测指标则在相应的废水总排口、生活污水排放口和雨水排放口进行采样。

如果排污单位设置内部监测点位时，根据实际情况在便于采样的地方进行布点采样。

如果排污单位需要考核污水处理设施处理效率时，采样点位的布设如下：

（1）对整体污水处理设施效率监测时，在各种进入污水处理设施污水的入口和污水设施的总排放口设置采样点。

（2）对各污水处理单元效率监测时，在各种进入处理设施单元污水的入口和处理设施单元的排放口设置采样点。

6.2.2 采样方法

废水的监测项目根据行业类型有不同的要求，排污单位根据本行业自行监测技术指南要求设置。采集样品时应设在废水混合均匀处，避免引入其他干扰。

在分时间单元采集样品时，测定 pH、化学需氧量、五日生化需氧量、石油类，不能混合，必须单独采样。

根据监测项目选择不同的采样器，主要包括不锈钢采水器、有机玻璃水质采样器、油类采样器及用采样容器直接采样。有需求和条件的排污单位可配备水质自动采样装置进行时间比例采样和流量比例采样。当污水排放量较稳定时可采用时间比例采样，否则必须采用流量比例采样。所用自动采样器必须符合生态环境部颁布的污水采样器技术要求。不同的采样器见图 6-3。

不锈钢采水器

有机玻璃水质采样器

油类采样器

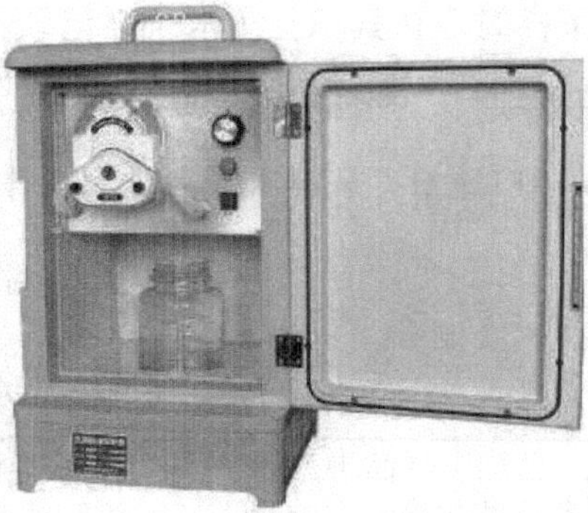

水质自动采样装置

图 6-3 不同的采样器

样品采集时应针对具体的监测项目注意以下事项：

（1）采样前要认真检查采样器具，避免采样前造成容器污染。

（2）采样时应去除水面的杂物、垃圾等漂浮物，不可搅动水底的沉积物。

（3）确保采样准时，点位准确，操作安全。

（4）采样结束前，应核对采样计划、记录与水样，如有错误或遗漏，应立即补采或重采。

（5）如采样现场水体很不均匀，无法采到有代表性的样品，则应详细记录不均匀的情况和实际采样情况，供使用该数据者参考。

（6）测五日生化需氧量时，水样必须注满容器，上部不留空间并有水封口。

（7）用采样容器和样品容器采样时，必须用水样冲洗 2～3 次之后再进行采样，采油类的容器不能冲洗。

（8）用于测定悬浮物、五日生化需氧量、石油类的水样，必须单独定容采样，并全部用于测定。

（9）石油类采样时，采样前先破坏可能存在的油膜，用直立式采水器把玻璃材质容器安装在采水器的支架中，将其放到水面以下 300 mm 深度，边采水边向上提升，在达到水面时剩余适当空间。

（10）采样时应认真填写污水采样记录表，表中应有以下内容：企业名称、行业名称、监测项目、样品编号、采样时间、采样口、采样口位置、样品类别、样品表观、采样口流量、采样人及其他有关事项。具体格式可由各排污单位制定，见表 6-1。

表 6-1 污水采样记录

企业名称	行业名称	监测项目	样品编号	采样时间	采样口	采样口位置（车间或出厂口）	样品类别	样品表观	采样口流量/（m^3/s）	采样人

（11）对于 pH 和流量需现场监测的项目，应进行现场监测。

6.2.3　采样容器

当前市面上常见的采样容器按材质主要分为硬质玻璃瓶和聚乙烯瓶，在表 6-2 中分别用 G、P 表示，硬质玻璃瓶有透明和棕色两种。硬质玻璃瓶适用于化学需氧量、总有机碳、氨氮、总氮、总磷、硫化物、动植物油、硫化物等监测项目的样品采集。硫化物采集时，应用棕色玻璃瓶，以降低光敏作用。五日生化需氧量采集时应用专门的溶氧瓶采集。聚乙烯瓶则适用于总铜、总锌、总镍、总镉等金属元素的样品采集。氨氮、总磷、总氮、总镍、总镉等项目两种材质的瓶子均可使用。关于采样容器选择分析方法中已有要求的按照分析方法来处理，没有明确要求的可按表 6-2 执行。

表 6-2　样品保存和容器洗涤

项目	采样容器	保存剂及用量	保存期	采样量/mL	容器洗涤
色度*	G、P		12 h	250	Ⅰ
pH*	G、P		12 h	250	Ⅰ
悬浮物**	G、P		14 d	500	Ⅰ
化学需氧量	G	加 H_2SO_4，pH≤2	2 d	500	Ⅰ
	P	−20℃冷冻	30 d	100	
五日生化需氧量**	溶解氧瓶		12 h	250	Ⅰ
	P	−20℃冷冻	30 d	1 000	
总有机碳	G	加 H_2SO_4，pH≤2	7 d	250	Ⅰ
总磷	G、P	HCl、H_2SO_4，pH≤2	24 h	250	Ⅳ
氨氮	G、P	加 H_2SO_4，pH≤2	24 h	250	Ⅰ
总氮	G、P	加 H_2SO_4，pH≤2	7 d	250	Ⅰ
硫化物	G、P	1 L 水样加 NaOH 至 pH 为 9，加入 5%抗坏血酸 5 mL，饱和 EDTA 3 mL，滴加饱和 $Zn(AC)_2$ 至胶体产生，常温避光	24 h	250	Ⅰ
总氰化物	G、P	NaOH，pH≥9	12 h	250	Ⅰ
六价铬	G、P	NaOH，pH=8～9	14 d	250	Ⅲ
总镍	G、P	HNO_3，1 L 水样中加浓 HNO_3 10 mL	14 d	250	Ⅲ

项目	采样容器	保存剂及用量	保存期	采样量/mL	容器洗涤
总铜	P	HNO_3，1 L 水样中加浓 HNO_3 10 mL	14 d	250	Ⅲ
总锌	P	HNO_3，1 L 水样中加浓 HNO_3 10 mL	14 d	250	Ⅲ
总砷	G、P	HNO_3，1 L 水样中加浓 HNO_3 10 mL，DDTC 法，HCl 2 mL	14 d	250	Ⅰ
总镉	G、P	HNO_3，1 L 水样中加浓 $HNO_3$10 mL	14 d	250	Ⅲ
总汞	G、P	HCl，1%，如水样为中性，1 L 水样中加浓 HCl 10 mL	14 d	250	Ⅲ
总铅	G、P	HNO_3，1%，如水样为中性，1 L 水样中加浓 HNO_3 10 mL	14 d	250	Ⅲ
动植物油	G	加入 HCl 至 pH≤2	7 d	250	Ⅱ
挥发酚**	G、P	用 H_3PO_4 调至 pH=2，用 0.01～0.02 g 抗坏血酸除去余氯	24 h	1 000	Ⅰ

注：① *表示应尽量作现场测定，**表示低温（0～4℃）避光保存。

② G 为硬质玻璃瓶，P 为聚乙烯瓶。

③ Ⅰ、Ⅱ、Ⅲ、Ⅳ表示 4 种洗涤方法，分别为：

Ⅰ：洗涤剂洗 1 次，自来水洗 3 次；

Ⅱ：洗涤剂洗 1 次，自来水洗 2 次，1+3 HNO_3（硝酸和水的体积比为 1∶3）荡洗 1 次，自来水洗 3 次；

Ⅲ：洗涤剂洗 1 次，自来水洗 2 次，1+3HNO_3 荡洗 1 次，自来水洗 3 次；

Ⅳ：铬酸洗液洗 1 次，自来水洗 3 次。

在采样之前，采样容器应经过相应的清洗和处理，采样之后要对其进行适当的封存。排污单位可根据监测项目自行选择采样容器并按照合适的方法进行清洗和处理。常用的采样容器见图 6-4。

图 6-4 采样容器（透明硬质玻璃瓶、棕色硬质玻璃瓶和聚乙烯瓶）

选择采样容器时一般遵循以下原则：

（1）最大限度防止容器及瓶塞对样品的污染。由于一般的玻璃瓶在贮存水样时可溶出钠、钙、镁、硅、硼等元素，在测定这些项目时应避免使用玻璃容器，以防止新的污染。一些有色瓶塞可能含有大量的重金属，因此采集金属项目时最好选用聚乙烯瓶。

（2）容器壁应易于清洗和处理，以减少如重金属对容器的表面污染。

（3）容器或容器塞的化学和生物性质应该是惰性的，以防止容器与样品组分发生反应。

（4）防止容器吸收或吸附待测组分，引起待测组分浓度的变化。微量金属易受这些因素的影响。

（5）选用深色玻璃能降低光敏作用。

容器准备采样时，应遵循以下原则：

（1）所有的采样容器都应确保不发生正负干扰。

（2）尽可能使用专用容器。如不能使用专用容器，那么最好准备一套容器进行特定污染物的测定，以减少交叉污染。同时应注意防止以前采集高浓度分析物的容器因洗涤不彻底污染随后采集的低浓度污染物的样品。

（3）对于新容器，一般应先用洗涤剂清洗，再用纯水彻底清洗。但是，用于清洁的清洁剂和溶剂可能引起干扰，所用的洗涤剂类型和选用的容器材质要随待测组分来确定。如测总磷的容器不能使用含磷洗涤剂；测重金属的玻璃容器及聚乙烯容器通常用盐酸或硝酸（c=1 mol/L）洗净并浸泡 1～2 天后用蒸馏水或去离子水冲洗。

清洗采样容器时，应注意：

（1）用清洁剂清洗塑料或玻璃容器：用水和清洗剂的混合稀释溶液清洗容器和容器帽；用实验室用水清洗两次；控干水并盖好容器帽。

（2）用溶剂洗涤玻璃容器：用水和清洗剂的混合稀释溶液清洗容器和容器帽；用自来水彻底清洗；用实验室用水清洗两次；用丙酮清洗并干燥；用与分析方法

匹配的溶剂清洗并立即盖好容器帽。

（3）用酸洗玻璃或塑料容器：用自来水和清洗剂的混合稀释溶液清洗容器和容器帽；用自来水彻底清洗；用10%硝酸溶液清洗；控干后，注满10%硝酸溶液；密封贮存至少24小时；用实验室用水清洗，并立即盖好容器帽。

6.2.4 样品保存与运输

6.2.4.1 样品保存

水样采集后应尽快送到实验室进行分析，样品如果长时间放置，易受生物、化学、物理等因素的影响，某些组分的浓度可能会发生变化。一般可通过冷藏、冷冻、添加保存剂等方式对样品进行保存。

（1）样品的冷藏、冷冻

在大多数情况下，从采集样品到运输最后到实验室期间，样品在1～5℃冷藏并暗处保存就足够了，−20℃的冷冻温度一般能延长贮存期，但冷冻需要掌握冷冻和融化技术，以使样品在融化时能迅速地、均匀地恢复其原始状态，用干冰快速冷冻是令人满意的方法。一般选用聚氯乙烯或聚乙烯等塑料容器。

（2）添加保存剂

添加的保存剂一般包括酸、碱、抑制剂、氧化剂和还原剂，样品保存剂如酸、碱或其他试剂在采样前应进行空白试验，其纯度和等级必须达到分析的要求。

1）加入酸和碱：控制溶液pH，测定金属离子的水样常用硝酸酸化至pH为1～2，这样既可以防止重金属的水解沉淀，又可以防止金属在器壁表面上的吸附，同时在pH为1～2的酸性介质中还能抑制生物的活动。用此方法保存，大多数金属可稳定数周或数月。测定氰化物的水样须加氢氧化钠调至pH为12。测定六价铬的水样应加氢氧化钠调至pH为8，因在酸性介质中，六价铬的氧化电位高，易被还原。

2）加入抑制剂：为了抑制生物作用，可在样品中加入抑制剂。如在测定氨氮和化学需氧量的水样中，加入氯化汞或加入三氯甲烷、甲苯作防护剂，以抑制生物对亚硝酸盐、硝酸盐、氮盐的氧化还原作用。在测定挥发酚水样中用磷酸调节溶液的 pH，加入硫酸铜以控制苯酚分解菌的活动。

3）加入氧化剂：水样中痕量汞易被还原，引起汞的挥发性损失，加入硝酸—重铬酸钾溶液可使汞维持在高氧化态，汞的稳定性大为改善。

4）加入还原剂：测定硫化物的水样，加入抗坏血酸对保存有利。含余氯水样能氧化氰离子，可使酚类等物质氯化生成相应的衍生物，在采样时加入适量的硫代硫酸钠予以还原，可除去余氯干扰。

加入一些化学试剂可固定水样中的某些待测组分，保存剂可事先加入空瓶中，也可在采样后立即加入水样中。所加入的保存剂不能干扰待测成分的测定，如有疑义应先做必要的试验。

加入保存剂的样品经过稀释后，在分析计算结果时要充分考虑保存剂的影响。但如果加入足够浓的保存剂，若加入体积很小，可以忽略其稀释影响。固体保存剂因为会引起局部过热，反而影响样品，所以应该避免使用。

所加入的保存剂有可能改变水中组分的化学或物理性质，因此选用保存剂时一定要考虑到对测定项目的影响。如待测项目是溶解态物质，酸化会引起胶体组分和固体的溶解，所以必须在过滤后酸化保存。

必须要做保存剂空白试验，特别是对微量元素的检测。要充分考虑加入保存剂所引起待测元素数量的变化。例如，酸类会增加砷、铅、汞的含量。因此，样品中加入保存剂后，应保留做空白试验。

针对技术指南中涉及的不同的监测项目应选用的容器材质、保存剂及其加入量、保存期、采样体积和容器洗涤的方法见表 6-2。

6.2.4.2　样品运输

水样采集后必须立即送回实验室。若采样地点与实验室距离较远，应根据采样点的地理位置和每个项目分析前最长可保存时间，选用适当的运输方式，在现场工作开始之前，就要安排好水样的运输工作，以防延误。

水样运输前应将容器的外（内）盖盖紧。装箱时应使用泡沫塑料等缓冲材料加以分隔，以防破损。同一采样点的样品应装在同一包装箱内，如需分装在两个或几个箱中时，则需在每个箱内放入相同的现场采样记录表。运输前应检查现场记录上的所有水样是否全部装箱。要用醒目的色彩在包装箱顶部和侧面标上“切勿倒置”的标记。每个水样瓶均需贴上标签，注明采样点位编号、采样日期和时间、测定项目。

装有水样的容器必须加以妥善保存和密封，并装在包装箱内固定，以防在运输途中破损。除防震、避免日光照射和低温运输外，还要防止新的污染物进入容器或沾污瓶口使水样变质。

在水样运输过程中，应有押运人员，每个水样都要附有一张样品交接单。在转交水样时，转交人和接收人都必须清点和检查水样并在样品交接单上签字，注明日期和时间。样品交接单是水样在运输过程中的文件，应防止差错并妥善保管以备查。

6.2.5 留样

有污染物排放异常等特殊情况要留样分析时，应针对具体项目的分析用量同时采集留样样品，并填写留样记录表，表中应涵盖以下内容：污染源名称、监测项目、采样点位、采样时间、样品编号、污水性质、污水流量、采样人姓名、留样时间、留样人姓名、固定剂添加情况、保存时间、保存条件及其他有关事项。

6.3 监测指标测试

6.3.1 测试方法概述

稀有稀土金属冶炼排污单位自行监测项目包括理化指标（如 pH、悬浮物等）、无机阴离子（如氟化物）、有机污染综合指标（如化学需氧量、五日生化需氧量等）、金属及其化合物（如总铅、总铅、总砷、总汞、总镉）等几大类。这些监测项目所涉及的分析方法主要包括重量法、分光光度法、容量分析法、原子吸收分光光度法、电感耦合等离子体发射光谱法、电感耦合等离子体质谱法、离子色谱法、原子荧光法、气相色谱法和气相色谱-质谱法等。

（1）重量法

重量法是将被测组分从试样中分离出来，经过精确称量来确定待测组分含量的分析方法。它是分析方法中最直接的测定方法，可以直接称量得到分析结果，不需标准试样或基准物质进行比较，具有精确度高等特点。图 6-5 为重量法所用的分析天平。

（2）分光光度法

分光光度法测定样品的基本原理是利用朗伯—比尔定律，根据不同浓度样品溶液对光信号具有不同的吸光度，对待测组分进行定量测定。分光光度法是环境监测中常用的方法，具有灵敏度高、准确度高、适用范围广、操作简便和快速及价格低廉等特点。图 6-6 为分光光度法所用的分光光度计。

图 6-5　分析天平

图 6-6　分光光度计

（3）容量分析法

容量分析法是将一种已知准确浓度的标准溶液滴加到被测物质的溶液中，直到所加的标准溶液与被测物质按化学计量定量反应为止，然后根据标准溶液的浓度和用量计算被测物质的含量。按反应的性质，容量分析法可分为酸碱滴定法、氧化还原滴定法、络合滴定法和沉淀滴定法。容量分析法具有操作简便、快速、比较准确和仪器普通易得等特点。图 6-7 为滴定时所使用的套件。

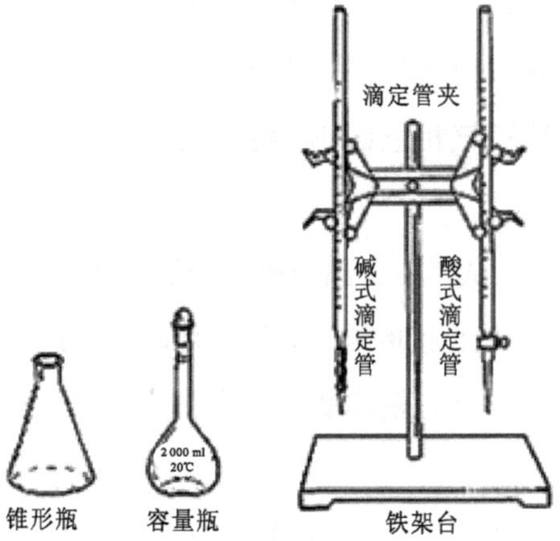

图 6-7　滴定套件

适合容量分析的化学反应应该具备的条件有以下几种：

1）反应必须定量进行而且进行完全。

2）反应速度要快。

3）有比较简便、可靠的方法确定理论终点（或滴定终点）。

4）共存物质不干扰滴定反应，采用掩蔽剂等方法能予以消除。

（4）原子吸收分光光度法

原子吸收分光光度法的测量对象是呈原子状态的金属元素和部分非金属元素，是由待测元素灯发出的特征谱线通过供试品经原子化产生的原子蒸气时，被蒸汽中待测元素的基态原子所吸收，通过测定辐射光强度减弱的程度，求出供试品中待测元素的含量，并能够灵敏可靠地测定微量或痕量元素。原子吸收分光光度法由光源、原子化器（分为火焰原子化器、石墨炉原子化器、氢化物发生原子化器及冷蒸气发生原子化器 4 种）、单色器、背景校正系统、自动进样系统和检测系统等组成。根据原子化器的不同，其又可分为火焰原子吸收分光光度法、石墨炉原子吸收分光光度法、氢化物发生原子吸收分光光度法、冷原子吸收分光光度法。图 6-8 为原子吸收分光光度法所用的火焰原子吸收光谱仪。

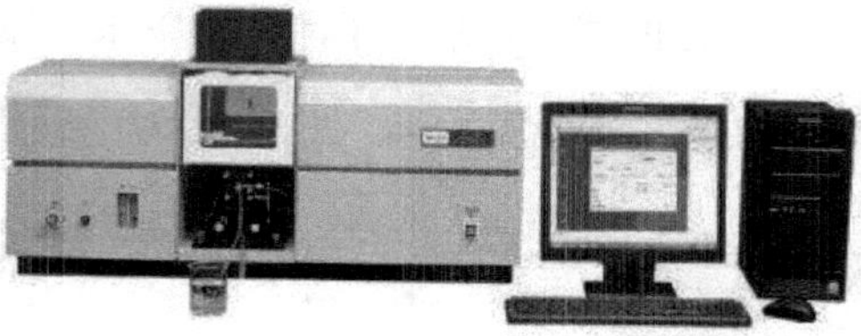

图 6-8　原子吸收分光光度法所用的火焰原子吸收光谱仪

1）火焰原子吸收分光光度法是最常用的技术，非常适合含有目标分析物的液体或溶解样品，非常适用于 mg/L 级的痕量元素检测。缺点是原子化效率低，灵敏度不够高，一般不能直接分析固体样品。

2）石墨炉原子吸收分光光度法能够分析低体积的液体样品，适用于实验室处理日常工作中的复杂基质，可高效去除干扰，敏感度高于火焰原子吸收分光光度法分析数个数量级，可以检测低至μg/L 级的痕量元素。缺点是试样组成不均匀性的影响较大，共存化合物的干扰比火焰原子分光光度法大，干扰背景比较严重，一般都需要校正背景。

3）冷原子吸收分光光度法由汞蒸气发生器和原子吸收池组成，专门用于汞的测定。

（5）电感耦合等离子体发射光谱法

电感耦合等离子体发射光谱法是指以电感耦合等离子体作为激发光源，根据处于激发态的待测元素原子回到基态时发射的特征谱线对待测元素进行分析的仪器。具有检出限低、准确度及精密度高、分析速度快等优点。图 6-9 为电感耦合等离子体光谱仪。

（6）电感耦合等离子体质谱法

电感耦合等离子体质谱法是以独特的接口技术将电感耦合等离子体的高温电离特性与质谱检测器的灵敏快速扫描的优点相结合而形成的一种高灵敏度的分析技术。水样经预处理后，采用电感耦合等离子体质谱仪进行检测，根据元素的质谱图或特征离子进行定性，内标法定量。其具有灵敏度高、速度快，可在几分钟内完成几十个元素的定量测定的优点，常用于测定地下水中微量、痕量和超痕量的金属元素，以及某些卤素元素、非金属元素。图 6-10 为电感耦合等离子体质谱仪。

图 6-9　电感耦合等离子体光谱仪

图 6-10　电感耦合等离子体质谱仪

（7）离子色谱法

离子色谱法是以低交换容量的离子交换树脂为固定相对离子性物质进行分离，用电导检测器连续检测流出物电导变化的一种色谱方法。其主要用于环境样品的分析，包括地表水、饮用水、雨水、生活污水和工业废水、酸沉降物和大气颗粒物等样品中的阴、阳离子，与微电子工业有关的水和试剂中痕量杂质的分析。图 6-11 为离子色谱仪。

（8）原子荧光法

原子荧光法根据测量待测元素的原子蒸气在一定波长的辐射能激发下发射的荧光强度进行定量分析的方法，是测定微量砷、锑、铋、汞、硒、碲、锗等元素最成功的分析方法之一。图 6-12 为原子荧光光谱仪。

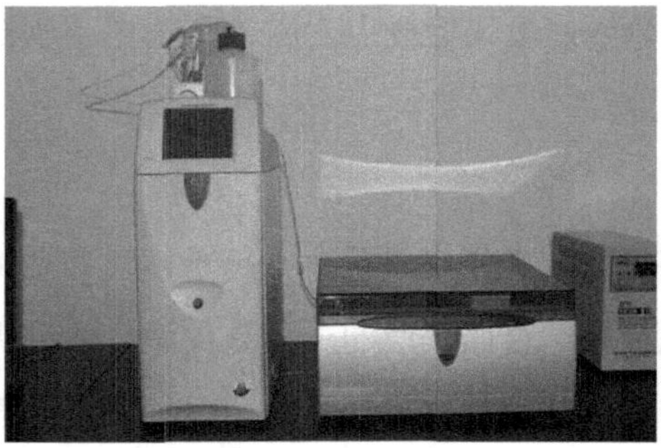

图 6-11　离子色谱仪

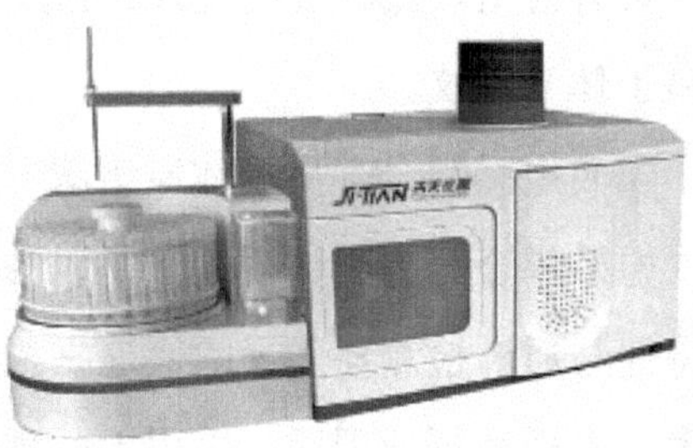

图 6-12　原子荧光光谱仪

（9）气相色谱法

气相色谱法的原理主要是利用物质的沸点、极性及吸附性质的差异实现混合物的分离，然后利用检测器依次检测已分离出来的组分。其具有快速、有效、灵敏度高等优点，能直接用于气相色谱分析的样品必须是气体或液体，常用的前处理方法有索氏提取法、超声提取法、振荡提取法、微波提取法等。图 6-13 为气相色谱仪。

（10）气相色谱-质谱法

气相色谱-质谱法中气相色谱对有机化合物具有有效的分离、分辨能力，而质谱则是准确鉴定化合物的有效手段。由两者结合构成的色谱-质谱联用技术，是分离和检测复杂化合物的最有力的工具，可实现复杂体系中有机物的定性及定量测定。气相色谱-质谱法分析虽然结果准确可靠，但相对于光谱分析等方法其预处理、分析步骤较为复杂。图 6-14 为气相色谱-质谱联用仪。

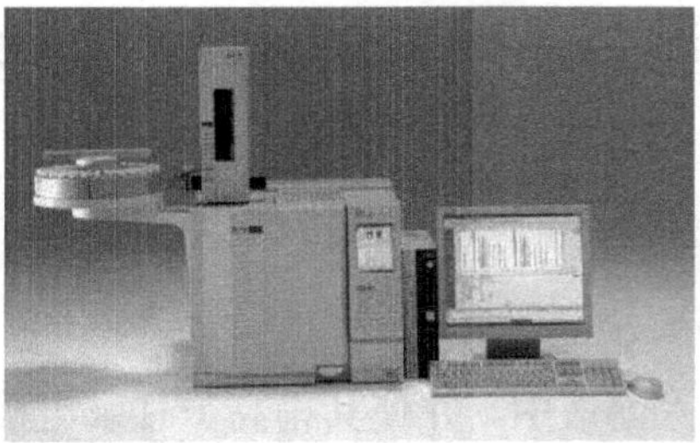

图 6-13　气相色谱仪

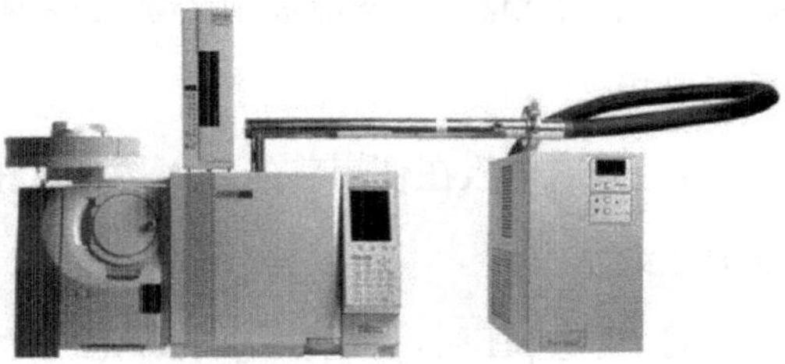

图 6-14　气相色谱-质谱联用仪

6.3.2　指标测定

通过对稀有稀土金属冶炼排污单位废水监测项目的梳理，除现场测量的流量在前面已有介绍外，本节将对其余的 16 项监测指标的常用监测分析方法和注意事项分别进行介绍，排污单位根据行业排放污染物的特征及单位实验室实际情况选择适合的监测方法开展自行监测。若有其他适用的方法，经过开展相关验证也可以使用。

6.3.2.1 pH

（1）常用方法

pH 是水中氢离子活度的负对数，$pH=-\log_{10}a_{H^+}$。pH 是环境监测中常用的重要检验项目之一，可间接表示水的酸碱程度，测量常用的分析方法有《水质 pH 值的测定 玻璃电极法》（GB 6920—1986）、《水质 pH 值的测定 电极法》（HJ 1147—2020）和便携式 pH 计法［《水和废水监测分析方法》（第四版）］。

（2）注意事项

1）最好能够现场测定，否则样品采集后，应在 0～4℃的环境条件下保存，并在 2 小时内进行测定。当 pH 大于 12 或小于 2 时，不宜使用便携式 pH 计法，以免损伤电极。

2）便携式 pH 计由不同的复合电极构成，其浸泡方式也有所不同，有些电极要用蒸馏水浸泡，有些电极则严禁用蒸馏水浸泡，应当严格遵守操作手册，以免损伤电极。

3）玻璃电极在使用前先放入蒸馏水中浸泡 24 小时以上。用完后冲洗干净，浸泡在纯水中。

4）测定 pH 时，玻璃电极的球泡应全部浸入溶液中，并使其稍高于甘汞电极的陶瓷芯端，以免搅拌时碰坏。

5）必须注意玻璃电极的内电极与球泡之间、甘汞电极的内电极和陶瓷芯之间不得有气泡，以防短路。

6）测定 pH 时，为减少空气和水样中二氧化碳的溶入或挥发，在测水样之前，不应提前打开水样瓶。

7）玻璃电极表面受到污染时，需进行处理。如果附着无机盐结垢，可用温稀盐酸溶解；对钙镁等难溶性结垢，可用 EDTA 二钠溶液溶解；沾有油污时，可用丙酮清洗。电极按上述方法处理后，应在蒸馏水中浸泡 24 小时再使用。禁用无水乙醇、脱水性洗涤剂处理电极。

6.3.2.2　化学需氧量

（1）常用方法

化学需氧量（COD_{Cr}）是指在强酸并加热条件下，用重铬酸钾作为氧化剂处理水样时所消耗氧化剂的量。常用分析方法见《水质　化学需氧量的测定　重铬酸盐法》（HJ 828—2017）、《水质　化学需氧量的测定　快速消解分光光度法》（HJ/T 399—2007）和《高氯废水　化学需氧量的测定　氯气校正法》（HJ/T 70—2001）。

（2）注意事项

1）实验试剂硫酸汞有剧毒，实验人员应避免与其直接接触。样品前处理过程应在通风橱中进行。该方法的主要干扰物为氯化物，可加入硫酸汞溶液去除。经回流后，氯离子可与硫酸汞结合成可溶性的氯汞配合物。硫酸汞溶液的用量可根据水样中氯离子的含量，按质量比 $m[HgSO_4]:m[Cl^-]\geqslant 20:1$ 的比例加入，最大加入量为 2 mL（按照氯离子最大允许浓度 1 000 mg/L 计）。水样中氯离子的含量可采用《水质　氯化物的测定　硝酸银滴定法》（GB 11896—89）或《水质　化学需氧量的测定　重铬酸盐法》（HJ 828—2017）附录 A 进行测定或粗略判定。

2）采集水样的体积不得少于 100 mL，采集的水样应置于玻璃瓶中，并尽快分析。如不能立即分析时，应加入硫酸使水样酸化至 pH＜2，置于 4℃以下保存，保存时间不能超过 5 天。

3）对于污染严重的水样，可选取所需体积的 1/10 的水样放入硬质玻璃管，加入 1/10 的试剂，摇匀后加热沸腾数分钟，观察溶液是否变成蓝绿色。若呈蓝绿色，应再适当少取水样，直至溶液不变蓝绿色为止，从而可以确定待测水样的稀释倍数。

4）消解时应使溶液缓慢沸腾，不宜爆沸。如出现爆沸，说明溶液中出现局部过热，会导致测定结果有误。爆沸的原因可能是加热过于激烈，或是防爆沸玻璃珠的效果不好。

6.3.2.3 氨氮

（1）常用方法

氨氮（NH_3-N）以游离氨（NH_3）或铵盐（NH_4^+）形式存在于水中。氨氮常用测定方法见《水质 氨氮的测定 蒸馏-中和滴定法》（HJ 537—2009）、《水质 氨氮的测定 气相分子吸收光谱法》（HJ/T 195—2005）、《水质 氨氮的测定 纳氏试剂分光光度法》（HJ 535—2009）、《水质 氨氮的测定 水杨酸分光光度法》（HJ 536—2009）、《水质 氨氮的测定 连续流动-水杨酸分光光度法》（HJ 665—2013）和《水质 氨氮的测定 流动注射-水杨酸分光光度法》（HJ 666—2013）。

（2）注意事项

1）水样采集在聚乙烯或玻璃瓶内，要尽快分析。如需保存，应加硫酸使水样酸化至 pH＜2，2～5℃下可保存 7 天。

2）水样中含有悬浮物，余氯，钙、镁等金属离子，硫化物和有机物时会产生干扰，含有此类物质时要做适当处理，以消除对测定的影响。

3）如果水样的颜色过深、含盐量过多，酒石酸钾盐对水样中的金属离子掩蔽能力不够，或水样中存在高浓度的钙、镁和氯化物时，需要预蒸馏。

4）试剂和环境温度会影响分析结果，冰箱贮存的试剂需放置到室温后再分析，分析过程中室温波动不超过±5℃。

5）当同批分析的样品浓度波动较大时，可在样品与样品之间插入空白当试样分析，以减小高浓度样品对低浓度样品的影响。

6）标定盐酸标准滴定溶液时，至少平行滴定 3 次，平行滴定的最大允许偏差不大于 0.05 mL。

7）分析过程中发现检测峰峰型异常，一般情况下平峰为超量程，双峰为基体干扰，不出峰为泵管堵塞或试剂失效。

8）每天分析完毕后，用纯水对分析管路进行清洗，并及时将流动检测池中的滤光片取下放入干燥器中，防尘防湿。

6.3.2.4　总磷

（1）常用方法

总磷的常用测定方法见《水质　总磷的测定　钼酸铵分光光度法》（GB 11893—89）、《水质　磷酸盐和总磷的测定　连续流动-钼酸铵分光光度法》（HJ 670—2013）和《水质　总磷的测定　流动注射-钼酸铵分光光度法》（HJ 671—2013）。

（2）注意事项

1）用硝酸-高氯酸消解需要在通风橱中进行。高氯酸和有机物的混合物经加热易发生危险，需将试样先用硝酸消解，然后再加入高氯酸消解。

2）在采样前，用水冲洗所有接触样品的器皿，样品采集于清洗过的聚乙烯或玻璃瓶中。用于测定磷酸盐的水样，取样后 0～4℃避光保存，可稳定 24 小时。用于测定总磷的水样，采集后应立即加入硫酸调节至 pH≤2，常温可保存 24 小时；于−20℃冷冻，可保存 30 天。

3）对于磷酸含量较少的样品（磷酸盐或总磷浓度≤0.1 mg/L），不可用聚乙烯瓶保存，冷冻保存状态除外。

4）绝不可把消解的试样蒸干。

5）如消解后有残渣，用滤纸过滤于具塞比色管中。

6）水样中的有机物用过硫酸钾氧化不能完全破坏时，可用此方法消解。

7）当同批分析的样品浓度波动大时，可在样品与样品之间插入空白当试样分析，以减小高浓度样品对低浓度样品的影响。

8）每次分析完毕后，用纯水对分析管路进行清洗，并及时将流动检测池中的滤光片取下放入干燥器中，防尘防湿。

6.3.2.5　总氮

（1）常用方法

总氮是指能测定的样品中溶解态氮及悬浮物中氮的总和，包括亚硝酸盐氮、

硝酸盐氮、无机铵盐、溶解态氮及大部分有机含氮化合物中的氮。常用测定方法有《水质　总氮的测定　碱性过硫酸钾消解紫外分光光度法》（HJ 636—2012）、《水质　总氮的测定　连续流动-盐酸萘乙二胺分光光度法》（HJ 667—2013）、《水质　总氮的测定　流动注射-盐酸萘乙二胺分光光度法》（HJ 668—2013）和《水质　总氮的测定　气相分子吸收光谱法》（HJ/T 199—2005）。

（2）注意事项

1）将采集好的样品贮存在聚乙烯瓶或硬质玻璃瓶中，用浓硫酸调节 pH 至 1～2，常温下可保存 7 天。贮存在聚乙烯瓶中，于−20℃下冷冻，可保存 30 天。

2）某些含氮有机物在本标准规定的测定条件下不能完全转化为硝酸盐。

3）测定应在无氨的实验室环境中进行，避免环境交叉污染对测定结果产生影响。

4）实验所用的器皿和高压蒸汽灭菌器等均应无氮污染。实验中所用的玻璃器皿应用盐酸溶液或硫酸溶液浸泡，用自来水冲洗后再用无氨水冲洗数次，洗净后立即使用。高压蒸汽灭菌器应每周清洗。

5）在碱性过硫酸钾溶液配制过程中，温度过高会导致过硫酸钾分解失效，因此要控制水浴温度在 60℃以下，而且应待氢氧化钠溶液温度冷却至室温后，再将其与过硫酸钾溶液混合、定容。

6）使用高压蒸汽灭菌器时，应定期检定压力表，并检查橡胶密封圈密封情况，避免因漏气而减压。

7）当同批分析的样品浓度波动大时，可在样品与样品之间插入空白当试样分析，以减小高浓度样品对低浓度样品的影响。

6.3.2.6　悬浮物

（1）常用方法

水质中的悬浮物是指水样通过孔径为 0.45 μm 的滤膜，截留在滤膜上并以 103～105℃烘干至恒重的物质。悬浮物的测定常用方法见《水质　悬浮物的测

定　重量法》(GB 11901—89)。

(2) 注意事项

1) 所用聚乙烯瓶或硬质玻璃瓶要用洗涤剂清洗，再依次用自来水和蒸馏水冲洗干净。采样前用即将采集的水样清洗3次。采集500～1 000 mL样品，盖严瓶塞。

2) 采样时漂浮或浸没的不均匀固体物质不属于悬浮物，应从水样中除去。

3) 样品应尽快分析，如需放置，应贮存在4℃冷藏箱中，但最长不得超过7天。采样时不能加任何保存剂，以防破坏物质在固液间的分配平衡。

4) 滤膜上截留过多的悬浮物可能夹带过多的水分，除延长干燥时间外，还可能造成过滤困难，遇此情况，可酌情少取试样。

5) 滤膜上的悬浮物过少，则会增大称量误差，影响测定精度，必要时可增大试样体积，一般以5～100 mg悬浮物量作为量取试样体积的使用范围。

6.3.2.7　五日生化需氧量

(1) 常用方法

水体中所含的有机物成分复杂，难以一一测定其成分。人们常利用水中有机物在一定条件下所消耗的氧来间接表示水体中有机物的含量，生化需氧量即属于这类的重要指标之一。常用分析方法见《水质　五日生化需氧量(BOD_5)的测定　稀释与接种法》(HJ 505—2009)。

(2) 注意事项

1) 丙烯基硫脲属于有毒化合物，操作时应按规定要求佩戴防护器具，避免接触皮肤和衣物；标准溶液的配制应在通风橱内操作；检测后的残渣废液应做妥善的安全处理。

2) 采集的样品应充满并密封于棕色玻璃瓶中，样品量不小于1 000 mL，在0～4℃的暗处运输保存，并于24小时内尽快分析。24小时内不能分析，可冷冻保存(冷冻保存时避免样品瓶破裂)，冷冻样品分析前须解冻、均质化和接种。

3）若样品中的有机物含量较多，BOD_5的质量浓度大于 6 mg/L 时，样品需适当稀释后测定。

4）对不含或含微生物少的工业废水，如酸性废水、碱性废水、高温废水、冷冻保存的废水或经过氯化处理等的废水，在测定 BOD_5 时应进行接种，以引进能分解废水中有机物的微生物。

5）当废水中存在难以被一般生活污水中的微生物以正常的速度降解的有机物或含有剧毒物质时，应将驯化后的微生物引入水样中进行接种。

6）每一批样品做两个分析空白试样，稀释空白试样的测定结果不能超过 0.5 mg/L，非稀释接种法和稀释接种法空白试样的测定结果不能超过 1.5 mg/L，否则应检查可能的污染来源。

6.3.2.8 石油类

（1）常用方法

水质中石油类是指在 pH≤2 的条件下，能够被四氯乙烯萃取且不被硅酸镁吸附的物质。常用的测定方法有《水质 石油类和动植物油类的测定 红外分光光度法》（HJ 637—2018）、《水质 石油类的测定 紫外分光光度法（试行）》（HJ 970—2018）。

（2）注意事项

1）用采样瓶采集约 500 mL 水样后，加入盐酸酸化至 pH≤2。

2）如样品不能在 24 小时内测定，应在 0～4℃下冷藏保存，3 天内测定。

3）试验中使用的四氯乙烯须符合品质相关要求，避光保存。

4）同一批样品测定所使用的四氯乙烯应来自同一瓶，如样品数量多，可将多瓶四氯乙烯混合均匀后使用。

5）所有使用完的器皿置于通风橱内挥发完后清洗。

6）四氯乙烯废液应集中存放于密闭容器中，并做好相应标识，委托有资质的单位处理。

6.3.2.9　氟化物

（1）常用方法

水中氟化物常用的分析方法有《水质　氟化物的测定　离子选择电极法》（GB/T 7484—1987）。

（2）注意事项

1）温度会影响电极的点位和样品的离解，须使试样与标准溶液的温度相同，并注意调节仪器的温度补偿装置使之与溶液的温度一致。每日测定电极的实际斜率。

2）三价铁、铝和四价硅等高价阳离子及氢离子能与氟离子络合产生干扰，所产生的干扰程度取决于络合离子的种类和浓度、氟化物的浓度及溶液的 pH 等。

3）电极用后应用水充分冲洗干净，并用滤纸吸去水分，放在空气中或者放在稀的氟化物标准溶液中。如果短时间不再使用，应洗净，吸去水分，套上保护电极敏感部位的保护帽，使用前充分冲洗，并去掉水分。

4）插入电极前不要搅拌溶液，以免电极表面附着气泡影响测定准确度。测定过程中应连续搅拌，搅拌时速度应适中、稳定，不要形成涡流。

5）如果电极的膜表面被有机物等沾污，必须先清洗干净后才能使用。

6.3.2.10　总锌

（1）常用方法

水中的总锌是指未经过滤的水样，经消解后测得的锌。常用的测定方法主要有《水质　铜、锌、铅、镉的测定　原子吸收分光光度》（GB 7475—1987）、《水质　锌的测定　双硫腙分光光度法》（GB 7472—1987）、《水质　65 种元素的测定　电感耦合等离子体质谱法》（HJ 700—2014）和《水质　32 种元素的测定　电感耦合等离子体发射光谱法》（HJ 776—2015）。

（2）注意事项

1）用聚乙烯塑料瓶采集样品。采样瓶先用洗涤剂洗净，再在硝酸溶液中浸泡

24 小时，使用前用无锌水冲洗干净。

2）采样后，每 1 000 mL 水样立即加入 2.0 mL 硝酸酸化至 pH 约为 1.5。

3）所用玻璃器皿均先后用 1+1 硫酸和无锌水浸泡和洗净。

6.3.2.11 总铅

（1）常用方法

水中的总铅是指未经过滤的水样，经消解后测得的铅。常用的测定方法主要有《水质 铜、锌、铅、镉的测定 原子吸收分光光度》（GB 7475—1987）、《水质 铅的测定 双硫腙分光光度法》（GB 7470—1987）、《水质 65 种元素的测定 电感耦合等离子体质谱法》（HJ 700—2014）和《水质 32 种元素的测定 电感耦合等离子体发射光谱法》（HJ 776—2015）。

（2）注意事项

1）用聚乙烯塑料瓶采集样品。采样瓶先用洗涤剂洗净，再在硝酸溶液中浸泡，使用前用水冲洗干净。

2）采样后，每 1 000 mL 水样立即加入 2.0 mL 硝酸酸化至 pH 约为 1.5，加入 5 mL 碘溶液以免挥发性有机铅化合物在水样处理和消化过程中损失。

3）所用玻璃仪器，在使用前都应用硝酸清洗，并用自来水和无铅蒸馏水冲洗洁净。

6.3.2.12 总砷

（1）常用方法

水中的总砷是指未经过滤的样品经消解后测得的砷，包括单体形态、无机和有机结合化合物中砷的总量。常用的测定方法主要有《水质 汞、砷、硒、铋和锑的测定 原子荧光法》（HJ 694—2014）、《水质 65 种元素的测定 电感耦合等离子体质谱法》（HJ 700—2014）、《水质 总砷的测定 二乙基二硫代氨基甲酸银分光光度法》（GB 7485—1987）和《水质 32 种元素的测定 电感耦合等离子体发射光谱法》（HJ 776—2015）。

（2）注意事项

1）样品采集后应当按照每升水样加入 2 mL 盐酸的比例添加保存剂。

2）砷化氢为剧毒气体，故砷化氢发生系统应严防漏气。加入锌粒后要立即接好导气管，以免砷化氢中毒且影响测定结果。应在通风良好的条件下操作。

3）三氧化二砷为剧毒药品，建议购买砷标准中间液，避免中毒。

4）盐酸、硝酸均具有强烈的化学腐蚀性和刺激性，操作时应按规定要求佩戴防护器具，并在通风橱中进行，避免酸雾吸入呼吸道和接触皮肤、衣物。

5）测定试样（或空白试样）：每个试样测定前，先用硝酸和水的体积比为 2∶98（2+98）的稀硝酸溶液冲洗系统直到信号降至最低，待分析信号稳定后才可开始测定。

6）样品采集后立即加硝酸酸化至 pH 为 1～2，正常情况下每 1 000 mL 水样加 2 mL 浓硝酸。

7）实验用的玻璃器皿或塑料器皿洗涤干净后，在稀硝酸溶液中浸泡至少 12 小时，使用前用蒸馏水冲洗干净。

8）实验中产生的废液应集中收集，并清楚地做好标记贴上标签，委托有资质的单位进行处理。

6.3.2.13　总汞

（1）常用方法

水中的总汞是指未经过滤的样品经消解后测得的汞，包括无机的、有机结合的、可溶的和悬浮的全部汞。常用的测定方法主要有《水质　总汞的测定　冷原子吸收分光光度法》（HJ 597—2011）、《水质　汞、砷、硒、铋和锑的测定　原子荧光法》（HJ 694—2014）和《水质　总汞的测定　高锰酸钾-过硫酸钾消解法双硫腙分光光度法》（GB/T 7469—1987）。

（2）注意事项

1）样品采集后应当按照每升水样加入 5 mL 盐酸的比例添加保存剂。

2）试验所用试剂（尤其是高锰酸钾）中的汞含量对空白试验测定值影响较大。因此，试验中应选择汞含量尽可能低的试剂。

3）在样品还原前，所有试剂和试样的温度应保持一致（<25℃）。环境温度低于 10℃时，灵敏度会明显降低。

4）汞的测定易受到环境中的汞污染，在汞的测定过程中应加强对环境中汞的控制，保持清洁、加强通风。

5）水蒸气对汞的测定有影响，会导致测定时响应值降低，应注意保持连接管路和汞吸收池干燥。可通过红外灯加热的方式去除汞吸收池中的水蒸气。

6）反应装置的连接管宜采用硼硅玻璃、高密度聚乙烯、聚四氟乙烯、聚砜等材质，不宜采用硅胶管。

7）实验中产生的废液和废物不可随意倾倒，应置于密闭容器中保存，委托有资质的单位进行处理。

6.3.2.14 总镉

（1）常用方法

水中的总镉是指未经过滤的水样，经消解后测得的镉。常用的测定方法主要有《水质 铜、锌、铅、镉的测定 原子吸收分光光度》（GB 7475—1987）、《水质 镉的测定 双硫腙分光光度法》（GB 7471—1987）、《水质 65 种元素的测定 电感耦合等离子体质谱法》（HJ 700—2014）和《水质 32 种元素的测定 电感耦合等离子体发射光谱法》（HJ 776—2015）。

（2）注意事项

1）用聚乙烯塑料瓶采集样品。采样瓶先用洗涤剂洗净，再在盐酸溶液中浸泡，使用前用自来水和去离子水冲洗干净。

2）采样后，每 1 000 mL 水样立即加入 2.0 mL 硝酸酸化至 pH 约为 1.5。

3）实验所用玻璃器皿使用前应用盐酸浸泡，自来水和去离子水冲洗干净。

4）实验中所用氢氧化钠-氰化钾溶液剧毒，称量和配制时要特别小心，取时要戴胶皮手套，避免沾污皮肤。

5）禁止用嘴通过移液管来吸取氰化钾溶液。

6.3.2.15　总铬

（1）常用方法

地面水和工业废水中总铬的测定常用方法见《水质　铬的测定　火焰原子吸收分光光度法》（HJ 757—2015）、《水质　总铬的测定》（GB/T 7466—1987）。

（2）注意事项

1）所有玻璃器皿、聚乙烯容器等内壁应保持光洁，防止铬离子被吸附，不得用重铬酸钾洗液洗涤，须先用洗涤剂洗净，再用硝酸溶液浸泡 24 小时以上，使用前再依次用自来水和实验用水洗净。

2）实验室样品采集时，加入硝酸调节样品 pH＜2。在采集后尽快测定，如需放置，不宜超过 24 小时。

6.3.2.16　六价铬

（1）常用方法

地面水和工业废水中六价铬的测定常用方法见《水质　六价铬的测定　二苯碳酰二肼分光光度法》（GB/T 7467—1987）。

（2）注意事项

1）所有玻璃仪器不能使用重铬酸钾洗液洗涤，可用硝酸、硫酸混合液或洗涤剂洗涤。玻璃器皿内壁应保持光洁，防止铬被吸附。

2）实验室样品应当使用玻璃瓶采集，采集后应加入氢氧化钠，调节样品 pH 约为 8，尽快测定，如需放置，不宜超过 24 小时。

3）样品经锌盐沉淀分离法前处理后，仍含有机物干扰测定时，可用酸性高锰酸钾氧化法破坏有机物后再测定。

第 7 章　废水自动监测技术要点

近年来，为加强对地区排污的监控力度和满足排污许可的要求，全国各级生态环境部门大力推进废水自动监测系统的建设。废水自动监测系统也称为水污染源在线监测系统，通常是由水污染源在线监测设备和水污染源在线监测站房组成。随着全国废水自动监测系统的数量逐年攀升，做好系统的建设、验收及运行维护管理工作成为影响数据质量的关键环节。本章基于《水污染源在线监测系统（COD_{Cr}、NH_3-N 等）安装技术规范》（HJ 353—2019）、《水污染源在线监测系统（COD_{Cr}、NH_3-N 等）验收技术规范》（HJ 354—2019）、《水污染源在线监测系统（COD_{Cr}、NH_3-N 等）运行技术规范》（HJ 355—2019）、《水污染源在线监测系统（COD_{Cr}、NH_3-N 等）数据有效性判别技术规范》（HJ 356—2019）等标准，对废水自动监测系统的建设、验收、运行维护应注意的技术要点进行了梳理。

7.1　水污染源在线监测系统组成

水污染源在线监测系统通常包括流量监测单元、水质自动采样单元、水污染源在线监测仪器、数据控制单元以及相应的建筑设施等。

（1）流量监测单元通常包括明渠流量计或管道流量计。采用超声波明渠流量计测定流量，应按技术规范要求修建堰槽；管道流量计可选择电磁流量计。

（2）水质自动采样单元通常是指采样管路、采样泵以及水质自动采样器。采样管路应根据废水水质选择优质的聚氯乙烯（PVC）、三丙聚丙烯（PPR）等不影响分析结果的硬管，配有必要的防冻和防腐设施。采样泵应根据水样流量、废水水质、水质自动采样器的水头损失及水位差合理选择。采样管路宜设置为明管，并标注水流方向。根据《水污染源在线监测系统（COD_{Cr}、NH_3-N 等）安装技术规范》（HJ 353—2019）的最新要求，水质自动采样单元应具有采集瞬时水样和混合水样，混匀及暂存水样、自动润洗及排空混匀桶，以及留样功能。

（3）水污染源在线监测仪器是指在现场用于监控、监测污染物排放的化学需氧量（COD_{Cr}）的在线自动监测仪、pH 水质自动分析仪、氨氮水质自动分析仪、总磷水质自动分析仪、污水流量计、水质自动采样器和数据采集传输仪等仪器、仪表。

COD_{Cr} 在线自动监测仪的测定方法多采用重铬酸钾法测定，对于高氯废水也可考虑采用总有机碳（TOC），但必须与重铬酸钾法做对照实验，作出相关系数，换算成重铬酸钾法监测数据输出。

pH 水质自动分析仪采用玻璃电极法测定。

氨氮水质自动分析仪的测定方法有纳氏试剂光度法、氨气敏电极法、水杨酸-次氯酸盐比色法等。

总磷在线自动监测仪的测定多采用钼锑抗分光光度法。

总氮在线自动监测仪的测定多采用连续流动-盐酸萘乙二胺分光光度法和碱性过硫酸钾消解紫外分光光度法。

数据采集设备主要是对各种监测设备测量的数据进行采集、存储及处理，并将有关的数据存储和输出。

数据传输设备将采集的各种监测数据传输至生态环境主管部门，目前，数据的传输有多种方式，包括 GPRS、GSM、局域网等。

（4）数据控制单元是指实现控制整个水污染源在线监测系统内部仪器设备联动，自动完成水污染源在线监测仪器的数据采集、整理、输出及上传至监控中心平台，接受监控中心平台命令控制水污染源在线监测仪器运行等功能的单元。根据 HJ 353—2019 的最新要求，数据控制单元可控制水质自动采样单元采样、送样及留样等操作。

（5）总体要求。排污单位在安装自动监测设备时，应当根据国家对每个监测设备的具体技术要求进行选型安装。选型安装在线监测仪器时，应根据污染物浓度和排放标准，选择检测范围与之匹配的在线监测仪器，监测仪器需满足国家对应仪器的技术要求。如《化学需氧量（COD_{Cr}）水质在线自动监测仪技术要求及检测方法》（HJ 377—2019）、《氨氮水质在线自动监测仪技术要求及检测方法》（HJ 101—2019）、《总氮水质自动分析仪技术要求》（HJ/T 102—2003）、《总磷水质自动分析仪技术要求》（HJ/T 103—2003）、《pH 水质自动分析仪技术要求》（HJ/T 96—2003）等。选型安装数据传输设备时，应按照《污染物在线监控（监测）系统数据传输标准》（HJ 212—2017）和《污染源在线自动监控（监测）数据采集传输仪技术要求》（HJ 477—2009）设置，不得添加其他可能干扰监测数据存储、处理、传输的软件或设备。

在污染源自动监测设备建设、联网和管理的过程中，如果当地管理部门有相关规定的，应同时参考地方的规定要求。如上海市环保局于 2017 年发布的《上海市固定污染源自动监测建设、联网、运维和管理有关规定》。

7.2 现场安装要求

废水自动监测系统现场安装主要涉及现场监测站房建设、排放口规范化整治、采样点位选取等内容，其中监测站房的建筑设计应作为在线监控的专室专用，远离有腐蚀性气体的地点，并满足所处位置的气候、生态、地质、安全等要求，站房内应安装空调和冬季采暖设备，空调具有来电自启动功能，具备温湿度计；排放口应满足生态环境主管部门规定的排放口规范化设置要求；监测站房内、采样口等区域应安装视频监控设备；采样点位应避开有腐蚀性气体、较强的电磁干扰和振动的地方，应易于到达，且保证采样管路不超过 50 m，同时应有足够的工作空间和安全措施，便于采样和维护操作。具体要求详见 5.2.4。

7.3　调试检测

废水污染源自动监测设备现场安装完成后，需对其进行调试、试运行，以验证设备是否能够符合连续稳定运行的技术要求。

7.3.1　调试

调试是指对流量计、水质自动采样器、水质自动分析仪运行初期进行校准、校验的初期检查，并按照标准规范要求编制调试报告。具体要求如下：

（1）明渠流量计应进行流量比对误差和液位比对误差测试。

（2）水质自动采样器应进行采样量误差和温度控制误差测试。

（3）水质自动分析仪应根据排污企业排放浓度选择量程，并在该量程下进行 24 小时漂移、重复性、示值误差以及实际水样比对测试。

（4）各水污染源在线监测仪器指标符合相关技术要求的调试效果，TOC 水质自动分析仪参照 COD_{Cr} 水质自动分析仪执行。

7.3.2　试运行

设备调试完成后，进入试运行阶段，根据实际水污染源排放特点及建设情况，编制水污染源在线监测系统运行与维护方案以及相应的记录表格，最终编制试运行报告。具体要求如下：

（1）试运行期间应保持对水污染源在线监测系统连续供电，连续正常运行 30 天。

（2）可设定任一时间（时间间隔不小于 24 小时），由水污染源在线系统自动调节零点和校准量程值。

（3）因排放源故障或在线监测系统故障造成试运行中断，在排放源或在线监测系统恢复正常后，重新开始试运行。

（4）试运行期间数据传输率应不小于 90%。

（5）数据控制系统已经和水污染源在线监测仪器正确连接，并开始向监控中心平台发送数据。

7.4 验收要求

自动监测设备完成安装、调试及试运行并与生态环境主管部门联网后，同时符合下列要求后，建设方组织仪器供应商、管理部门等相关方实施技术验收工作，并编制在线验收报告。验收主要内容应包括建设验收、仪器设备验收、联网验收及运行与维护方案验收。

（1）提供水污染源在线监测系统的选型、工程设计、施工、安装调试及性能等相关技术资料。

（2）水污染源在线监测系统已完成调试与试运行，并提交运行调试报告与试运行报告。

（3）提供流量计、标准计量堰（槽）的检定证书，水污染源在线监测仪器符合 HJ 353—2019 中表 1 技术要求的证明材料。

（4）水污染源在线监测系统所采用基础通信网络和基础通信协议应符合《水污染物在线监控（监测）系统数据传输标准》（HJ 212—2017）的相关要求，对通信规范的各项内容作出响应，并提供相关的自检报告。同时提供生态环境主管部门出具的联网证明。

（5）水质自动采样单元已稳定运行 30 天，可采集瞬时水样和具有代表性的混合水样供水污染源在线监测仪器分析使用，可进行留样并报警。

（6）验收过程供电不间断。

（7）数据控制单元已稳定运行 30 天，向监控中心平台及时发送数据，其间设备运转率应大于 90%；数据传输率应大于 90%。

7.4.1　建设验收要求

建设验收主要是对污染源排放口、流量监测单元、监测站房、水质自动采样单元、数据控制单元进行验收，主要内容如下：

（1）污染源排放口应符合相关技术规范要求，具备便于水质自动采样单元和流量监测单元安装条件的采样口，并设置人工采样口。

（2）流量计安装处设置有对超声波探头检修和比对的工作平台，可方便对流量计的检修和比对工作。

（3）监测站房专室专用，新建监测站房面积应不小于 15 m^2，站房高度不低于 2.8 m。

（4）水质自动采样单元应实现采集瞬时水样和混合水样、混匀及暂存水样、自动润洗及排空混匀桶的功能；实现混合水样和瞬时水样的留样功能；实现 pH 水质自动分析仪、温度计原位测量或测量瞬时水样功能；COD_{Cr}、TOC、NH_3-N、TP、TN 水质自动分析仪实现测量混合水样功能。

（5）数据控制单元可协调统一运行水污染源在线监测系统，采集、储存、显示监测数据及运行日志，向监控中心平台上传污染源监测数据。

7.4.2　在线监测仪器验收要求

7.4.2.1　基本验收要求

（1）水污染源在线监测仪器验收包括对 COD_{Cr} 在线自动监测仪、TOC 水质自动分析仪、pH 水质自动分析仪、氨氮水质自动分析仪、总磷水质自动分析仪、总氮水质自动分析仪、超声波明渠污水流量计、水质自动采样器等技术指标的验收。

（2）性能验收内容包括液位比对误差、流量比对误差、采样量误差、温度控制误差、24 小时漂移、准确度以及实际水样比对测试。

7.4.2.2 性能验收

（1）COD_{Cr}在线自动监测仪、TOC 水质自动分析仪、pH 水质自动分析仪、氨氮水质自动分析仪和总磷水质自动分析仪、总氮水质自动分析仪验收包括 24 小时漂移、准确度、实际水样比对。验收指标要求见《水污染源在线监测系统（COD_{Cr}、NH_3-N 等）验收技术规范》（HJ 354—2019）表 2。

（2）超声波流量计验收包括液位比对误差、流量比对误差。验收指标要求见《水污染源在线监测系统（COD_{Cr}、NH_3-N 等）验收技术规范》（HJ 354—2019）表 2。

（3）水质自动采样器验收包括采样量误差、温度控制误差。验收指标要求见《水污染源在线监测系统（COD_{Cr}、NH_3-N 等）验收技术规范》（HJ 354—2019）表 2。

7.4.3 联网验收

联网验收由通信验收、数据传输正确性验收、联网稳定性验收、现场故障模拟恢复试验、生成统计报表等内容组成。

7.4.3.1 通信验收

通信验收包括通信稳定性、数据传输安全性、通信协议正确性 3 部分内容。

（1）通信稳定性：数据控制单元和监控中心平台之间通信稳定，不应出现经常性的通信连接中断、数据丢失、数据不完整等通信问题。数据控制单元在线率为 90%以上，正常情况下，掉线后应在 5 min 之内重新上线。数据采集传输仪每日掉线次数在 5 次以内。数据传输稳定性在 99%以上，当出现数据错误或丢失时，启动纠错逻辑，要求数据采集传输仪重新发送数据。

（2）数据传输安全性：数据采集传输仪在需要时可按照 HJ 212—2017 中规定的加密方法进行加密处理传输，保证数据传输的安全性。

（3）通信协议正确性：采用的通信协议应完全符合 HJ 212—2017 的相关要求。

7.4.3.2　数据传输正确性验收

（1）系统稳定运行 30 天后，任取其中不少于连续 7 天的数据进行检查，要求监控中心平台接收的数据与数据控制单元采集和存储的数据完全一致。

（2）同时检查水污染源在线连续自动分析仪器存储的测定值、数据控制单元所采集并存储的数据和监控中心平台接收的数据，这 3 个环节的实时数据误差小于 1%。

7.4.3.3　联网稳定性验收

在连续一个月内，系统能稳定运行，不出现通信稳定性、数据传输安全性、通信协议正确性以外的其他联网问题。

7.4.3.4　其他要求

（1）验收过程中应进行现场故障模拟恢复试验，人为模拟现场断电、断水和断气等故障，在恢复供电等外部条件后，水污染源在线连续自动监测系统应能正常自启动和远程控制启动。在数据控制单元中保存故障前完整的分析结果，并在故障过程中不丢失。数据控制系统完整记录所有故障信息。

（2）在线监测系统能够按照规定自动生成日统计表、月统计表和年统计表。

7.4.4　运行与维护方案验收

运行与维护方案应包含水污染源在线监测系统情况说明、运行与维护作业指导书及记录表格，并形成书面文件进行有效管理。

（1）水污染源在线监测系统情况说明应至少包含如下内容：排污单位基本情况，水污染源在线监测系统构成图，水质自动采样系统流路图，数据控制系统构成图，所安装的水污染源在线监测仪器方法原理、选定量程、主要参数、所用试剂，以及按照 HJ 355—2019 中规定建立的各组成部分的维护要点及维护程序。

（2）运行与维护作业指导书应至少包含如下内容：水污染源在线监测系统各

组成部分的维护方法，所安装的水污染源在线监测仪器的操作方法、试剂配制方法、维护方法，流量监测单元、水样自动采集单元及数据控制单元维护方法。

（3）记录表格应满足运行与维护作业指导书中设定的要求。

7.4.5 验收报告要求

依据上述验收内容，编制验收报告［格式详见《水污染源在线监测系统（COD_{Cr}、NH_3-N 等）验收技术规范》（HJ 354—2019）附录 A］。验收报告后应附验收比对监测报告、联网证明和安装调试报告。验收报告内容全部合格或符合要求后，方可通过验收。

7.5 运行管理要求

水污染源自动监测设备通过验收后，自动监测设备即被认定为已处于正常运行状态，设备运行维护单位应按照相关技术规范的要求做好日常运行管理。

7.5.1 总体要求

水污染源在线监测设备运维单位应根据相关技术规范及仪器使用说明书进行运行管理工作，并制定完善的水污染源自动监测设备运行维护管理制度，确定系统运行操作人员和管理维护人员的工作职责。运维人员应具备相关专业知识，通过相应的培训教育和能力确认/考核等活动，熟练掌握水污染源在线监测设备的原理、使用和维护方法。

设备验收完成后应对设备相关参数进行备案，备案参数应与设备参数保持一致，如需修改相关参数，应提交情况说明，并重新进行备案。

7.5.2 运维单位

运维单位应在服务省市无不良运行维护记录，未出现过故意干扰在线监测仪器、在线监测数据弄虚作假等不良行为。运维单位应严格按照技术规范开展日常运行维护工作，建立完善的运行维护管理制度及档案资料备查，应备有所运行在线监测仪器的备用仪器，同时应配备相应仪器参比方法实际水样比对试验装置。能够提供驻地运行维护服务，在设备出现故障 12 小时内到达现场及时处理，能与在线监测仪器建设单位保持良好沟通，确保最短时间内修复故障。

7.5.3　管理制度

运维单位应建立水污染源自动监测设备运行维护管理制度，主要包括仪器设备运行与维护的作业指导书，日常巡检制度及巡检内容，定期维护制度及定期维护内容，定期校验和校准制度及内容，易损、易耗品的定期检查和更换制度，废药剂的收集处置制度，设备故障及应急处理制度，运行维护记录内容等一系列管理制度。

7.5.4　日常维护总体要求

运维单位应按照相关技术规范及仪器使用说明书建立日常巡检制度，开展日常巡检工作并做好记录。日常巡检内容主要包括每日通过远程检查或现场查看的方式检查仪器运行状态、数据传输系统以及视频监控系统是否正常，设备出现故障时应第一时间处理解决；除日常维护工作外，应按照相关要求和设备说明书完成每周、每月、每季度检查维护内容。每日数据传输情况、定期的设备检查及保养情况应记录并归档。每次进行备件或材料更换时，更换的备件或材料的品名、规格、数量等应记录并归档。如更换标准物质或标准样品，还需记录标准物质或标准样品的浓度、配制时间、更换时间、有效期等信息。对日常巡检或维护保养中发现的故障或问题，系统管理维护人员应及时处理并记录。

7.5.5　运行技术总体要求

运维单位应按照相关技术规范要求定期进行自动标样核查和自动校准，同时定期进行实际水样比对试验。

7.6 质量保证要求

7.6.1 总体要求

水污染源自动监测设备日常运行质量保证是保障设备正常稳定运行、持续提供有质量保证监测数据的必要手段。操作维护人员每日远程检查或现场查看设备运行状态，如发现异常，应立即处理；操作维护人员每周至少一次对设备进行现场维护，包括试剂添加、设备状态检查、采样系统维护、供电系统检查等；操作维护人员每月对现场设备进行一次保养，包括检查和保养易损耗件、测量部件和对设备外壳进行清洗；每季度检查及更换易损耗件，用专用容器回收仪器设备产生的废液；操作维护人员每月至少进行一次实际水样比对试验，定期对设备进行自动标样核查和自动校准。当设备出现因故障或维护原因不能正常运行时，应在24小时内报告当地生态环境主管部门。以月为周期，每月设备有效数据率不得小于90%，以保证监测数据的数量要求。

有效数据率=仪器实际获得的有效数据个数/应获得的有效数据个数×100%

7.6.2 日常检查维护

7.6.2.1 运行和日常维护

（1）每日远程检查或现场查看仪器运行状态，检查数据传输系统以及视频监控系统是否正常，如发现数据有持续异常情况，应立即前往站点进行检查。

（2）每周对监测系统至少进行一次现场维护，现场维护内容包括：

检查自来水供应、泵取水情况；检查内部管路是否通畅、仪器自动清洗装置运行是否正常；检查各自动分析仪的进样水管和排水管是否清洁，必要时进行清洗；定期清洗水泵和过滤网。

检查站房内电路系统、通信系统是否正常。

对于用电极法测量的仪器，检查标准溶液和电极填充液，进行电极探头的清洗。

若部分站点使用气体钢瓶，应检查载气气路系统是否密封、气压是否满足使用要求。

检查各仪器标准溶液和试剂是否在有效使用期内，按相关要求定期更换标准溶液和分析试剂。

观察数据采集传输仪运行情况，并检查连接处有无损坏，对数据进行抽样检查，对比自动分析仪、数据采集传输仪及监控中心平台接收到的数据是否一致。

检查水质自动采样系统管路是否清洁，采样泵、采样桶和留样系统是否正常工作，留样保存温度是否正常。

（3）每月现场维护内容：

水质自动采样系统：根据情况更换蠕动泵管、清洗混合采样瓶等。

TOC 水质自动分析仪：检查 TOC-COD_{Cr}转换系数是否适用，必要时进行修正。检查 TOC 水质自动分析仪的泵、管、加热炉温度等，检查试剂余量（必要时添加或更换），检查卤素洗涤器、冷凝器水封容器、增湿器，必要时加蒸馏水。

COD_{Cr}水质在线自动监测仪：检查内部试管是否污染，必要时进行清洗。

氨氮水质自动分析仪：检查气敏电极表面是否清洁，对仪器管路进行保养、清洁。

流量计：检查超声波流量计液位传感器高度是否发生变化，检查超声波探头与水面之间是否有干扰测量的物体，对堰体内影响流量计测定的干扰物进行清理；检查管道电磁流量计的检定证书是否在有效期内。

pH 水质自动分析仪：用酸液清洗一次电极，检查 pH 电极是否钝化，必要时进行校准或更换。

温度计：每月至少进行一次现场水温比对试验，必要时进行校准或更换。

每月的现场维护应包括对水污染源在线监测仪器进行一次保养，对仪器分析系统进行维护；对数据存储或控制系统工作状态进行一次检查；检查监测仪器接地情况，检查监测站房防雷措施。检查和保养仪器易损耗件，必要时更换；检查及清洗取样单元、消解单元、检测单元、计量单元等。

（4）每季度现场维护内容：

检查及更换仪器易损耗件，检查关键零部件可靠性，如计量单元准确性、反应室密封性等，必要时进行更换。对于水污染源在线监测仪器所产生的废液应使用专用容器予以回收，交由有危险废物处理资质的单位处理，不得随意排放或回流入污水排放口。

（5）其他预防性维护：

保证监测站房的安全性，进出监测站房应进行登记，包括出入时间、人员、出入原因等，应设置视频监控系统。

保持监测站房的清洁，保持设备的清洁，保证监测站房内的温度、湿度满足仪器正常运行的需求。

保持各仪器管路通畅，出水正常，无漏液。

对电源控制器、空调、排风扇、供暖、消防设备等辅助设备要进行经常性检查。

此处未提及的维护内容，按相关仪器说明书的要求进行仪器维护保养、易耗品的定期更换工作。

7.6.2.2 维护记录

操作人员应详细了解水污染源在线监测系统的基本情况，填写相关记录表格。在对系统进行日常维护时，应做好巡检维护记录，巡检维护记录应包含日志检查、耗材检查、辅助设备检查、采样系统检查、水污染源在线监测仪器检查、数据采集传输系统检查等必检项目和记录，以及仪器使用说明书中规定的其他检查项目和仪器参数设置记录、标样核查及校准结果记录、检修记录、易耗品更换记录、标准样品更换记录和实际水样比对试验结果记录。

7.6.3 运行技术要求

运行技术要求包括自动标样核查和自动校准、实际水样比对试验。

7.6.3.1 自动标样核查和自动校准

选用浓度约为现场工作量程上限值 0.5 倍的标准样品定期进行自动标样核查。如果自动标样核查结果不满足《水污染源在线监测系统（COD_{Cr}、NH_3-N 等）运行技术规范》（HJ 355—2019）表 1（以下简称表 1）的规定，则应对仪器进行自动校准。仪器自动校准完后应使用标准溶液进行验证（可使用自动标样核查代替该操作），验证结果应符合表 1 的规定，如不符合则应重新进行一次校准和验证，如 6 小时内仍不符合表 1 的规定，则应进入人工维护状态。

在线监测仪器自动校准及验证时间如果超过 6 小时则应采取人工监测的方法向相应生态环境主管部门报送数据，报送数据每天不少于 4 次，间隔不得超过 6 小时。

自动标样核查周期最长间隔不得超过 24 小时，校准周期最长间隔不得超过 7 天。

7.6.3.2 实际水样比对试验

除流量外，运行维护人员每月应对每个站点所有自动分析仪至少进行 1 次实际水样比对试验；对于超声波明渠流量计每季度至少用便携式明渠流量计比对装置进行 1 次比对试验，试验结果均应满足表 1 规定的要求。

（1）COD_{Cr}、TOC、NH_3-N、TP、TN 水质自动分析仪

每月至少进行 1 次实际水样比对试验，采用水质自动分析仪与国家环境监测分析方法标准分别对相同的水样进行分析，两者测量结果组成一个测定数据对，至少获得 3 个测定数据对，计算实际水样比对试验的绝对误差或相对误差。

当实际水样比对试验的结果不满足标准规定的性能指标要求时，应对仪器进行校准和标准溶液验证后再次进行实际水样比对试验。如第二次实际水样比对试验结果仍不符合性能指标要求时，仪器应进入维护状态，同时此次实际水

样比对试验至上次仪器自动校准或自动标样核查期间所有的数据均判断为无效数据。

仪器维护时间超过 6 小时时，应采取人工监测的方法向相应生态环境主管部门报送数据，报送数据每天不少于 4 次，间隔不得超过 6 小时。

（2）pH 水质自动分析仪和温度计

每月至少进行 1 次实际水样比对试验，采用 pH 水质自动分析仪和温度计与国家环境监测分析方法标准分别对相同的水样进行分析，计算仪器测量值与国家环境监测分析方法标准测定值的绝对误差。

如果比对结果不符合标准规定的性能指标要求，应对 pH 水质自动分析仪和温度计进行校准，校准完成后需再次进行比对，直至合格。

（3）超声波明渠流量计

每季度至少用便携式明渠流量计比对装置对现场安装使用的超声波明渠流量计进行 1 次比对试验（比对前应对便携式明渠流量计进行校准），如比对结果不符合标准规定的性能指标要求时，应对超声波明渠流量计进行校准，校准完成后需再次进行比对，直至合格。

1）液位比对：分别用便携式明渠流量计比对装置（液位测量精度≤1 mm）和超声波明渠流量计测量同一水位观测断面处的液位值，进行比对试验，每 2 min 读取一次数据，连续读取 6 次，计算每一组数据的误差值，选取最大的一组误差值作为流量计的液位误差。

2）流量比对：分别用便携式明渠流量计比对装置和超声波明渠流量计测量同一水位观测断面处的瞬时流量，进行比对试验，待数据稳定后，开始计时，计时 10 min，分别读取便携式明渠流量计比对该时段内的累积流量和超声波明渠流量计该时段内的累积流量，最终计算出流量比对误差。

7.6.3.3 有效数据率

以月为周期，计算每个周期内水污染源在线监测仪器实际获得的有效数据的个数占应获得的有效数据的个数的百分比不得小于 90%，有效数据的判定参见 HJ 356—2019 的相关规定。

7.6.4　检修和故障处理要求

污染源自动监测设备发生故障后，应该严格按照相关技术规范及管理要求进行设备检修，具体情况如下：

（1）水污染源在线监测系统需维修的，应在维修前报相应生态环境主管部门备案；需停运、拆除、更换、重新运行的，应经相应生态环境主管部门批准同意。

（2）因不可抗力和突发性原因致使水污染源在线监测系统停止运行或不能正常运行时，应当在 24 小时内报告相应生态环境主管部门并书面报告停运原因和设备情况。

（3）运行单位发现故障或接到故障通知，应在规定的时间内赶到现场处理并排除故障，无法及时处理的应安装备用仪器。

（4）水污染源在线监测仪器经过维修后，在正常使用和运行之前应确保其维修全部完成并通过校准和比对试验。若在线监测仪器进行了更换，在正常使用和运行之前，应确保其性能指标满足 HJ 355—2019 表 1 的要求。维修和更换的仪器，可由第三方或运行单位自行出具比对检测报告。

（5）数据采集传输仪发生故障，应在相应生态环境主管部门规定的时间内修复或更换，并能保证已采集的数据不丢失。

（6）运行单位应备有足够的备品备件及备用仪器，对其使用情况进行定期清点，并根据实际需要进行增购。

（7）水污染源在线监测仪器因故障或维护等原因不能正常工作时，应及时向相应生态环境主管部门报告，必要时采取人工监测，监测周期间隔不大于 6 小时，报送数据每天不少于 4 次，监测技术要求参照《污水监测技术规范》（HJ 91.1—2019）执行。

7.6.5 运行比对监测要求

7.6.5.1 在线监测系统采样管理

比对监测时，应记录水污染源在线监测系统是否按照 HJ 353—2019 进行采样并在报告中说明有关情况。比对监测应及时正确地做好原始记录，并及时正确地粘贴样品标签，以免混淆。

7.6.5.2 仪器质量控制要求

比对监测时，应核查水污染源在线监测仪器参数设置情况，必要时进行标准溶液抽查，核查标准溶液是否符合相关规定的要求，在记录和报告中说明有关情况；比对监测所使用的标准样品和实际水样应符合现场安装仪器的量程；比对监测期间，不允许对在线监测仪器进行任何调试。

7.6.5.3 比对监测仪器性能要求

比对监测期间应对水污染源在线监测仪器进行比对试验，并符合 HJ 355—2019 表 1 的要求。

7.6.6 运行档案与记录

（1）水污染源在线监测系统运行的技术档案包括仪器的说明书、HJ 353—2019 要求的系统安装记录和 HJ 354—2019 要求的验收记录、仪器的检测报告以及各类运行记录表格。

（2）运行记录应清晰、完整，现场记录应在现场及时填写。可从记录中查阅和了解仪器设备的使用、维修和性能检验等全部历史资料，以对运行的各台仪器设备作出正确评价。与仪器相关的记录可放置在现场并妥善保存。

（3）运行记录表格主要包括水污染源在线监测系统基本情况、巡检维护记录表、水污染源在线监测仪器参数设置记录表、标样核查及校准结果记录表、检修记录表、易耗品更换记录表、标准样品更换记录表、实际水样比对试验结果记录表、水污染源在线监测系统运行比对监测报告、运行工作检查表等（表格样式详见 HJ 355—2019），运行单位可根据实际需求及管理需要调整及增加不同的表格。

7.6.7　数据有效性判别流程

水污染源在线监测系统的运行状态分为仪器正常采样监测时段和仪器非正常采样监测时段。数据有效性判别流程见图 7-1。

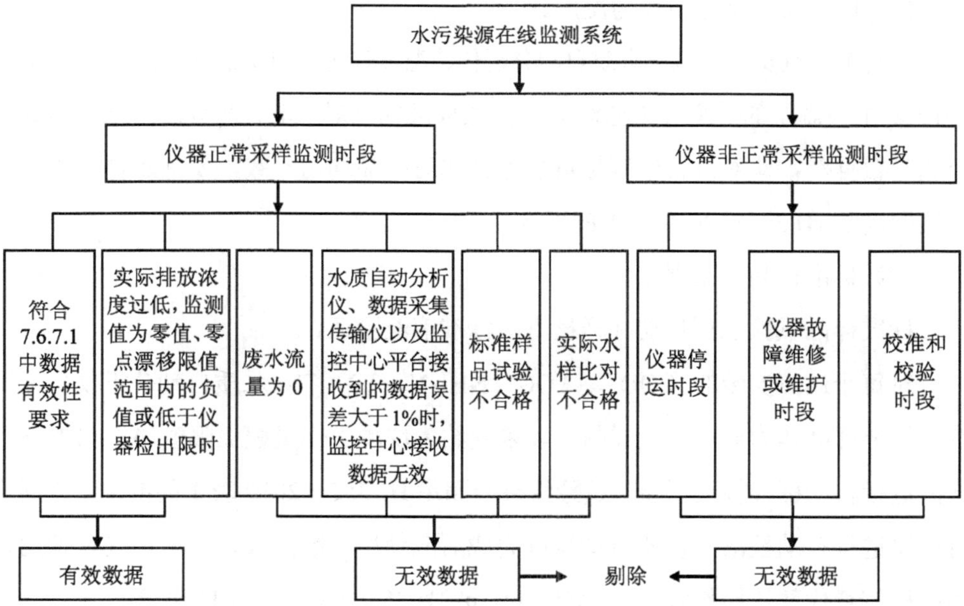

图 7-1　水污染源在线监测系统数据有效性判别流程

7.6.7.1 数据有效性判别指标

（1）实际水样比对试验误差

1）COD_{Cr}、TOC、NH_3-N、TP、TN 水质自动分析仪

对每个站点安装的 COD_{Cr}、TOC、NH_3-N、TP、TN 水质自动分析仪进行自动监测方法与 HJ 356—2019 表 1 中规定的国家环境监测分析方法标准的比对试验，两者测量结果组成一个测定数据对，至少获得 3 个测定数据对。比对过程中应尽可能保证比对样品均匀一致，实际水样比对试验结果应满足 HJ 355—2019 表 1 的要求。

2）pH 水质自动分析仪与温度计

对每个站点安装的 pH 水质自动分析仪、温度计进行自动监测方法与 HJ 356—2019 表 1 中规定的国家环境监测分析方法标准的比对试验，两者测量结果组成一个测定数据对，比对过程中应尽可能保证比对样品均匀一致，实际水样比对试验结果应满足 HJ 355—2019 表 1 的要求。

（2）标准样品试验误差

标准样品试验包括自动标样核查、标准溶液验证。

对每个站点安装的 COD_{Cr}、TOC、NH_3-N、TP、TN 水质自动分析仪，采用有证标准样品作为质控考核样品，以浓度约为现场工作量程上限值 0.5 倍的标准样品进行自动标样核查试验，试验结果应满足 HJ 355—2019 表 1 的要求，否则应对仪器进行自动校准，仪器自动校准完成后应使用标准溶液进行验证（可使用自动标样核查代替该操作），验证结果应满足 HJ 355—2019 表 1 的要求。

（3）超声波明渠流量计比对试验误差

对每个站点安装的超声波明渠流量计进行自动监测方法与手工监测方法的比对试验，比对试验的方法按照 7.6.3.2 的相关规定进行，比对试验结果应满足 HJ 355—2019 表 1 的要求。

7.6.7.2　数据有效性判别方法

（1）有效数据判别

1）排污单位可以利用具备自动标记功能的自动监测设备在自动监测设备现场端进行自动标记，也可以授权有关责任人在自动监控系统企业服务端进行人工标记。鼓励排污单位优先进行自动标记，提高标记准确度，减少人工标记工作量。同一时段同时存在人工标记和自动标记时，以人工标记为准。排污单位完成标记即为审核确认自动监测数据的有效性。

2）自动标记即时生成，各项自动监测数据由自动监测设备同步按照相关标准规范分别计算。一般情况下，每日 12 时前完成前一日数据的人工标记，各项自动监测数据由自动监控系统企业服务端计算；如因通信中断数据未上传、系统升级维护等导致无法人工标记时，应当在数据上传后或标记功能恢复后 24 小时内完成人工标记。逾期不进行人工标记，视为对自动监测数据的有效性无异议。

3）自动监测日均值数据有效性，依据自动监测小时均值数据标记情况进行自动判断。

4）正常采样监测时段获取的监测数据，满足 7.6.7.1 的数据有效性判别标准，可判别为有效数据。

5）监测值为零值、零点漂移限值范围内的负值或低于仪器检出限时，需要通过现场检查、实际水样比对试验、标准样品试验等质控手段来识别，对于因实际排放浓度过低而产生的上述数据，仍判断为有效数据。

6）监测值如出现急剧升高、急剧下降或连续不变等情况，则需要通过现场检查、实际水样比对试验、标准样品试验等质控手段来识别，再做判别和处理。

7）水污染源在线监测系统的运维记录中应当记载运行过程中报警、故障维修、日常维护、校准等内容，运维记录可作为数据有效性判别的证据。

8）水污染源在线监测系统应可调阅和查看详细的日志，日志记录可作为数据有效性判别的证据。

（2）无效数据判别

1）自动监测数据不能真实、准确、完整反映污染物排放实际状况时，排污单位按要求如实标记的，视为自动监测数据无效。

2）当流量为零时，在线监测系统输出的监测值为无效数据。

3）水质自动分析仪、数据采集传输仪以及监控中心平台接收到的数据误差大于1%时，则监控中心平台接收到的数据为无效数据。

4）发现标准样品试验不合格、实际水样比对试验不合格时，从此次不合格时刻至上次校准校验（自动校准、自动标样核查、实际水样比对试验中的任何一项）合格时刻期间的在线监测数据均判断为无效数据，从此次不合格时刻起至再次校准校验合格时刻期间的数据，作为非正常采样监测时段数据，判断为无效数据。

5）水质自动分析仪停运期间、因故障维修或维护期间、有计划（质量保证和质量控制）地维护保养期间、校准和校验等非正常采样监测时段内输出的监测值为无效数据，但对该时段数据做标记，作为监测仪器检查和校准的依据予以保留。

判断为无效的数据应注明原因，并保留原始记录。

7.6.7.3 有效均值的计算

（1）数据统计

正常采样监测时段获取的有效数据，应全部参与统计。

监测值为零值、零点漂移限值范围内的负值或低于仪器检出限，并判断为有效数据时，应采用修正后的值参与统计。修正规则为 COD_{Cr} 修正值为 2 mg/L、NH_3-N 修正值为 0.01 mg/L、TP 修正值为 0.005 mg/L、TN 修正值为 0.025 mg/L。

（2）有效日均值

有效日均值是对应于以每日为一个监测周期内获得的某个污染物（COD_{Cr}、NH_3-N、TP、TN）的所有有效监测数据的平均值，参与统计的有效监测数据数量应不少于当日应获得数据数量的75%。有效日均值是以流量为权的某个污染物的有效监测数据的加权平均值。

（3）有效月均值

有效月均值是对应于以每月为一个监测周期内获得的某个污染物（COD_{Cr}、NH_3-N、TP、TN）的所有有效日均值的算术平均值，参与统计的有效日均值数量应不少于当月应获得数据数量的 75%。

7.6.7.4　无效数据的处理

正常采样监测时段，当 COD_{Cr}、NH_3-N、TP 和 TN 监测值判断为无效数据，且无法计算有效日均值时，其污染物日排放量可以用上次校准校验合格时刻前 30 个有效日排放量中的最大值进行替代，污染物浓度和流量不进行替代。非正常采样监测时段，当 COD_{Cr}、NH_3-N、TP 和 TN 监测值判断为无效数据，且无法计算有效日均值时，优先使用人工监测数据进行替代，每天获取的人工监测数据应不少于 4 次，替代数据包括污染物日均浓度、污染物日排放量。如无人工监测数据替代，其污染物日排放量可以用上次校准校验合格时刻前 30 个有效日排放量中的最大值进行替代，污染物浓度和流量不进行替代。

流量为 0 时的无效数据不进行替代。

第 8 章　废气手工监测技术要点

与废水手工监测类似，废气手工监测也是一个全面性、系统性的工作。我国同样有一系列监测技术规范和方法标准用于指导和规范废气手工监测。本章立足现有的技术规范和标准，结合日常工作经验，分别针对有组织废气、无组织废气归纳总结了常见的方法和操作要求，以及方法使用过程中的重点注意事项。对于一些虽然适用，但不够便捷，目前实际应用很少的方法，本书中未列举，若排污单位根据实际情况，确实需要采用这类方法的，应严格按照方法的适用条件和要求开展相关监测活动。

8.1　有组织废气监测

8.1.1　监测方式

有组织废气监测主要是针对排污单位通过排气筒排放的污染物排放浓度、排放速率、排气参数等开展的监测，主要的监测方式有现场测试和现场采样+实验室分析两种。

1）现场测试是指采用便携式仪器在污染源现场直接采集气态样品，通过预处理后进行即时分析，现场得到污染物的相关排放信息。目前，采用现场测试的主要指标包括二氧化硫、氮氧化物、一氧化碳、颗粒物、排气参数（温度、氧含量、含湿量、流速）等，测试方法主要包括定电位电解法、非分散红外法、皮托管法、热电偶法、干湿球法等。

2）现场采样+实验室分析是指采用特定仪器采集一定量的污染源废气并妥善保存带回实验室进行分析。目前我国多数污染物指标仍采用这种监测方式，主要的采样方式包括直接采样法（气袋、注射器、真空瓶等）和富集（浓缩）采样法（活性炭吸附、滤筒、滤膜捕集、吸收液吸收等），主要的分析方法包括重量法、色谱法、质谱法、分光光度法等。

8.1.2 现场采样

8.1.2.1 现场采样方式

（1）现场直接采样

现场直接采样包括注射器采样、气袋采样、采样管采样和真空瓶（管）采样。现场采样时，应按照《固定污染源排气中颗粒物测定与气态污染物采样方法》（GB/T 16157—1996）的规定配备相应的采样系统采样。

1）注射器采样

常用 100 mL 注射器采集样品。采样时，先用现场气体抽洗 2～3 次，然后抽取 100 mL，密封进气口，带回实验室分析。样品存放时间不宜过长，一般当天分析完。

气相色谱分析法常采用此法取样。取样后，应将注射器进气口朝下，垂直放置，以使注射器内压略大于外压，避光保存。

2）气袋采样

应选不吸附、不渗漏，也不与样气中污染组分发生化学反应的气袋，如聚四氟乙烯袋、聚乙烯袋、聚氯乙烯袋和聚酯袋等，还有用金属薄膜作衬里（如衬银、衬铝）的气袋。

采样时，先用待测废气冲洗 2～3 次，再充满样气，夹封进气口，带回实验室尽快分析。

3）采样管采样

采样时，打开两端旋塞，用抽气泵接在采样管的一端，迅速抽进比采样管容积大 6～10 倍的待测气体，使采样管中原有气体被完全置换出，关上旋塞，采样管体积即为采气体积。

4）真空瓶采样

真空瓶是一种具有活塞的耐压玻璃瓶。采样前，先用抽真空装置把真空瓶内气体抽走，抽气减压到绝对压力为 1.33 kPa。采样时，打开旋塞采样，采完关闭旋塞，则真空瓶体积即为采样体积。

（2）富集（浓缩）采样法

富集（浓缩）采样法主要包括溶液吸收法、填充柱阻留法和滤料阻留法等。

1）溶液吸收法

原理：采样时，用抽气装置将待测废气以一定流量抽入装有吸收液的吸收瓶，并采集一段时间。采样结束后送实验室进行测定。

吸收液选用应遵循的原则：

①反应快，溶解度大；

②稳定时间长；

③吸收后利于分析；

④毒性小，价格低，易于回收。

2）填充柱阻留法

原理：填充柱是用一根长 6～10 cm、内径 3～5 mm 的玻璃管或塑料管，内装颗粒状填充剂制成。采样时，使气样以一定的流速通过填充柱，待测组分因吸附、溶解或化学反应等作用被阻留在填充剂上，达到浓缩采样的目的。采样后，通过解吸或溶剂洗脱，使被测组分从填充剂上释放出来进行测定。

填充剂主要类型：

①吸附型：活性炭、硅胶、分子筛、高分子多孔微球等；

②分配型：涂高沸点有机溶剂的惰性多孔颗粒物；

③反应型：惰性多孔颗粒物、纤维状物表面能与被测组分发生化学反应。

3）滤料阻留法

原理：滤料阻留法是将过滤材料（滤筒、滤膜等）放在采样装置内，用抽气装置抽气，废气中的待测物质被阻留在过滤材料上，根据相应分析方法测定出待测物质的含量。

常用过滤材料主要有玻璃纤维滤筒、石英滤筒、刚玉滤筒、玻璃纤维滤膜、过氯乙烯滤膜、聚苯乙烯滤膜、微孔滤膜、核孔滤膜等。

8.1.2.2　现场采样技术要点

有组织废气排放监测时，采样点位布设、采样频次、时间、监测分析方法以及质量保证等均应符合《固定污染源排气中颗粒物测定与气态污染物采样方法》（GB/T 16157—1996）和《固定源废气监测技术规范》（HJ/T 397—2007）的规定。

（1）采样位置和采样点

1）采样位置应避开对测试人员操作有危险的场所。

2）采样位置应优先选择在垂直管段，避开烟道弯头和断面急剧变化的部位。采样位置应设置在距弯头、阀门、变径管下游方向不小于 6 倍直径处，以及距上述部件上游方向不小于 3 倍直径处。采样断面的气流速度最好在 5 m/s 以上。采样孔内径应不小于 80 mm，宜选用 90～120 mm 内径的采样孔。

3）测试现场空间位置有限，很难满足上述要求时，可选择比较适宜的管段采样，但距采样断面与弯头等的距离至少是烟道直径的 1.5 倍，并应适当增加监测点的数量和采样频次。

4）对于气态污染物，由于混合比较均匀，其采样位置可不受上述规定限制，但应避开涡流区。

5）采样平台应有足够的工作面积使工作人员安全、方便地操作。监测平台长度应≥2 m、宽度≥2 m 或不小于采样枪长度外延 1 m，周围设置高 1.2 m 以上的安全护栏，有牢固并符合要求的安全措施；当采样平台设置在离地面高度≥2 m的位置时，应有通往平台的斜梯（或 Z 字梯、旋梯），宽度应≥0.9 m；当采样平台设置在离地面高度≥20 m 的位置时，应有通往平台的升降梯。

6）颗粒物和废气流量测量时，根据采样位置尺寸进行多点分布采样测量；一般情况下排气参数（温度、含湿量、氧含量）和气态污染物在管道中心位置测定。

（2）排气参数的测定

1）温度的测定：常用测定方法为热电偶法或电阻温度计法。一般情况下可在靠近烟道中心的一点测定，封闭测孔，待温度计读数稳定后读取数据。

2）含湿量的测定：常用测定方法为干湿球法。在靠近烟道中心的一点测定，封闭测孔，使气体以一定的速度通过干球、湿球温度计，根据干球、湿球温度计的读数和监测点处排气的压力，计算出排气的水分含量。

3）氧含量的测定：常用测定方法为电化学法或氧化锆氧分仪法。在靠近烟道中心的一点测定，封闭测孔，待氧含量读数稳定后读取数据。

4）流速、流量的测定：常用测定方法为皮托管法。根据测得的某点处的动压、静压及温度、断面截面积等参数计算出排气流速和流量。

（3）采样频次和采样时间

采样频次和采样时间确定的主要依据：相关标准和规范的规定和要求；实施监测的目的和要求；被测污染源污染物排放特点、排放方式及排放规律，生产设施和治理设施的运行状况；被测污染源污染物排放浓度的高低和所采用的监测分析方法的检出限。

具体要求如下：

1）相关标准中对采样频次和采样时间有规定的，按相关标准的规定执行。

2）相关标准中没有明确规定的，排气筒中废气的采样以连续 1 小时的采样获取平均值，或在 1 小时内，以等时间间隔采集 3～4 个样品，并计算平均值。

3）特殊情况下，若排气筒的排放为间断性排放，排放时间小于 1 小时，应在排放时段内连续采样，或在排放时段内等间隔采集 2～4 个样品，并计算平均值；

若排气筒的排放为间断性排放，排放时间大于 1 小时，则应在排放时段内按 2）的要求采样。

（4）监测分析方法选择

监测分析方法选择时，应遵循以下原则：

1）监测分析方法的选用应充分考虑相关排放标准的规定、被测污染源排放特点、污染物排放浓度的高低、所采用监测分析方法的检出限和干扰等因素。

2）相关排放标准中有监测分析方法的规定时，应采用标准中规定的方法。

3）对相关排放标准未规定监测分析方法的污染物项目，应选用国家环境保护标准、环境保护行业标准规定的方法。

4）在某些项目的监测中，尚无方法标准的，可采用国际标准化组织（ISO）或其他国家的等效方法标准，但应经过验证合格，其检出限、准确度和精密度应能达到质控要求。

（5）质量保证要求

1）属于国家强制检定目录内的工作计量器具，必须按期送计量部门检定，检定合格，取得检定证书后方可用于监测工作。

2）排气温度、氧含量、含湿量、流速、烟气、烟尘测定等仪器应根据要求定期校准，对一些仪器使用的电化学传感器应根据使用情况及时更换。

3）采样系统采样前应进行气密性检查，防止系统漏气。检查采样嘴、皮托管等是否变形或损坏。

4）滤筒、滤料等外观无裂纹、空隙或破损，无挂毛或碎屑，能耐受一定的高温和机械强度。采样管、连接管、滤筒、滤料等不被腐蚀、不与待测组分发生化学反应。

5）样品采集后注意样品的保存要求，应尽快送实验室分析。

8.1.3　指标测定

各监测指标除遵循 8.1.1 监测方式和 8.1.2 现场采样的相关要求外，还应遵循各自的具体要求。

8.1.3.1 二氧化硫

（1）常用方法

二氧化硫（SO_2）是有组织废气排放的主要常规污染物之一，目前主要的监测方法有定电位电解法、便携式非分散红外吸收法、便携式紫外吸收法、傅立叶变换红外光谱法4种现场测试方法，标准方法见表8-1。

表8-1 常用二氧化硫监测标准方法

序号	标准方法	原理及特点
1	《固定污染源废气 二氧化硫的测定 定电位电解法》（HJ 57—2017）	（1）废气被抽入主要由电解槽、电解液和电极组成的传感器中，二氧化硫通过渗透膜扩散到电极表面，发生氧化反应，产生的极限电流大小与二氧化硫浓度成正比。 （2）需要配备除湿性能好的预处理器，以排除水分对监测的影响。 （3）测定时，易受一氧化碳干扰
2	《固定污染源废气 二氧化硫的测定 非分散红外吸收法》（HJ 629—2011）	（1）二氧化硫气体在6.82～9 μm红外光谱波长具有选择性吸收。一束恒定波长为7.3 μm的红外光通过二氧化硫气体时，其光通量的衰减与二氧化硫的浓度符合朗伯-比尔定律定量。 （2）需要配备除湿性能好的预处理器，以消除或减少排出水分对监测结果的影响
3	《固定污染源废气 二氧化硫的测定 便携式紫外吸收法》（HJ 1131—2020）	（1）二氧化硫对紫外光区内190～230 nm或280～320 nm特征波长光具有选择性吸收。根据朗伯-比尔定律定量测定废气中二氧化硫的浓度。 （2）需要配备除湿性能好的预处理器，以消除或减少排出水分对监测结果的影响。 （3）应通过高效过滤除尘等方法消除或减少废气中颗粒物对仪器的污染
4	《固定污染源废气 气态污染物（SO_2、NO、NO_2、CO、CO_2）的测定 便携式傅立叶变换红外光谱法》（HJ 1240—2021）	（1）在一定条件下，红外吸收光谱中目标化合物的特征吸收峰强度与其浓度遵循朗伯-比尔定律，根据吸收峰强度可对目标化合物进行定量分析。 （2）需要配备除湿性能好的预处理器，以消除或减少排出水分对监测结果的影响。 （3）应通过高效过滤除尘等方法消除或减少废气中颗粒物对仪器的污染

（2）注意事项

1）水分对二氧化硫测定影响较大。废气中的高含水量和水蒸气会对测定结果造成负干扰，还会对仪器检测器/检测室造成损坏和污染，因此监测时，特别是在废气含湿量较高的情况下，应使用除湿性能较好的预处理设备，及时排空除湿装置的冷凝水，防止影响测定结果。

2）对于定电位电解法而言，一氧化碳对二氧化硫监测会存在一定程度的干扰。监测仪器应具有一氧化碳测试功能，当一氧化碳浓度高于 50 μmol/mol 时，应根据《固定污染源废气二氧化硫的测定　定电位电解法》（HJ 57—2017）中的附录 A 进行一氧化碳干扰试验，确定仪器的适用范围，根据一氧化碳、二氧化硫浓度是否超出了干扰试验允许的范围，从而对二氧化硫数据是否有效进行判定。

3）监测结果一般应在校准量程的 20%～100%，特别是应注意不能超过校准量程，因此监测活动正式开展前，应根据历史监测资料，预判二氧化硫可能的浓度范围，从而选择合适的标准气体进行校准，确定校准量程。

4）监测活动开展全过程中，仪器不得关机。

5）定电位电解法仪器测定二氧化硫的传感器更换后，应重新开展干扰试验。对于未开展一氧化碳干扰试验的定电位电解法仪器，有组织废气监测过程中，一氧化碳浓度高于 50 μmol/mol 时同步测得的二氧化硫数据，应作为无效数据予以剔除。

8.1.3.2　氮氧化物

（1）常用方法

有组织废气中的氮氧化物（NO_x）包括以一氧化氮（NO）和二氧化氮（NO_2）两种形式存在的氮氧化物，因此对有组织废气中氮氧化物（NO_x）监测的实际上是通过对一氧化氮（NO）和二氧化氮（NO_2）的监测实现的。

表 8-2 中给出了有组织废气中氮氧化物监测标准方法的原理及特点。

表 8-2　常用氮氧化物监测标准方法

序号	标准方法	原理及特点
1	《固定污染源废气　氮氧化物的测定　定电位电解法》（HJ 693—2014）	（1）废气被抽入主要由电解槽、电解液和电极组成的传感器中，一氧化氮或二氧化氮通过渗透膜扩散到电极表面，发生氧化还原反应，产生的极限电流大小与一氧化氮或二氧化氮浓度成正比。 （2）两个不同的传感器分别测定一氧化氮（结果以 NO_2 计）和二氧化氮，两者测定之和为氮氧化物（以 NO_2 计）
2	《固定污染源废气　氮氧化物的测定　非分散红外吸收法》（HJ 692—2014）	（1）利用一氧化氮对红外光谱区，特别是 5.3 μm 波长光的选择性吸收，由朗伯-比尔定律定量测定一氧化氮和废气中二氧化氮通过转换器还原为一氧化氮后的浓度。 （2）一般先将废气通入转换器，将废气中的二氧化氮还原为一氧化氮，再将废气通入非分散红外吸收法仪器进行监测，此时，由二氧化氮还原而来的一氧化氮，将和废气中原有的一氧化氮一起经过分析测试，测得结果为总的氮氧化物（以 NO_2 计）
3	《固定污染源废气　氮氧化物的测定　便携式紫外吸收法》（HJ 1132—2020）	（1）一氧化氮对紫外光区内 200～235 nm 特征波长光，二氧化氮对紫外光区内 220～250 nm 或 350～500 nm 特征波长光具有选择性吸收。根据朗伯-比尔定律定量测定废气中一氧化氮和二氧化氮的浓度。 （2）需要配备除湿性能好的预处理器，以消除或减少排出水分对监测结果的影响。 （3）应通过高效过滤除尘等方法消除或减少废气中颗粒物对仪器的污染
4	《固定污染源废气　气态污染物（SO_2、NO、NO_2、CO、CO_2）的测定　便携式傅立叶变换红外光谱法》（HJ 1240—2021）	（1）在一定条件下，红外吸收光谱中目标化合物的特征吸收峰强度与其浓度遵循朗伯-比尔定律，根据吸收峰强度可对目标化合物进行定量分析。 （2）需要配备除湿性能好的预处理器，以消除或减少排出水分对监测结果的影响。 （3）应通过高效过滤除尘等方法消除或减少废气中颗粒物对仪器的污染

从表 8-2 中可以看出，常用的有组织废气中氮氧化物（NO_x）监测方法主要包括定电位电解法、非分散红外吸收法、便携式紫外吸收法、便携式傅立叶变换红外光谱法 4 种现场测试方法，这 4 种方法实现氮氧化物测定的过程方式是有所不同的，但最终监测结果均以 NO_2 计。

（2）注意事项

1）测定结果一般应在校准量程的 20%～100%，特别是应注意不能超过校准量程。

2）监测活动开展的全过程中，仪器不得关机。

3）非分散红外吸收法测定氮氧化物时，应注意至少每半年做一次 NO_2 的转化效率的测定，转化效率不能低于 85%，否则应更换还原剂；监测活动中，进入转换器的 NO_2 浓度不要大于 200 μmol/mol。

8.1.3.3　颗粒物

（1）常用方法

颗粒物的监测一般使用重量法，采用现场采样+实验室分析的监测方式，利用等速采样原理，抽取一定量的含颗粒物的废气，根据所捕集到的颗粒物质量和同时抽取的废气体积，计算出废气中颗粒物的浓度。

目前颗粒物监测方法标准主要有《固定污染源排气中颗粒物测定与气态污染物采样方法》（GB/T 16157—1996）及修改单和《固定污染源废气　低浓度颗粒物的测定　重量法》（HJ 836—2017）。根据环境保护部的相关规定，在测定有组织废气中颗粒物浓度时，应遵循表 8-3 中的规定选择合适的监测方法标准。

表 8-3　常用颗粒物监测标准方法的适用范围

序号	废气中颗粒物浓度范围	适用的标准方法
1	≤20 mg/m³	《固定污染源废气　低浓度颗粒物的测定　重量法》（HJ 836—2017）
2	＞20 mg/m³ 且≤50 mg/m³	《固定污染源废气　低浓度颗粒物的测定　重量法》（HJ 836—2017）、《固定污染源排气中颗粒物测定与气态污染物采样方法》（GB/T 16157—1996）
3	＞50 mg/m³	《固定污染源排气中颗粒物测定与气态污染物采样方法》（GB/T 16157—1996）

依据《固定污染源排气中颗粒物测定与气态污染物采样方法》（GB/T 16157—1996）进行颗粒物监测时，仅将滤筒作为样品，进行采样前后的分析称量，依据《固定污染源废气　低浓度颗粒物的测定　重量法》（HJ 836—2017）进行低浓度颗粒物监测时，需要将装有滤膜的采样头作为样品，进行采样前后的整体称量。

（2）注意事项

1）样品采集时，采样嘴应对准气流方向，与气流方向的偏差不得大于 10°；不同于气态污染物，颗粒物在排气筒监测断面（横截面）上的分布是不均匀的，须多点等速采样，各点等时长采样，每个点采样时间不少于 3 min。

2）应在气流平稳的工况下进行采样。采样前后，排气筒内气流流速变化不应大于 10%，否则应重新测量。

3）每次开展低浓度颗粒物监测时，每批次应采集全程序空白样品。实际监测样品的增重若低于全程序空白样品的增重，则认定该实际监测样品无效，低浓度颗粒物样品采样体积为 1 m^3 时，方法检出限为 1.0 mg/m^3；废气中颗粒物浓度低于方法检出限时，全程序空白样品采样前后重量之差的绝对值不得超过 0.5 mg。

4）采样前后样品称重环境条件应保持一致。低浓度颗粒物样品称重使用的恒温恒湿设备的温度控制在 15～30℃任意一点，控温精度为±1℃；相对湿度应保持在（50±5）% RH 范围内。

8.1.3.4　非甲烷总烃

（1）常用方法

对废气中非甲烷总烃排放监测时，主要依据《固定污染源废气　总烃、甲烷和非甲烷总烃的测定　气相色谱法》（HJ 38—2017）。采用气袋或玻璃注射器进行现场采集样品，之后送实验室将气体样品直接注入具氢火焰离子化检测器的气相色谱仪，分别在总烃柱和甲烷柱上测定总烃和甲烷的含量，两者之差即为非甲烷总烃的含量。同时以除烃空气代替样品，测定氧在总烃柱上的响应值，以排除样品中的氧对总烃测定的干扰。

（2）注意事项

1）用气袋采样时，连接采样装置，开启加热采样管电源，将采样管加热并保持在（120±5）℃（有防爆安全要求的除外），气袋须用样品气清洗至少 3 次，结束采样后样品应立即放入样品保存箱内保存，直至样品分析时取出。用玻璃注射器采样时，除遵循上述规定外，采集样品的玻璃注射器用惰性密封头密封。

2）样品采集时应采集全程序空白样品，将注入除烃空气的采样容器带至采样现场，与同批次采集的样品一起送回实验室分析。

3）采集样品的玻璃注射器应检漏，使用时小心轻放，防止破损，保持针头端向下状态放入样品保存箱内保存和运送。样品常温避光保存，采样后尽快完成分析。玻璃注射器保存的样品，放置时间不超过 8 小时；气袋保存的样品，放置时间不超过 48 小时，如仅测定甲烷，应在 7 天内完成。

4）分析高沸点组分样品后，可通过提高柱温等方式去除分析系统残留的影响，并通过分析除烃空气予以确认。

8.1.3.5　氨

（1）常用方法

废气中氨排放监测时，主要依据《环境空气和废气　氨的测定　纳氏试剂分光光度法》（HJ 533—2009）。采用气泡吸收管+小流量采样器进行现场吸收液采集样品，之后送实验室采用纳氏试剂分光光度法进行分析测定。

（2）注意事项

1）当烟道气的温度明显高于环境温度时，应对采样管线加热，防止烟气在采样管线中结露。

2）开启采样泵前，确认采样系统的连接正确，采样泵的进气口端通过干燥管（或缓冲管）与采样管的出气口相连，如果接反会导致酸性吸收液倒吸，污染和损坏仪器。万一出现倒吸的情况，应及时将流量计拆下来，用酒精清洗、干燥，并重新安装，经流量校准合格后方可继续使用。

3）为避免采样管中的吸收液被污染，运输和贮存过程中勿将采样管倾斜或倒置，并及时更换采样管的密封接头。

4）采样时，应带采样全程空白吸收管。采样后应尽快分析，以防止吸收空气中的氨。

5）样品中含有三价铁等金属离子、硫化物和有机物时，应注意消除干扰。

8.1.3.6 硫化氢

（1）常用方法

废气中硫化氢排放监测时，主要依据《空气质量 硫化氢、甲硫醇、甲硫醚和二甲二硫的测定 气相色谱法》（GB/T 14678—1993）。利用真空瓶（管）或气袋用抽气泵采集样品后，送回实验室利用气相色谱法进行分析。

（2）注意事项

1）采样时拔出真空瓶一侧的硅橡胶塞，使瓶内充入样品气体至常压，随即以硅橡胶塞塞住进气孔，将瓶避光运回实验室，样品需在 24 小时内分析。

2）硫化氢属于有毒物质，对试剂、标准样品的使用和保管要绝对注意安全。硫化氢原试剂的存放温度要低于–20℃。

3）采样瓶使用前要认真检查有无破损迹象，以免炸裂，要保证真空处理后和采样后采样瓶携带过程中的安全，防止密封塞不严或脱落。

4）加工的浓缩管连入系统后必须无漏气现象，后部硅橡胶塞与管必须紧密结合，防止因管内压力上升导致硅橡胶塞脱出。

8.1.3.7 氟化物

（1）常用方法

废气中氟化物监测主要依据《大气固定污染源 氟化物的测定 离子选择电极法》（HJ/T 67—2001）。污染源中尘氟和气态氟共存时，采用烟尘采样方法进行等速采样，在采样管的出口串联三个装有 75 mL 吸收液的大型冲击式吸收瓶，分别捕集尘氟和气态氟。若污染源中只存在气态氟时，可采用烟尘采样方法，在采样管出口串联两个装有 50 mL 吸收液的多孔玻板吸收瓶，以 0.5～2.0 L/min 的流速采集 5～20 min。

（2）注意事项

1）采样管和采样瓶之间的连接管应选用聚四氟乙烯管，并尽可能短。

2）吸收瓶中样品全部转移至聚乙烯瓶中，并用少量水洗涤三次吸收瓶，洗涤液并入聚乙烯瓶中。采样管与连接管先用 50 mL 吸收液洗涤，再用 400 mL 水冲洗，全部并入聚乙烯瓶中。

8.1.3.8　硫酸雾

废气中硫酸雾包括硫酸小液滴、三氧化硫及颗粒物中可溶性硫酸盐，监测主要依据为《固定污染源废气中硫酸雾的测定　离子色谱法》（HJ 544—2016）。

（1）常用方法

用玻璃纤维滤筒（石英纤维滤筒）串联内装 50 mL 吸收液的吸收瓶采集有组织排放废气中硫酸雾样品，烟枪加热温度不低于烟气温度，连续 1 小时采样或 1 小时内等时间间隔采集 3～4 个样品。在采集硫酸雾样品时，由于雾滴极易黏附在采样嘴和弯管内壁，且很难脱离，采样前应将采样嘴和弯管内壁清洗干净，采样后用少量乙醇冲洗采样嘴和弯管内壁，合并在样品中，尽量减少样品损失，保证采样的准确性。

（2）注意事项

1）每次采集样品至少带两套同批次全程序空白样品。将同批次滤筒以及装好吸收液的吸收瓶带至采样现场，不与采样器连接，采样结束后带回实验室待测。

2）滤筒和滤膜应选用空白较低且数值稳定的产品，空白滤筒和空白滤膜的硫酸根含量应低于方法测定下限。

3）第二支吸收瓶中硫酸根浓度应小于样品总量的 10%，否则应重新采集样品。

4）采集的样品及全程序空白应于 0～4℃密封保存。

8.1.3.9 氯化氢

（1）常用方法

废气中氯化氢的监测主要依据《固定污染源排气中氯化氢的测定 硫氰酸汞分光光度法》（HJ/T 27—1999）、《固定污染源废气 氯化氢的测定 硝酸银容量法》（HJ 548—2016）和《环境空气和废气 氯化氢的测定 离子色谱法》（HJ 549—2016）。采用多孔玻板吸收瓶（或冲击式吸收瓶）+小流量采样器进行现场样品采集，样品送往实验室后按照相应分析方法进行分析测定。

（2）注意事项

1）按照《固定污染源排气中氯化氢的测定 硫氰酸汞分光光度法》（HJ/T 27—1999）方法监测。

a）采样管用硬质玻璃或氟树脂材质，具有适当尺寸的管料，并应附有可加热至 120℃以上的保温夹套。样品吸收装置采用 50 mL 多孔玻板吸收瓶。

b）串联两支各装 25 mL 氢氧化钠吸收液的多孔玻板吸收瓶，以 0.5 L/min 流量采样 5～30 min。采样过程中，根据排气温度和湿度调节采样管保温夹套温度，以避免水汽于吸收瓶之前凝结。

c）如果样品采集后不能当天测定，应将试样密封后置于冰箱 3～5℃保存，保存期不超过 48 小时。

d）若废气中含有氯化物颗粒性物质，应在吸收瓶之前接装滤膜夹。采样管、吸收瓶之间应用聚乙烯管或聚四氟乙烯管内接外套法连接。用过的吸收瓶、具塞比色管、连接管等，将溶液倒出后，直接用去离子水洗涤，不能用自来水洗涤。

2）按照《固定污染源废气 氯化氢的测定 硝酸银容量法》（HJ 548—2016）方法监测。

a）吸收瓶应严密不漏气，多孔玻板吸收瓶发泡要均匀，当流量为 0.5 L/min 时，其阻力应在 5 kPa±0.7 kPa。

b）采样时，串联两支内装 50 mL 氢氧化钠吸收液的吸收瓶，按照气态污染物采集方法，以 0.5～1.0 L/min 的流量，连续 1 小时采样，或在 1 小时内以等时间间隔采集 3～4 个样品。在采样过程中，应保持采样保温夹套温度为 120℃，以避免水汽在采样管路中凝结。采样完毕后，用连接管密封吸收瓶，待测。

c）当废气中湿度较大，氯化氢吸湿并主要以颗粒态存在时，其采样点位布设及采样应按照 GB/T 16157 中颗粒物采集的相关规定执行。在烟尘采样器后连接加热装置（内含分流阀及内含乙酸纤维微孔滤膜的滤膜夹），之后通过分流阀再按照气态采样方法进行采集，采样过程中，保持烟气采样器和加热装置温度保持在 120℃。

d）采集的样品及全程序空白，应当天尽快测定，若不能及时测定，应于 4℃以下冷藏、密封保存，48 小时内完成分析测定。

e）废气中含有颗粒态氯化物，应在采样枪与吸收瓶之间连接装有乙酸纤维微孔滤膜的滤膜夹；采样枪与吸收瓶之间的连接管应尽可能短，并检查系统的气密性和可靠性；采样器应在使用前进行气密性检查和流量校准；每批样品至少要带两个实验室空白和两个全程序空白，空白测定值应小于方法检出限。

3）按照《环境空气和废气　氯化氢的测定　离子色谱法》（HJ 549—2016）方法监测

a）75 mL 的冲击式吸收瓶用水预先清洗至洗液电导率小于 1.0 μS/cm，置于清洁的环境中晾干备用。采样前，装入吸收液并用连接管密封保存运输。

b）串联两支各装 50 mL 吸收液的 75 mL 冲击式吸收瓶，按照气态污染物采集方法，以 0.5～1.0 L/min 的流量，连续 1 小时采样，或在 1 小时内以等时间间隔采集 3～4 个样品，采样前后流量偏差应≤5%。在采样过程中，应保持采样管保温夹套温度为 120℃，以避免水汽于吸收瓶之前凝结，若废气中含有颗粒态氯化物，应在吸收瓶之前接装放入滤膜的滤膜夹。

c）当废气中氯化氢质量浓度高于 100 mg/m^3 时，吸收液质量浓度可适当增加，测定时应稀释至与淋洗液质量浓度相当。

d）当废气中含有氯气时，串联四支吸收瓶，前两支为各装 50 mL 硫酸吸收液的 75 mL 冲击式吸收瓶，后两支为各装 50 mL 碱性吸收液的 75 mL 冲击式吸收瓶，前、后两组吸收瓶分别吸收氯化氢和氯气，以避免氯气干扰。

e）当废气湿度较大，氯化氢吸湿并主要以颗粒态存在时，其采样点位布设及采样应按照 GB/T 16157 中颗粒物采集的相关规定执行。在烟尘采样器后连接加热装置（内含分流阀及内含乙酸纤维微孔滤膜的滤膜夹），之后通过分流阀再按照气态采样方法进行采集，采样过程中保持烟气采样器和加热装置温度保持在 120℃。

f）样品采集后用连接管密封吸收瓶，于 4℃冷藏保存，48 小时内完成分析测定。如不能及时分析，应将样品转移至聚乙烯瓶中，于 4℃以下冷藏可保存 7 天。

g）吸收瓶、连接管及各器皿均应用实验用水反复洗涤并防止被污染，操作中应防止自来水、空气微尘及手上氯化物干扰；采样器、滤膜夹、吸收瓶之间连接管应尽可能短，并检查系统的气密性和可靠性；每次分析样品结束后，用淋洗液清洗仪器管路，实验结束后用实验室用水清洗仪器泵及抑制器，以免受到淋洗液腐蚀；如出现仪器分析精度下降，应检查柱效及抑制器工作状态，必要时进行更换。

8.2 无组织废气监测

8.2.1 监测方式

无组织废气监测是指排污单位对没有经过排气筒无规则排放的废气，或者废气虽经排气筒排放但排气筒高度没有达到有组织排放要求的低矮排气筒排放的废气污染物浓度进行监测。

无组织废气排放监测的主要方式为现场采样+实验室分析，与有组织废气排放监测的方式相同，是指采用特定仪器采集一定量的无组织废气并妥善保存带回实验室进行分析。主要采样方式包括现场直接采样法（注射器、气袋、采样管、真空瓶等）和富集（浓缩）采样法（活性炭吸附、滤筒、滤膜捕集、吸收液吸收等），主要分析方法包括重量法、色谱法、质谱法、分光光度法等。

8.2.2　现场采样

8.2.2.1　现场采样技术要点

无组织废气排放监测的主要参考标准为《大气污染物无组织排放监测技术导则》（HJ/T 55—2000）、《大气污染物综合排放标准》（GB 16297—1996）和排污单位具体执行的行业标准。

（1）控制无组织排放的基本方式

按照《大气污染物综合排放标准》（GB 16297—1996）的规定，我国以控制无组织排放所造成的后果来对无组织排放实行监督和限制。采用的基本方式是规定设立监控点（监测点）和规定监控点的污染物浓度限值。在设置监测点时，有的污染物要求除在下风向设置监控点外，还要在上风向设置参照点，监控浓度限值为监控点与参照点的浓度差值。有的污染物要求只在周界外浓度最高点设置监控点。

（2）设置监控点的位置和数目

根据《大气污染物综合排放标准》（GB 16297—1996）的规定，二氧化硫、氮氧化物、颗粒物和氟化物的监控点设在无组织排放源下风向 2～50 m 的浓度最高点，相对应的参照点设在排放源上风向 2～50 m 内；其余物质的监控点设在单位周界外 10 m 范围内的浓度最高点。按规定监控点最多可设 4 个，参照点只设 1 个。

（3）采样频次的要求

按照《大气污染物无组织排放监测技术导则》（HJ/T 55—2000）规定对无组织排放进行监测时，实行连续 1 小时的采样，或者实行在 1 小时内以等时间间隔采集 4 个样品的平均值。在进行实际监测时，为了捕捉到监控点最高浓度的时段，实际安排的采样时间可超过 1 小时。

（4）工况的要求

由于大气污染物排放标准对无组织排放实行限制的原则是在最大负荷下生产

和排放，以及在最不利于污染物扩散稀释的条件下，无组织排放监控值不应超过排放标准所规定的限值，因此，监测人员应在不违反上述原则的前提下，选择尽可能高的生产负荷及不利于污染物扩散稀释的条件进行监测。

针对以上基本要求，如果排污单位执行的行业排放标准中对无组织排放有明确要求的，按照行业标准执行。

8.2.2.2 监测前准备工作

（1）单位基本情况调查

1）主要原、辅材料和主、副产品，相应用量和产量、来源及运输方式等，重点了解用量大和可产生大气污染的材料和产品，列表说明，并予以必要的注释。

2）注意车间和其他主要建筑物的位置和尺寸，有组织排放和无组织排放口位置及其主要参数，排放污染物的种类和排放速率；单位周界围墙的高度和性质（封闭式或通风式）；单位区域内的主要地形变化等。对单位周界外的主要环境敏感点（影响气流运动的建筑物和地形分布、有无排放被测污染物的污染源存在）进行调查，并标于单位平面布置图中。

3）了解环境保护影响评价、工程建设设计、实际建设的污染治理设施的种类、原理、设计参数、数量以及目前的运行情况等。

（2）无组织排放源基本情况调查

除调查排放污染物的种类和排放速率（估计值）之外，还应重点调查被监测无组织排放源的形状、尺寸、高度及其处于建筑群的具体位置等。

（3）仪器设备准备

按照被监测物质的对应标准分析方法中有关无组织排放监测的采样部分所规定仪器设备和试剂做好准备。所用仪器应通过计量监督部门的性能检定合格，并在使用前做必要调试和检查。采样时应注意检查电路系统、气路部分、校正流量计。

（4）监测条件

监测时，被监测无组织排放源的排放负荷应处于相对较高，或者处于正常生产和排放状态。主导风向（平均风速）利于监控点的设置，并可使监控点和被测无组织排放源之间的距离尽可能地小。通常情况下，选择冬季微风的日期，避开阳光辐射较强烈的中午时段进行监测是比较适宜的。

8.2.3　指标测定

根据《恶臭污染物排放标准》（GB 14554—93）、《工业炉窑大气污染物排放标准》（GB 9078—1996）、《大气污染物综合排放标准》（GB 16297—1996）、《稀土工业污染物排放标准》（GB 26451—2011），纳入国家排放标准管控的废气无组织污染物包括颗粒物、二氧化硫、氮氧化物、氨、硫化氢、硫酸雾、氟化物、氯化氢共 8 项指标，排污单位废气无组织监测指标以排放标准规定的污染物为依据。在监测这些污染物时除根据本章 8.2.1 的监测方式和 8.2.2 的现场采样要求外，主要从以下方面进行考虑：

（1）监控点布设方法

根据《大气污染物综合排放标准》的规定，监控点布设方法有两种：

1）在排放源上、下风向分别设置参照点和监控点的方法：对于 1997 年 1 月 1 日之前设立的污染源，监测二氧化硫、颗粒物和氟化物污染物无组织排放时，在排放源的上风向设参照点，下风向设监控点，监控点设于排放源下风向的浓度最高点，不受单位周界的限制。

2）在单位周界外设置监控点的方法：对于 1997 年 1 月 1 日之后设立的污染源，监测其污染物无组织排放时，监控点设置在单位周界外污染物浓度最高点处，监控点设置方法参照《大气污染物无组织排放监测技术导则》标准文本中条目 9.1。对于 1997 年 1 月 1 日之前设立的污染源，监测除二氧化硫、颗粒物和氟化物之外的污染物无组织排放时，也用此方法布设监控点。

参照点设置原则：参照点应不受或尽可能少受被测无组织排放源的影响，参照点要力求避开其近处的其他无组织排放源和有组织排放源的影响，尤其要注意避开那些可能对参照点造成明显影响而同时对监控点无明显影响的排放源；参照点的设置，要以能够代表监控点的污染物本底浓度为原则。具体设置方法参见《大气污染物无组织排放监测技术导则》标准文本中条目 9.2.1。

监控点设置原则：监控点应设置于无组织排放下风向，距排放源 2～50 m 范围内的浓度最高点。设置监控点不需要回避其他源的影响。具体设置方法参见《大气污染物无组织排放监测技术导则》标准文本中条目 9.2.2。

3）复杂情况下的监控点设置

在特别复杂的情况下，不可能单独运用上述各点的内容来设置监控点，需对情况作仔细分析，综合运用《大气污染物综合排放标准》和《大气污染物无组织排放监测技术导则》的有关条目设置监控点。同时，也不大可能对污染物的运动和分布作确切的描述和得出确切的结论，此时监测人员应尽可能利用现场可利用的条件，如利用无组织排放废气的颜色、嗅味、烟雾分布、地形特点等，甚至采用人造烟源或其他情况，以分析污染物的运动和可能的浓度最高点，并据此设置监控点。

（2）样品采集

1）有与大气污染物排放标准相配套的国家标准分析方法的污染物项目，应按照配套标准分析方法中适用于无组织排放采样的方法执行。

2）尚缺少配套标准分析方法的污染物项目，应按照环境空气监测方法中的采样要求进行采样。

3）无组织排放监测的采样频次，参见本章 8.2.2.1（3）。

（3）分析方法

1）有与大气污染物排放标准相配套的国家标准分析方法的污染物项目，应按照配套标准分析方法（其中适用于无组织排放部分）执行；

2）个别没有配套标准分析方法的污染物项目，应按照适用于环境空气监测的标准分析方法执行。

各监测指标常用的监测方法参见表 8-4。

表 8-4 无组织废气指标常用监测方法

序号	项目	分析方法	吸收（吸附）管及填充剂	采样方法	采样流量/（L/min）	采样量或采样时间	样品运输及保存条件	其他特殊要求	方法来源
颗 1	颗粒物	重量法	玻璃纤维滤膜、石英滤膜等无机滤膜或四氟乙烯、聚氯乙烯、聚丙乙烯、混合纤维等有机滤膜	大流量或中流量采样	1 050/100	60 min	运输中不得倒置、挤压或发生较大的震动。滤膜采集后及时称量，在不高于采样时环境温度条件下保存最长不超过 30 天	滤膜称量前，应进行检查，滤膜应边缘平整，表面无毛刺、无针孔、无松散杂质，且无折痕、受到污染或任何破损。在恒温恒湿设备（室）中平衡至少 24 小时后称量	HJ 1263—2022
2	二氧化硫	甲醛吸收-副玫瑰苯胺分光光度法	甲醛缓冲溶液	10 mL 吸收液多孔玻板吸收瓶	0.5	45～60 min	采样、运输和贮存时应避免日光照射，24 小时内分析	吸收液温度应控制在 23～29℃	HJ 482—2009
3	氨	环境空气 氨、甲胺、二甲胺和三甲胺的测定 离子色谱法	硫酸吸收液	0.45μm 滤膜+10 mL 吸收液（多孔玻板吸收瓶）	0.5	60 min	4℃以下冷藏，避光和密封保存，7 天内完成分析测试	实验器具及实验环境应防止氨的污染	HJ 1076—2019
4	硫化氢	空气质量 硫化氢、甲硫醇、甲硫醚和二甲二硫的测定 气相色谱法	1 L 采气瓶	真空采气瓶采样	使瓶内充入样品气体至常压	—	避光运回实验室，24 小时内分析	采气瓶内表面以 0.02 mol/L 磷酸-丙酮溶液涂渍后，烘干。同一样品应平行采集 2～3 次	GB/T 14678—1993

序号	项目	分析方法	吸收（吸附）管及填充剂	采样方法	采样流量/（L/min）	采样量或采样时间	样品运输及保存条件	其他特殊要求	方法来源
5	氮氧化物	环境空气 氮氧化物（一氧化氮和二氧化氮）的测定 盐酸萘乙二胺分光光度法	混合吸收液、酸性高锰酸钾溶液（氧化液）	将吸收瓶、氧化瓶按短时间采样（1 小时以内）或长时间采样（24 小时）要求连接	0.4 或 0.2	4～24 L（1 小时以内，0.4 L/min）或 288 L（24 小时，0.2 L/min）	采样、运输和存放中避光，尽快分析，气温超过 25℃时，长时间（8 小时以上）运输和存放样品应采取降温措施。若不能及时测定，将样品低温暗处存放（30℃，可稳定 8 小时；20℃，可稳定 24 小时；0～4℃冷藏，至少可稳定 3 天）	测前进行流量校准。采样结束时，为防止溶液倒吸，应在采样泵停止时，闭合连接在采样系统中的止水夹或电磁阀	HJ 479—2009
6	硫酸雾	离子色谱法	0.45 μm 超细玻璃纤维滤膜或石英纤维滤膜	中流量采样	100	30 min，视浓度可增加采样时间	—	若硫酸雾浓度过低，可适当延长采样时间	HJ 544—2016
7	氯化氢	离子色谱法	聚四氟乙烯滤膜或石英滤膜+水（吸收液）	串联 2 支装有 10 mL 水作为吸收液的 25 mL 冲击式吸收瓶	0.5～1.0	60 min 或 1 小时内等时间间隔采集 3～4 个样品	0～4℃冷藏，48 小时内分析	每次分析样品结束后，应用淋洗液清洗仪器管理	HJ 549—2016
8	氟化物	滤膜·氟离子选择电极法	乙酸-硝酸纤维微孔滤膜	2 张磷酸氢二钾浸渍滤膜，中间用 2～3 mm 厚的滤膜垫圈隔开	50	45 min	将滤膜对折放入塑料盒（袋）中密封，贮存在密闭容器中，40 天内分析完成	取用滤膜的实验室过程中应佩戴防静电的一次性手套，并用不锈钢或聚四氟乙烯的镊子进行操作	HJ 955—2018

（4）计值方法

1）在污染源单位周界外设监控点的监测结果，以最多四个监控点中的测定浓度最高点的监测值作为无组织排放监控浓度值。

注意：浓度最高点的监测值应是 1 小时连续采样或由等时间间隔采集的 4 个样品所得的 1 小时平均值。

2）在无组织排放源上、下风向分别设置参照点和监控点的监测结果，以最多四个监控点中的浓度最高点监测值扣除参照点监测值所得之差值，作为无组织排放监控浓度值。

注意：监控点和参照点测值是指 1 小时连续采样或由等时间间隔采集的 4 个样品所得的 1 小时平均值。

第 9 章　废气自动监测技术要点

废气自动监测系统因其实时、自动等功能，在环境管理中发挥着越来越大的作用。如何确保废气自动监测数据能够有效应用，这就要求排污单位加强废气自动监测系统的运维和管理，使其能够稳定、良好地运行。本章基于《固定污染源烟气（SO_2、NO_x、颗粒物）排放连续监测技术规范》（HJ 75—2017）、《固定污染源烟气（SO_2、NO_x、颗粒物）排放连续监测系统技术要求及检测方法》（HJ 76—2017）标准，对废气自动监测系统的建设、验收、运行维护应注意的技术要点进行梳理。

9.1　废气自动监测系统组成及性能要求

9.1.1　基本概念

废气自动监测系统通常是指烟气排放连续监测系统（Continuous Emission Monitoring System，CEMS），该系统能够实现对固定污染源排放的颗粒物和（或）气态污染物的排放浓度和排放量进行连续、实时的自动监测。废气自动监测管理是指对系统中包含的所有设备进行规范安装、调试、验收、运行维护，从而实现对自动监测数据的质量保证与质量控制的技术工作。

9.1.2　CEMS 组成和功能要求

一套完整的 CEMS 主要包括颗粒物监测单元、气态污染物监测单元、烟气参数监测单元、数据采集与传输单元以及相应的建筑设施等。

（1）颗粒物监测单元：主要对排放烟气中的颗粒物浓度进行测量。

（2）气态污染物监测单元：主要对排放烟气中 SO_2、NO_x、CO、HCl 等气态形式存在的污染物进行监测。

（3）烟气参数监测单元：主要对排放烟气的温度、压力、湿度、含氧量等参数进行监测，用于污染物排放量的计算，以及将污染物的实测浓度折算成标准干烟气状态下或排放标准中规定的过剩空气系数下的浓度。

（4）数据采集与传输单元：主要完成测量数据的采集、存储、统计功能，并按相关标准要求的格式将数据传输到生态环境主管部门。

对于配有锅炉的制革及毛皮加工排污单位，废气自动监测主要包括颗粒物、SO_2、NO_x 等主要污染物。在选择 CEMS 时，应要求具备测量烟气中颗粒物、SO_2、NO_x 浓度和烟气参数（温度、压力、流速或流量、湿度、含氧量等），同时计算出烟气中污染物的排放速率和排放量，显示（可支持打印）和记录各种数据和参数，形成相关图表，并通过数据、图文等方式传输至生态环境主管部门等功能。

对于氮氧化物监测单元，NO_2 可以直接测量，也可通过转化炉转化为 NO 后一并测量，但不允许只监测烟气中的 NO。NO_2 转化为 NO 的效率不小于 95%。

排污单位在进行自动监控系统安装选型时，应当根据国家对每个监测设备的具体技术要求进行选型安装。选型安装在线监测仪器时，应根据污染物浓度和排放标准，选择检测范围与之匹配的在线监测仪器，监测仪器满足国家对仪器的技术要求。如二氧化硫、氮氧化物、颗粒物应符合《固定污染源烟气（SO_2、NO_x、颗粒物）排放连续监测技术规范》（HJ 75—2017）和《固定污染源烟气（SO_2、NO_x、颗粒物）排放连续监测系统技术要求及检测方法》（HJ 76—2017）等相关规范要求。选型安装数据传输设备时，应按照《污染物在线监控（监测）系统数据传输标准》（HJ 212—2017）和《污染源在线自动监控（监测）数据采集传输仪技术要求》（HJ 477—2009）规范要求设置，不得添加其他可能干扰监测数据存储、处理、传输的软件或设备。

在污染源自动监测设备建设、联网和管理的过程中，当地生态环境主管部门有相关规定的，应同时参考地方的规定要求。

9.2 CEMS 现场安装要求

CEMS 的现场安装主要涉及现场监测站房、废气排放口、自动监控点位设置及监测断面等内容。现场监测站房必须能满足仪器设备功能需求且专室专用，保障供电、给排水、温湿度控制、网络传输等必需的运行条件，配备安装必要的电源、通信网络、温湿度控制、视频监视和安全防护设施；排放口应设置符合《环境保护图形标志——排放口（源）》（GB/T 15562.1—1995）要求的环境保护图形标志牌。排放口的设置应按照原环境保护部和地方生态环境主管部门的相关要求，进行规范化设置；自动监控点位的选取应尽可能选取固定污染源烟气排放状况有代表性的点位。具体要求见本书 5.3 节的相关部分内容。

9.3 CEMS 技术指标调试检测

CEMS 在现场安装运行以后，在接受验收前，应对其进行技术性能指标和联网情况的调试检测。

9.3.1 CEMS 技术指标调试检测

CEMS 调试检测的技术指标包括：

（1）颗粒物 CEMS 零点漂移、量程漂移；

（2）颗粒物 CEMS 线性相关系数、置信区间、允许区间；

（3）气态污染物 CEMS 和氧气 CMS 零点漂移、量程漂移；

（4）气态污染物 CEMS 和氧气 CMS 示值误差；

（5）气态污染物 CEMS 和氧气 CMS 系统响应时间；

（6）气态污染物 CEMS 和氧气 CMS 准确度；

（7）流速 CMS 速度场系数；

（8）流速 CMS 速度场系数精密度；

（9）温度 CMS 准确度；

（10）湿度 CMS 准确度。

9.3.2　联网调试检测

安装调试完成后 15 天内，按《污染物在线监控（监测）系统数据传输标准》（HJ 212—2017）的技术要求与生态环境主管部门联网。

9.4　CEMS 验收要求

技术验收包括 CEMS 技术指标验收和联网验收。

CEMS 在完成安装、调试检测并与生态环境主管部门联网后，同时符合下列要求后，可组织实施技术验收工作。

（1）CEMS 的安装位置及手工采样位置符合本书 5.3 节相关部分内容的要求。

（2）数据采集和传输以及通信协议均符合《污染物在线监控（监测）系统数据传输标准》（HJ 212—2017）的要求，并提供 1 个月内数据采集和传输自检报告，报告应对数据传输标准的各项内容作出响应。

（3）根据本书 9.3.1 节的要求进行 72 小时的调试检测，并提供调试检测合格报告及调试检测结果数据。

（4）调试检测后至少稳定运行 7 天。

9.4.1 CEMS 技术指标验收

9.4.1.1 验收要求

CEMS 技术指标验收包括颗粒物 CEMS、气态污染物 CEMS、烟气参数 CMS 技术指标验收。符合下列要求后，即可进行技术指标验收。

（1）现场验收期间，生产设备应正常且稳定运行，可通过调节固定污染源烟气净化设备达到某一排放状况，该状况在测试期间保持稳定。

（2）日常运行中更换 CEMS 分析仪表或变动 CEMS 取样点位时，应进行再次验收。

（3）现场验收时必须采用有证标准物质或标准样品，较低浓度的标准气体可以使用高浓度的标准气体采用等比例稀释方法获得，等比例稀释装置的精密度在1%以内。标准气体要求贮存在铝或不锈钢瓶中，不确定度不超过±2%。

（4）对于光学法颗粒物 CEMS，校准时须对实际测量光路进行全光路校准，确保发射光先经过出射镜片，再经过实际测量光路，到校准镜片后，再经过入射镜片到达接收单元，不得只对激光发射器和接收器进行校准。对于抽取式气态污染物 CEMS，当对全系统进行零点校准和量程校准、示值误差和系统响应时间的检测时，零气和标准气体应通过预设管线输送至采样探头处，经由样品传输管线回到站房，经过全套预处理设施后进入气体分析仪。

（5）验收前检查直接抽取式气态污染物采样伴热管的设置，设置的加热温度应≥120℃，并在烟气露点温度 10℃以上，实际温度能够在机柜或系统软件中查询。冷干法 CEMS 冷凝器的设置和实际控制温度应保持在 2～6℃。

9.4.1.2 验收内容

颗粒物 CEMS 技术指标验收包括颗粒物的零点漂移、量程漂移和准确度验收。气态污染物 CEMS 和氧气 CMS 技术指标验收包括零点漂移、量程漂移、示值误差、系统响应时间和准确度验收。

现场验收时，先做示值误差和系统响应时间的验收测试，不符合技术要求的，可不再继续开展其余项目验收。

通入零气和标气时，均应通过 CEMS，不得直接通入气体分析仪。

示值误差、系统响应时间、零点漂移和量程漂移验收技术指标需满足表 9-1 的要求。

表 9-1　示值误差、系统响应时间、零点漂移和量程漂移验收技术要求

<table>
<tr><th colspan="3">检测项目</th><th>技术要求</th></tr>
<tr><td rowspan="6">气态污染物 CEMS</td><td rowspan="3">二氧化硫</td><td>示值误差</td><td>当满量程≥100 μmol/mol（286 mg/m³）时，示值误差不超过±5%（相对于标准气体标称值）；
当满量程＜100 μmol/mol（286 mg/m³）时，示值误差不超过±2.5%（相对于仪表满量程值）</td></tr>
<tr><td>系统响应时间</td><td>≤200 s</td></tr>
<tr><td>零点漂移、量程漂移</td><td>不超过±2.5%</td></tr>
<tr><td rowspan="3">氮氧化物</td><td>示值误差</td><td>当满量程≥200 μmol/mol（410 mg/m³）时，示值误差不超过±5%（相对于标准气体标称值）；
当满量程＜200 μmol/mol（410 mg/m³）时，示值误差不超过±2.5%（相对于仪表满量程值）</td></tr>
<tr><td>系统响应时间</td><td>≤200 s</td></tr>
<tr><td>零点漂移、量程漂移</td><td>不超过±2.5%</td></tr>
<tr><td rowspan="3">氧气 CMS</td><td rowspan="3">氧气</td><td>示值误差</td><td>±5%（相对于标准气体标称值）</td></tr>
<tr><td>系统响应时间</td><td>≤200 s</td></tr>
<tr><td>零点漂移、量程漂移</td><td>不超过±2.5%</td></tr>
<tr><td>颗粒物 CEMS</td><td>颗粒物</td><td>零点漂移、量程漂移</td><td>不超过±2.0%</td></tr>
</table>

注：氮氧化物以 NO_2 计。

准确度验收技术指标需满足表 9-2 的要求。

表 9-2 准确度验收技术要求

检测项目			技术要求
气态污染物 CEMS	二氧化硫	准确度	排放浓度≥250 μmol/mol（715 mg/m³）时，相对准确度≤15%
			50 μmol/mol（143 mg/m³）≤排放浓度＜250 μmol/mol（715 mg/m³）时，绝对误差不超过±20 μmol/mol（57 mg/m³）
			20 μmol/mol（57 mg/m³）≤排放浓度＜50 μmol/mol（143 mg/m³）时，相对误差不超过±30%
			排放浓度＜20 μmol/mol（57 mg/m³）时，绝对误差不超过±6 μmol/mol（17 mg/m³）
	氮氧化物	准确度	排放浓度≥250 μmol/mol（513 mg/m³）时，相对准确度≤15%
			50 μmol/mol（103 mg/m³）≤排放浓度＜250 μmol/mol（513 mg/m³）时，绝对误差不超过±20 μmol/mol（41 mg/m³）
			20 μmol/mol（41 mg/m³）≤排放浓度＜50 μmol/mol（103 mg/m³）时，相对误差不超过±30%
			排放浓度＜20 μmol/mol（41 mg/m³）时，绝对误差不超过±6 μmol/mol（12 mg/m³）
	其他气态污染物	准确度	相对准确度≤15%
氧气 CMS	氧气	准确度	＞5.0%时，相对准确度≤15%
			≤5.0%时，绝对误差不超过±1.0%
颗粒物 CEMS	颗粒物	准确度	排放浓度＞200 mg/m³ 时，相对误差不超过±15%
			100 mg/m³＜排放浓度≤200 mg/m³ 时，相对误差不超过±20%
			50 mg/m³＜排放浓度≤100 mg/m³ 时，相对误差不超过±25%
			20 mg/m³＜排放浓度≤50 mg/m³ 时，相对误差不超过±30%
			10 mg/m³＜排放浓度≤20 mg/m³ 时，绝对误差不超过±6 mg/m³
			排放浓度≤10 mg/m³ 时，绝对误差不超过±5 mg/m³
流速 CMS	流速	准确度	流速＞10 m/s 时，相对误差不超过±10%
			流速≤10 m/s 时，相对误差不超过±12%
温度 CMS	温度	准确度	绝对误差不超过±3℃
湿度 CMS	湿度	准确度	烟气湿度＞5.0%时，相对误差不超过±25%
			烟气湿度≤5.0%时，绝对误差不超过±1.5%

注：氮氧化物以 NO_2 计，以上各参数区间划分以参比方法测量结果为准。

9.4.2　联网验收

联网验收由通信及数据传输验收、现场数据比对验收和联网稳定性验收三部分组成。

9.4.2.1　通信及数据传输验收

按照《污染物在线监控（监测）系统数据传输标准》（HJ 212—2017）的规定检查通信协议的正确性。数据采集和处理子系统与监控中心之间的通信应稳定，不出现经常性的通信连接中断、报文丢失、报文不完整等通信问题。为保证监测数据在公共数据网上传输的安全性，所采用的数据采集和处理子系统应进行加密传输。监测数据在向监控系统传输的过程中，应由数据采集和处理子系统直接传输。

9.4.2.2　现场数据比对验收

数据采集和处理子系统稳定运行 7 天后，对数据进行抽样检查，对比上位机接收到的数据和现场机存储的数据是否一致，精确至一位小数。

9.4.2.3　联网稳定性验收

在连续一个月内，子系统能稳定运行，不出现通信稳定性、通信协议正确性、数据传输正确性以外的其他联网问题。

9.4.2.4　联网验收技术指标要求

联网验收技术指标要求见表 9-3。

表 9-3 联网验收技术指标要求

验收检测项目	技术指标要求
通信稳定性	①现场机在线率为 95%以上； ②正常情况下，掉线后，应在 5 min 之内重新上线； ③单台数据采集传输仪每日掉线次数在 3 次以内； ④报文传输稳定性在 99%以上，当出现报文错误或丢失时，启动纠错逻辑，要求数据采集传输仪重新发送报文
数据传输安全性	①对所传输的数据应按照《污染物在线监控（监测）系统数据传输标准》（HJ 212—2017）中规定的加密方法进行加密处理传输，保证数据传输的安全性； ②服务器端对请求连接的客户端进行身份验证
通信协议正确性	现场机和上位机的通信协议应符合《污染物在线监控（监测）系统数据传输标准》（HJ 212—2017）的规定，正确率为 100%
数据传输正确性	系统稳定运行 7 天后，对 7 天的数据进行检查，对比接收的数据和现场的数据一致，精确至一位小数，抽查数据正确率为 100%
联网稳定性	系统稳定运行一个月，不出现通信稳定性、通信协议正确性、数据传输正确性以外的其他联网问题

9.5 CEMS 日常运行管理要求

9.5.1 总体要求

CEMS 运维单位应根据 CEMS 使用说明书和本节要求编制仪器运行管理规程，确定系统运行操作人员和管理维护人员的工作职责。运维人员应当熟练掌握烟气排放连续监测仪器设备的原理、使用和维护方法。CEMS 日常运行管理应包括日常巡检、日常维护保养及校准和检验。

9.5.2 日常巡检

CEMS 运维单位应根据本节要求和仪器使用说明中的相关要求制定巡检规程，并严格按照规程开展日常巡检工作并做好记录。日常巡检记录应包括检查项目、检查日期、被检项目的运行状态等内容，每次巡检应记录并归档。CEMS 日常巡检时间间隔不超过 7 天。

日常巡检可参照《固定污染源烟气（SO_2、NO_x、颗粒物）排放连续监测技术规范》（HJ 75—2017）附录 G 中的表 G.1～表 G.3 形式记录。

9.5.3　日常维护保养

运维单位应根据 CEMS 说明书的要求对 CEMS 保养内容、保养周期或耗材更换周期等作出明确规定，每次保养情况应记录并归档。每次进行备件或材料更换时，更换的备件或材料的品名、规格、数量等应记录并归档。如更换有证标准物质或标准样品，还需记录新标准物质或标准样品的来源、有效期和浓度等信息。对日常巡检或维护保养中发现的故障或问题，运维人员应及时处理并记录。

CEMS 日常运行管理参照《固定污染源烟气（SO_2、NO_x、颗粒物）排放连续监测技术规范》（HJ 75—2017）附录 G 中的格式记录。

9.5.4　CEMS 的校准和检验

运维单位应根据 9.6 节规定的方法和质量保证规定的周期制定 CEMS 系统的日常校准和校验操作规程。校准和校验记录应及时归档。

9.6　CEMS 日常运行质量保证要求

9.6.1　总体要求

CEMS 日常运行质量保证是保障 CEMS 正常稳定运行、持续提供有质量保证监测数据的必要手段。当 CEMS 不能满足技术指标而失控时，应及时采取纠正措施，并应缩短下一次校准、维护和校验的间隔时间。

9.6.2　定期校准

CEMS 运行过程中的定期校准是质量保证中的一项重要工作，定期校准应做到：

（1）具有自动校准功能的颗粒物 CEMS 和气态污染物 CEMS 每 24 小时至少自动校准一次仪器零点和量程，同时测试并记录零点漂移和量程漂移。

（2）无自动校准功能的颗粒物 CEMS 每 15 天至少校准一次仪器的零点和量程，同时测试并记录零点漂移和量程漂移。

（3）无自动校准功能的直接测量法气态污染物 CEMS 每 15 天至少校准一次仪器的零点和量程，同时测试并记录零点漂移和量程漂移。

（4）无自动校准功能的抽取式气态污染物 CEMS 每 7 天至少校准一次仪器零点和量程，同时测试并记录零点漂移和量程漂移。

（5）抽取式气态污染物 CEMS 每 3 个月至少进行一次全系统的校准，要求零气和标准气体从监测站房发出，经采样探头末端与样品气体通过的路径（应包括采样管路、过滤器、洗涤器、调节器、分析仪表等）一致，进行零点和量程漂移、示值误差和系统响应时间的检测。

（6）具有自动校准功能的流速 CMS 每 24 小时至少进行一次零点校准，无自动校准功能的流速 CMS 每 30 天至少进行一次零点校准。

（7）校准技术指标应满足表 9-4 的要求。定期校准记录按《固定污染源烟气（SO_2、NO_x、颗粒物）排放连续监测技术规范》（HJ 75—2017）附录 G 中的表 G.4 形式记录。

表 9-4　CEMS 定期校准校验技术指标要求及数据失控时段的判别

项目	CEMS 类型		校准功能	校准周期	技术指标	技术指标要求	失控指标	最少样品数/对
定期校准	颗粒物 CEMS		自动	24 小时	零点漂移	不超过±2.0%	超过±8.0%	—
					量程漂移	不超过±2.0%	超过±8.0%	
			手动	15 天	零点漂移	不超过±2.0%	超过±8.0%	
					量程漂移	不超过±2.0%	超过±8.0%	
	气态污染物 CEMS	抽取测量或直接测量	自动	24 小时	零点漂移	不超过±2.5%	超过±5.0%	—
					量程漂移	不超过±2.5%	超过±10.0%	
		抽取测量	手动	7 天	零点漂移	不超过±2.5%	超过±5.0%	
					量程漂移	不超过±2.5%	超过±10.0%	
		直接测量	手动	15 天	零点漂移	不超过±2.5%	超过±5.0%	
					量程漂移	不超过±2.5%	超过±10.0%	

项目	CEMS 类型	校准功能	校准周期	技术指标	技术指标要求	失控指标	最少样品数/对
定期校验	流速 CMS	自动	24 小时	零点漂移或绝对误差	零点漂移不超过±3.0%或绝对误差不超过±0.9 m/s	零点漂移超过±8.0%且绝对误差超过±1.8 m/s	—
		手动	30 天	零点漂移或绝对误差	零点漂移不超过±3.0%或绝对误差不超过±0.9 m/s	零点漂移超过±8.0%且绝对误差超过±1.8 m/s	—
	颗粒物 CEMS		3 个月或 6 个月	准确度	满足本标准 9.3.8	超过本标准 9.3.8 规定范围	5
	气态污染物 CEMS						9
	流速 CMS						5
	气态污染物 CEMS						9
	流速 CMS						5

9.6.3　定期维护

CEMS 运行过程中的定期维护是日常巡检的一项重要工作，维护频次按照《固定污染源烟气（SO_2、NO_x、颗粒物）排放连续监测技术规范》（HJ 75—2017）中附录 G 中表 G.1～表 G.3 说明的进行，定期维护应做到：

（1）污染源停运到开始生产前应及时到现场清洁光学镜面。

（2）定期清洗隔离烟气与光学探头的玻璃视窗，检查仪器光路的准直情况；定期对清吹空气保护装置进行维护，检查空气压缩机或鼓风机、软管、过滤器等部件。

（3）定期检查气态污染物 CEMS 的过滤器、采样探头和管路的结灰和冷凝水情况、气体冷却部件、转换器、泵膜老化状态。

（4）定期检查流速探头的积灰和腐蚀情况、反吹泵和管路的工作状态。

（5）定期维护记录按 HJ 75—2017 附录 G 中的表 G.1～表 G.3 形式记录。

9.6.4 定期校验

CEMS 投入使用后，燃料、除尘效率的变化、水分的影响、安装点的振动等都会对测量结果的准确性产生影响。定期校验应做到：

（1）有自动校准功能的测试单元每 6 个月至少做一次校验，没有自动校准功能的测试单元每 3 个月至少做一次校验；校验用参比方法和 CEMS 同时段数据进行比对，按 HJ 75—2017 进行。

（2）校验结果应符合表 9-4 的要求，不符合时，则应扩展为对颗粒物 CEMS 的相关系数的校正或/和评估气态污染物 CEMS 的准确度或/和流速 CMS 的速度场系数（或相关性）的校正，直到 CEMS 达到表 9-2 的要求，方法见 HJ 75—2017 附录 A。

（3）定期校验记录按 HJ 75—2017 附录 G 中的表 G.5 表格形式记录。

9.6.5 常见故障分析及排除

当 CEMS 发生故障时，系统管理维护人员应及时处理并记录。设备维修记录见《固定污染源烟气（SO_2、NO_x、颗粒物）排放连续监测技术规范》（HJ 75—2017）附录 G 中的表 G.6。维修处理过程中，要注意以下几点：

（1）CEMS 需要停用、拆除或者更换的，应当事先报经相关生态环境主管部门批准。

（2）运维单位发现故障或接到故障通知，应在 4 小时内赶到现场处理。

（3）对于一些容易诊断的故障，如电磁阀控制失灵、膜裂损、气路堵塞、数据采集仪死机等，可携带工具或者备件到现场进行针对性维修，此类故障维修时间不应超过 8 小时。

（4）仪器经过维修后，在正常使用和运行之前应确保维修内容全部完成，性能通过检测程序，按 9.6.2 对仪器进行校准检查。若监测仪器进行了更换，在正常使用和运行之前应对系统进行重新调试和验收。

（5）若数据存储/控制仪发生故障，应在 12 小时内修复或更换，并保证已采集的数据不丢失。

（6）监测设备因故障不能正常采集、传输数据时，应及时向相关生态环境主管部门报告，缺失数据按 9.7.2 处理。

9.6.6 定期校准校验技术指标要求及数据失控时段的判别与修约

（1）CEMS 在定期校准、校验期间的技术指标要求及数据失控时段的判别标准见表 9-4。

（2）当发现任一参数不满足技术指标要求时，应及时按照规范及仪器说明书等的相关要求，采取校准、调试乃至更换设备重新验收等纠正措施直至满足技术指标要求。当发现任一参数数据失控时，应记录失控时段（从发现失控数据起到满足技术指标要求后停止的时间段）及失控参数，并进行数据修约。

9.7 数据审核和处理

9.7.1 数据审核与标记

固定污染源生产状况下，经验收合格的 CEMS 正常运行时段为 CEMS 数据有效时段。CEMS 非正常运行时段（如 CEMS 故障期间、维修期间、超过 9.6.2 规定的期限未校准时段、失控时段以及有计划的维护保养、校准等时段）均为 CEMS 数据无效时段。

污染源计划停运一个季度以内的，不得停运 CEMS，日常巡检和维护要求仍按照 9.5 节和 9.6 节规定执行；计划停运超过一个季度的，可停运 CEMS，但应报当地生态环境主管部门备案。污染源启运前，应提前启运 CEMS 系统，并进行校准，在污染源启运后的两周内进行校验，满足表 9-4 技术指标要求的，视为启运期间自动监测数据有效。

排污单位可以利用具备自动标记功能的自动监测设备在自动监测设备现场端进行自动标记，也可以授权有关责任人在自动监控系统企业服务端进行人标记。鼓励排污单位优先进行自动标记，提高标记准确度，减少人工标记工作量。同一时段同时存在人工标记和自动标记时，以人工标记为准。排污单位完成标记即为审核确认自动监测数据的有效性。

自动标记即时生成，各项自动监测数据由自动监测设备同步按照相关标准规范分别计算。一般情况下，每日 12 时前完成前一日数据的人工标记，各项自动监测数据由自动监控系统企业服务端计算；如因通信中断数据未上传、系统升级维护等导致无法人工标记时，应当在数据上传后或标记功能恢复后 24 小时内完成人工标记。逾期不进行人工标记，视为对自动监测数据的有效性无异议。

自动监测小时均值数据的有效性依据自动监测分钟数据标记情况进行自动判断。1 小时内“CEMS 维护”标记少于或等于 15 min，且不影响小时均值有效性时，可不再对小时均值数据进行标记。自动监测日均值数据有效性，依据自动监测小时均值数据标记情况进行自动判断。

9.7.2 数据无效时段数据处理

CEMS 故障、维修、超规定期限未校准及有计划的维护保养、校准等时段均为 CEMS 数据无效时段。CEMS 故障、维修、维护保养、校准及其他异常时段的污染物排放量修约按表 9-5 处理；亦可以用参比方法监测的数据替代，频次不低于一天一次，直至 CEMS 技术指标调试到符合表 9-1 和表 9-2 时为止。如使用参比方法监测的数据替代，则监测过程应按照《固定污染源排气中颗粒物测定与气态污染物采样方法》(GB/T 16157—1996)、《固定污染源废气　低浓度颗粒物的测定　重量法》（HJ 836—2017）和《固定源废气监测技术规范》（HJ/T 397—2007）等要求进行，替代数据包括污染物浓度、烟气参数和污染物排放量。

超规定期限未校准的时段视为数据失控时段，失控时段的污染物排放量按照表 9-6 进行修约，污染物浓度和烟气参数不修约。

表 9-5　维护期间和其他异常导致的数据无效时段的处理方法

季度有效数据捕集率（α）	连续无效小时数（N）/h	修约参数	选取值
$\alpha \geqslant 90\%$	$N \leqslant 24$	二氧化硫、氮氧化物、颗粒物的排放量	失效前 180 有效小时排放量最大值
	$N > 24$		失效前 720 有效小时排放量最大值
$75\% \leqslant \alpha < 90\%$	—		失效前 2 160 有效小时排放量最大值

表 9-6　失控时段的数据处理方法

季度有效数据捕集率（α）	连续失控小时数（N）/h	修约参数	选取值
$\alpha \geqslant 90\%$	$N \leqslant 24$	二氧化硫、氮氧化物、颗粒物的排放量	上次校准前 180 有效小时排放量最大值
	$N > 24$		上次校准前 720 有效小时排放量最大值
$75\% \leqslant \alpha < 90\%$	—		上次校准前 2 160 有效小时排放量最大值

9.7.3　数据记录与报表

9.7.3.1　记录

按《固定污染源烟气（SO_2、NO_x、颗粒物）排放连续监测技术规范》（HJ 75—2017）附录 D 的表格形式记录监测结果。

9.7.3.2　报表

按《固定污染源烟气（SO_2、NO_x、颗粒物）排放连续监测技术规范》（HJ 75—2017）附录 D（表 D.9、表 D.10、表 D.11、表 D.12）的表格形式定期将 CEMS 监测数据上报，报表中应给出最大值、最小值、平均值、累计排放量以及参与统计的样本数。

第 10 章　厂界环境噪声及周边环境影响监测

厂界环境噪声及周边环境质量监测应按照相关的标准和规范开展。对于厂界噪声而言，重点是监测点位的布设，应能够反映厂内噪声源对厂外，尤其是对厂外居民区等敏感点的影响。对周边环境质量监测，不同的稀有稀土金属冶炼排污单位对地表水、近岸海域海水、地下水、周边土壤和环境空气有不同程度的影响，在方案制定时依据相关标准规范和管理要求，若无明确要求的，稀有稀土金属冶炼排污单位可结合本单位实际排污情况，选择有必要开展监测的对象，确保监测项目、监测点位的代表性和监测采样的规范性。本章围绕厂界环境噪声、地表水、近岸海域海水、地下水、土壤和环境空气监测的关键点进行介绍和说明。

10.1　厂界环境噪声监测

10.1.1　环境噪声的含义

《中华人民共和国噪声污染防治法》第二条规定："本法所称噪声污染，是指超过噪声排放标准或者未依法采取防控措施产生噪声，并干扰他人正常生活、工作和学习的现象。"所以在测量厂界环境噪声时应重点关注：①噪声排放是否超过标准规定的排放限值；②是否干扰他人正常生活、工作和学习。

10.1.2　厂界环境噪声布点原则

《工业企业环境噪声排放标准》（GB 12348—2008）规定厂界环境噪声监测点的选择应根据工业企业声源、周围噪声敏感建筑物的布局以及毗邻的区域类别，在工业企业厂界布设多个点位，其中包括距噪声敏感建筑物较近以及受被测声源影响大的位置。

《总则》则更具体地指出了厂界环境噪声监测点位设置应遵循的原则：①根据厂内主要噪声源距厂界位置布点；②根据厂界周围敏感目标布点；③“厂中厂”是否需要监测根据内部和外围排污单位协商确定；④面临海洋、大江、大河的厂界原则上不布点；⑤厂界紧邻交通干线不布点；⑥厂界紧邻另一排污单位的，在临近另一排污单位侧是否布点由排污单位协商确定。

厂界一侧长度在 100 m 以下的，原则上可布设 1 个监测点位；300 m 以下的可布设 2～3 个监测点位；300 m 以上的可布设 4～6 个监测点位。通常所说的厂界，是指由法律文书（如土地使用证、土地所有证、租赁合同等）所确定的业主所拥有的使用权（或所有权）的场所或建筑边界，各种产生噪声的固定设备的厂界为其实际占地边界。

设置测量点时，一般情况下，应选在工业企业厂界外 1 m，高度 1.2 m 以上，距任一反射面距离不小于 1 m 的位置；当厂界有围墙且周边有受影响的噪声敏感建筑物时，测量点应选在厂界外 1 m、高于围墙 0.5 m 以上的位置；当厂界无法测量到声源的实际排放状况时（如声源位于高空、厂界设有声屏障等），应在排污单位厂界外 1 m，高度 1.2 m 以上、距任一反射面距离不小于 1 m 的位置设置测量点，同时在受影响的噪声敏感建筑物的户外 1 m 处另设测点，建筑物高于 3 层时，可考虑分层布点；室内噪声测量时，测量点设在距任何反射面至少 0.5 m 以上、距地面 1.2 m 高度处，在受噪声影响方向的窗户开启状态下测量；固定设备结构传声至噪声敏感建筑物室内，在噪声敏感建筑物室内测量时，测点应距任何反射面至少 0.5 m 以上，距地面 1.2 m、距外窗 1 m 以上，窗户关闭状态下测量，具体要求参照《环境噪声监测技术规范　结构传播固定设备室内噪声》（HJ 707—2014）。

10.1.3　环境噪声测量仪器

测量厂界环境噪声使用的测量仪器为积分平均声级计或环境噪声自动监测仪，其性能应不低于《电声学　声级计　第 1 部分：规范》（GB/T 3785.1—2023）中对 2 型仪器的要求。测量 35 dB（A）以下的噪声时应使用 1 型声级计，且测量范围应满足所测量噪声的需要。校准所用仪器应符合《电声学　声校准器》（GB/T 15173—2010）对 1 级或 2 级声校准器的要求。当需要进行噪声的频谱分析时，仪器性能应符合《电声学　倍频程和分数倍频程滤波器》（GB/T 3241—2010）中对滤波器的要求。

测量仪器和校准仪器应定期检定是否合格，并在有效使用期限内使用；每次测量前后必须在测量现场进行声学校准，其前后校准示值偏差不得大于 0.5 dB（A），否则测量结果无效。测量时传声器加防风罩。测量仪器时间计权特性设为“F”挡，采样时间间隔不大于 1 s。

10.1.4　环境噪声监测注意事项

测量应在无雨雪、无雷电天气，风速为 5 m/s 以下时进行。不得不在特殊气象条件下测量时，应采取必要措施保证测量准确性，同时注明当时所采取的措施及气象情况，测量应在被测声源正常工作时间进行，同时注明当时的工况。

分别在昼间、夜间两个时段测量。夜间有频发、偶发噪声影响时同时测量最大声级。被测声源是稳态噪声，采用 1 min 的等效声级。被测声源是非稳态噪声，测量被测声源有代表性时段的等效声级，必要时测量被测声源整个正常工作时段的等效声级。噪声超标时，必须测量背景值，背景噪声的测量及修正应按照《环境噪声监测技术规范　噪声测量值修正》（HJ 706—2014）进行。

10.1.5　监测结果评价

各个测点的测量结果应单独评价。同一测点每天的测量结果按昼间、夜间进行评价。最大声级直接评价。当厂界与噪声敏感建筑物距离小于 1 m，厂界环境噪声在噪声敏感建筑物室内测量时，应将相应的噪声标准限制降 10 dB（A）作为评价依据。

10.2　地表水监测

本节仅针对监测断面设置和水样采集进行介绍，样品保存、运输以及实验室分析部分参考第 6 章内容。

10.2.1　监测断面设置

排污单位厂界周边的地表水环境质量影响监测点位应参照排污单位环境影响评价文件及其批复和其他环境管理要求设置。

如环境影响评价文件及其批复和其他文件中均未作出要求，排污单位需要开展周边环境质量影响监测的，环境质量影响监测点位设置的原则和方法参照《建设项目环境影响评价技术导则　总纲》（HJ 2.1—2016）、《环境影响评价技术导则　地表水环境》（HJ 2.3—2018）和《地表水环境质量监测技术规范》（HJ 91.2—2022）等执行。

《环境影响评价技术导则　地表水环境》（HJ 2.3—2018）规定环境影响评价中，应提出地表水环境质量监测计划，包括监测断面或点位位置（经纬度）、监测因子、监测频次、监测数据采集与处理、分析方法等。地表水环境质量监测断面或点位设置需与水环境现状监测、水环境影响预测的断面或点位相协调，并应强化其代表性、合理性。

10.2.1.1 河流监测断面设置

根据《环境影响评价技术导则 地表水环境》（HJ 2.3—2018）、《地表水环境质量监测技术规范》（HJ 91.2—2022）的规定，应布设对照断面和控制断面。对照断面宜布置在排放口上游 500 m 以内。控制断面应根据受纳水域水环境质量控制管理要求设置。控制断面可结合水环境功能区或水功能区、水环境控制单元区划情况，直接采用国家及地方确定的水质控制断面。评价范围内不同水质类别区、水环境功能区或水功能区、水环境敏感区及需要进行水质预测的水域，应布设水质监测断面。评价范围以外的调查或预测范围，可以根据预测工作需要增设相应的水质监测断面。水质取样断面上取样垂线的布设与各垂线上的采样点的设置按照《地表水环境质量监测技术规范》（HJ 91.2—2022）的规定执行。

10.2.1.2 湖库监测点位设置

根据《环境影响评价技术导则 地表水环境》（HJ 2.3—2018），水质取样垂线的设置可采用以排放口为中心、沿放射线布设或网格布设的方法，按照下列原则及方法设置：一级评价在评价范围内布设的水质取样垂线数宜不少于 20 条；二级评价在评价范围内布设的水质取样垂线数宜不少于 16 条。评价范围内不同水质类别区、水环境功能区或水功能区、水环境敏感区、排放口和需要进行水质预测的水域，应布设取样垂线。水质取样垂线上取样点的布设按照《地表水环境质量监测技术规范》（HJ 91.2—2022）的规定执行。

10.2.2 水样采集

10.2.2.1 基本要求

（1）河流

对开阔河流采样时，应包括下列五个基本点：用水地点的采样；污水流入河流后，对充分混合的地点及流入前的地点采样；支流合流后，对充分混合的地点及混合前的主流与支流地点的采样；主流分流后地点的选择；根据其他需要设定的采样地点。各采样点原则上应在河流横向及垂向的不同位置采集样品。采样时间一般选择在采样前至少连续两天为晴天，水质较稳定的时间。

（2）水库和湖泊

水库和湖泊的采样，由于采样地点和温度的分层现象可引起很大的水质差异，在调查水质状况时，应考虑到成层期与循环期的水质明显不同。了解循环期水质，可布设和采集表层水样；了解成层期水质，应按照深度布设及分层采样。

10.2.2.2　水样采集要点内容

（1）采样器材

采样器材包括采样器、静置容器、样品瓶、水样保存剂和其他辅助设备。采样器材的材质和结构、水样保存等应符合标准分析方法要求，如标准分析方法中无要求则按《水质　样品的保存和管理技术规范》（HJ 493—2009）的规定执行。采样器包括表层采样器、深层采样器、自动采样器、石油类采样器等。水样容器包括聚乙烯瓶（桶）、硬质玻璃瓶和聚四氟乙烯瓶。聚乙烯瓶一般用于大多数无机物的样品，硬质玻璃瓶用于有机物和生物样品，玻璃或聚四氟乙烯瓶用于微量有机污染物（挥发性有机物）样品。

（2）采样量

在地表水质监测中通常采集瞬时水样。采样量参照规范要求，即考虑重复测定和质量控制的需要的量，并留有余地。

（3）采样方法

可以采用船只采样、桥上采样、涉水采样等方式采集水样。使用船只采样时，采样船应位于采样点的下游，逆流采集水样，避免搅动水底沉积物。采样人员应尽量在船只前部采样，尽量使采样器远离船体。在桥上采样时，采样人员应能准确控制采样点位置，确定合适的采样场合，采用合适的方式采样，如可用系着绳子的水桶投入水中汲水，要注意不能混入漂浮于水面上的杂物。涉水采样时，采样人员应站在采样点下游，逆流采集水样，避免搅动水底沉积物。

一般情况下，不允许采集岸边水样，监测断面目视范围内无水或仅有不连贯的积水时，可不采集水样，但要做好现场情况记录。

（4）水样保存

在水样采入或装入容器中后，应按规范要求加入保存剂。

10.2.2.3　注意事项

地表水水样的采集需按照《地表水环境质量监测技术规范》（HJ 91.2—2022）要求进行。需要注意《地表水环境质量标准》（GB 3838—2002）中规定的部分项目，除标准分析方法有特殊要求的监测项目外，均要求水样采集后自然沉降 30 min，

水样采集过程中还应注意以下几个方面：

（1）采样时不可搅动水底沉积物。除标准分析方法有特殊要求的监测项目外，采集的水样倒入静置容器中，自然沉降 30 min。

（2）使用虹吸装置取上层不含沉降性固体的水样，虹吸装置进水尖嘴应保持插至水样表层 50 mm 以下位置。

（3）采样时应保证采样点的位置准确，必要时用定位仪（GPS）定位。

（4）采样结束前，核对采样方案、记录和水样是否正确，否则补采。认真填写采样记录表。

（5）石油类、BOD_5、溶解氧（DO）、硫化物、粪大肠菌群、悬浮物、叶绿素 a 或标准分析方法有特殊要求的项目要单独采样。

（6）测定油类水样，应在水面至 300 mm 范围内采集柱状水样，并单独采集，全部用于测定，样品瓶不得用采集水样荡洗。

（7）测定溶解氧、五日生化需氧量、硫化物和有机物等项目时，水样必须注满容器，上部不留空间，并用水封口。

10.3　近岸海域海水影响监测

10.3.1　监测点位设置

排污单位厂界周边的海水环境质量影响监测点位应参照排污单位环境影响评价文件及其批复和其他环境管理要求设置。

如环境影响评价文件及其批复和其他文件中均未作出要求，排污单位需要开展周边环境质量影响监测的，环境质量影响监测点位设置的原则和方法参照《建设项目环境影响评价技术导则　总纲》（HJ 2.1—2016）、《环境影响评价技术导则　地表水环境》（HJ 2.3—2018）、《近岸海域环境监测技术规范　第八部分　直排海污染源及对近岸海域水环境影响监测》（HJ 442.8—2020）、《近岸海域环境监测点位布设技术规范》（HJ 730—2014）等执行。

根据《环境影响评价技术导则　地表水环境》（HJ 2.3—2018），一级评价可布设 5～7 个取样断面，二级评价可布设 3～5 个取样断面。根据垂向水质分布特点，参照《海洋调查规范》（GB/T 12763—2007）、《近岸海域环境监测技术规范　第八部分　直排海污染源及对近岸海域水环境影响监测》（HJ 442.8—2020）、《近岸海域环境监测点位布设技术规范》（HJ 730—2014）执行。排放口位于感潮河段内的，其上游设置的水质取样断面，应根据时间情况参照河流决定，其下游断面的布设与近岸海域相同。

10.3.2　水样采集基本要求

10.3.2.1　采样前环境情况检查

每次采样前均应仔细检查装置的性能及采样点周围的状况。

（1）岸上采样

如果水是流动的，采样人员站在岸边，必须面对水流动方向操作。若水底沉积物受到搅动，则不能继续取样。

（2）船上采样

由于船体本身就是一个重要污染源，船上采样要始终采取适当措施防止船上各种污染源可能带来的影响。采痕量金属水样应尽量避免使用铁质或其他金属制成的船体，采用逆风逆流采样，一般应在船头取样，将来自船体的各种沾污控制在一个可能低的水平上。当船体到达采样点位后，应该根据风向和流向，立即将采样船周围海面划分为船体沾污区、风成沾污区和采样区三部分，然后在采样区采样。或者待发动机关闭后，当船体仍在缓慢前进时，将抛浮式采水器从船头部位尽力向前方抛出，或者使用小船离开大船一定距离后采样；采样人员应坚持向风操作，采样器不能直接接触船体任何部位，裸手不能接触采样器排水口，采样器内的水样先放掉一部分后再取样；采样深度的选择是采样的重要部分，通常要特别注意避开微表层采集表层水样，也不要在悬浮沉积物富集的底层水体附近采集底层水样；采样时应避免剧烈搅动水体，如发现底层水混浊，应停止采样；当水体表面漂浮杂质时，应防止其进入采样器，否则重新采样；采集多层次深水水域的样品，按由浅到深的顺序采集；因采水器容积有限不能一次完成时，可进行多次采样，将各次采集的水样集装在大容器中，分样前应充分摇匀。混匀样品的方法不适于溶解氧、BOD_5、油类、细菌学指标、硫化物及其他有特殊要求的项目；测溶解氧、BOD_5、pH 等项目的水样，采样时需充满，避免残留空气对测项的干扰；其他测项，装水样后至少留出容器体积 10%的空间，以便样品分析前充分摇匀；取样时，应沿样品瓶内壁注入，除溶解氧等特殊要求外放水管不要插入液面下装样；除现场测定项目外，样品采集后应按要求进行现场加保存剂，并颠倒数次使保存剂在样品中均匀分散；水样取好后，仔细塞好瓶塞，不能漏水。如将水样转送他处或不能立刻分析时，应用石蜡或水漆封口。对不同水深，采样层次按照《近岸海域环境监测技术规范　第八部分　直排海污染源及对近岸海域水环境影响监测》（HJ 442.8—2020）确定。

10.3.2.2 现场采样注意事项

（1）项目负责人或技术负责人同船长协调海上作业与船舶航行的关系，在保证安全的前提下，航行应满足监测作业的需要。

（2）按监测方案要求，获取样品和资料。

（3）水样分装顺序的基本原则是：不过滤的样品先分装，需过滤的样品后分装；一般按悬浮物和溶解氧（五日生化需氧量）→pH→营养盐→重金属→化学需氧量→叶绿素 a→浮游植物（水采样）的顺序进行；如化学需氧量和重金属汞需测试非过滤态，则按悬浮物和溶解氧（五日生化需氧量）→化学需氧量→汞→pH→盐度→营养盐→其他重金属→叶绿素 a→浮游植物（水采样）的顺序进行。

（4）在规定时间内完成应在海上现场测试的样品，同时做好非现场检测样品的预处理。

（5）采样事项：船体到达点位前 20 min，停止排污和冲洗甲板，关闭厕所通海管路，直至监测作业结束；严禁用手沾污所采样品，防止样品瓶塞（盖）沾污；观测和采样结束，应立即检查有无遗漏，然后方可通知船方起航；在大雨等特殊气象条件下应停止海上采样工作；遇有赤潮和溢油等情况，应按应急监测规定要求进行跟踪监测。

10.4 地下水监测

10.4.1 监测点位布设

环境管理要求或稀有稀土金属冶炼排污单位的环境影响评价文件及其批复［仅限 2015 年 1 月 1 日（含）后取得环境影响评价批复的］对厂界周边的地下水环境质量监测有明确要求的，按要求执行。如环境影响评价文件及其批复和其他文件中均未作出要求，排污单位认为有必要开展周边环境质量影响监测的，地下水环境质量影响监测点位设置的原则和方法参照《环境影响评价技术导则 地下水环境》（HJ 610—2016）、《地下水环境监测技术规范》（HJ 164—2020）等执行。

参考《环境影响评价技术导则 地下水环境》（HJ 610—2016），根据排污单位类别及地下水环境敏感程度，划分排污单位对地下水环境影响的等级见表 10-1，进而确定地下水监测点（井）的数量及分布。

表 10-1 排污单位周边地下水环境影响等级分级表

敏感程度②	项目类别①		
	Ⅰ类项目	Ⅱ类项目	Ⅲ类项目
敏感	一级	一级	二级
较敏感	一级	二级	三级
不敏感	二级	三级	三级

注：①参见《环境影响评价技术导则 地下水环境》（HJ 610—2016）附录 A。

②参见《环境影响评价技术导则 地下水环境》（HJ 610—2016）表 1。

地下水环境质量影响监测点位（井）数量及设置要求：影响等级为一级、二级的排污单位，点位数量一般不少于 3 个，应至少在排污单位建设场地上、下游各布设 1 个。一级排污单位还应在重点污染风险源处增设监测点。影响等级为三级的排污单位，点位数量一般不少于 1 个，应至少在排污单位下游布设 1 个。

10.4.2 监测井的建设与管理

开展周边地下水环境质量影响监测时，排污单位可选择符合点位布设要求、常年使用的现有井（如经常使用的民用井）作为监测井，在无合适现有井时，可设置专门的监测井。多数情况下地下水可能存在污染的部分集中在接近地表的潜水中，排污单位应根据所在地及周边水文地质条件确定地下水埋藏深度，进而确定地下水监测井井深或取水层位置。

地下水监测井的建设与管理，应符合《地下水环境监测技术规范》（HJ 164—2020）中第 5 章的规定。

地下水样品的现场采集、保存、实验室分析及质量控制的具体操作过程，应符合《地下水环境监测技术规范》（HJ 164—2020）中第 6、第 7、第 8、第 10 章的规定。

10.5　土壤监测

环境管理要求或稀有稀土金属冶炼排污单位的环境影响评价文件及其批复［仅限 2015 年 1 月 1 日（含）后取得环境影响评价批复的］对厂界周边土壤环境质量监测有明确要求的，按要求执行。如环境影响评价文件及其批复和其他文件中均未作出要求，排污单位认为有必要开展周边环境质量影响监测的，土壤环境质量影响监测点位设置的原则和方法参照《环境影响评价技术导则　土壤环境（试行）》（HJ 964—2018）、《土壤环境监测技术规范》（HJ/T 166—2004）等执行。

参考《环境影响评价技术导则　土壤环境（试行）》（HJ 964—2018）中有关污染影响型建设项目的要求，根据排污单位类别、占地面积及土壤环境的敏感程度确定监测点位布设的范围、数量及采样深度。

根据表 10-2 的规定，确定排污单位对周边土壤环境影响的等级，在确定排污单位土壤环境影响的等级后，可根据表 10-3 的规定确定监测点位布设的范围及点位数量。

表 10-2　排污单位周边土壤环境影响等级分级

占地面积② 敏感程度③	项目类别①								
	Ⅰ类项目			Ⅱ类项目			Ⅲ类项目		
	大型	中型	小型	大型	中型	小型	大型	中型	小型
敏感	一级	一级	一级	二级	二级	二级	三级	三级	三级
较敏感	一级	一级	二级	二级	二级	三级	三级	三级	—
不敏感	一级	二级	二级	二级	三级	三级	三级	—	—

注：①参见《环境影响评价技术导则　土壤环境（试行）》（HJ 964—2018）中附录 A。

②排污单位占地面积分为大型（≥50 hm^2）、中型（5～50 hm^2）、小型（≤5 hm^2）。

③参见《环境影响评价技术导则　土壤环境（试行）》（HJ 964—2018）中表 3。

表 10-3 排污单位周边土壤环境质量影响监测点位布设范围及数量

土壤环境影响等级	周边土壤环境监测点位的布设范围①	点位数量
一级	1 km	4 个表层点②
二级	0.2 km	2 个表层点②
三级	0.05 km	—③

注：①涉及大气沉降途径影响的，可根据主导风向下风向最大浓度落地点适当调整监测点位布设范围。

②表层点一般在 0～0.2 m 采样。

③影响等级为三级的排污单位，除有特殊要求的，一般可不考虑布设周边土壤环境监测。

土壤样品的现场采集、样品流转、制备、保存、实验室分析及质量控制的具体过程应符合《土壤环境监测技术规范》（HJ/T 166—2004）中的相关技术规定。

10.6 环境空气监测

10.6.1 监测点位布设

环境管理要求或稀有稀土金属冶炼排污单位的环境影响评价文件及其批复［仅限 2015 年 1 月 1 日（含）后取得环境影响评价批复的］对厂区周边环境空气质量监测有明确要求的，按要求执行。如环境影响评价文件及其批复和其他文件中均未作出要求，排污单位认为有必要开展周边环境质量影响监测的，环境空气质量影响监测点位设置的原则和方法参照《环境空气质量监测点位布设技术规范（试行）》（HJ 664—2013）执行。

监测点位布设时，根据监测目的和任务要求确定具有代表性的监测点位。对于为监测固定污染源对当地环境空气质量影响而设置的监测点位，代表范围一般为半径 100～500 m，如果考虑较高的点源对地面浓度影响时，半径也可以扩大到 500～4 000 m。

污染监控点应依据排放源的强度和主要污染项目布设，设置在源的主导风向和第二主导风向的下风向最大落地浓度区内，以捕捉到最大污染特征为原则进行布设。

监测点采样口周围水平面应保证有 270°以上的捕集空间，不能有阻碍空气流动的高大建筑、树木或其他障碍物；如果采样口一侧靠近建筑，采样口周围水平面应有 180°以上的自由空间。从采样口到附近最高障碍物之间的水平距离，应为该障碍物与采样口高度差的两倍以上，或从采样口到建筑物顶部与地平线的夹角小于 30°。

10.6.2　现场采样和注意事项

稀有稀土金属冶炼排污单位厂界周边的环境空气现场采样主要参照《环境空气质量手工监测技术规范》（HJ 194—2017）和具体的监测指标采用的分析方法来确定现场采样方法、采样时间和采样频率。现场采样的主要方法有溶液吸收采样、吸附管采样、滤膜采样、滤膜-吸附剂联用采样和直接采样等方法，根据不同监测指标的分析方法确定其采样方法。

溶液吸收采样时，采样前注意检查管路是否清洁，进行系统的气密性检查；采样前后流量误差应小于 5%；采样时注意吸收管进气方向不要接反，防止倒吸；采样过程中有避光、温度控制等要求的项目按照相关监测方法标准执行，及时记录采样起止时间、流量、温度、压力等参数；采样结束后，需要避光、冷藏、低温保存的按照相关标准要求采取相应措施妥善保存，尽快送到实验室，并在有效期内完成分析；运输过程中避免样品受到撞击或剧烈振动而损坏；按照相关监测标准要求采集足够数量的全程序空白样品。

吸附管采样时，采样前进行系统的气密性检查；采样前后流量误差应小于 5%；采样过程中有避光、温度控制等要求的项目按照相关监测方法标准执行，及时记录采样起止时间、流量、温度、压力等参数；采样结束后，需要避光、冷藏、低温保存的按照相关标准要求采取相应措施妥善保存，尽快送到实验室，并在有效期内完成分析；运输过程中避免样品受到撞击或剧烈振动而损坏；按照相关监测标准要求采集足够数量的全程序空白样品。

滤膜采样时，采样前清洗切割器，保证切割器清洁；检查采样滤膜的材质、本底、均匀性、稳定性是否符合所采项目监测方法标准要求，滤膜边缘是否平滑，薄厚是否均匀，且无毛刺、无污染、无碎屑、无针孔、无折痕、无损坏；检查采样器的流量、温度、压力是否在误差允许范围内；采样结束后，用镊子轻轻夹住滤膜边缘，取下样品滤膜，并检查是否有破裂或滤膜上尘积面的边缘轮廓是否清晰、完整；采样前后流量误差应小于 5%；样品采集后，立即装盒（袋）密封，尽快送至实验室分析；运输过程中，应避免剧烈振动，对于需要平放的滤膜，保持滤膜采集面向上。

第 11 章　监测质量保证与质量控制体系

监测质量保证与质量控制是提高监测数据质量的重要保障，是监测的重中之重，同时也涉及监测过程各方面内容。本章立足现有经验，对污染源监测应关注的重点内容、质控要点进行梳理，提供了经验性的参考，但仍难以做到面面俱到。排污单位或社会化检测机构在开展污染源监测过程中，可参考本章的内容，结合自身实际情况，制定切实有效的监测质量保证与质量控制方案，提高监测数据质量。

11.1　基本概念

监测质量保证与质量控制是环境监测过程中的两个重要概念。《环境监测质量管理技术导则》（HJ 630—2011）中这样定义：质量保证是指为了提供足够的信任表明实体能够满足质量要求，而在质量体系中实施并根据需要进行证实的全部有计划和有系统的活动。质量控制是指为了达到质量要求所采取的作业技术或活动。

采取质量保证的目的是获取他人对质量的信任，是为使他人确信某实体提供的数据、产品或者服务等能满足质量要求而实施的并根据需要进行证实的全部有计划、有系统的活动。质量控制则是通过监视质量形成过程，消除生产数据、产品或者提供服务的所有阶段中可能引起不合格或不满意效果的因素，使其达到质量要求而采用的各种作业技术和活动。

环境监测的质量保证与质量控制，是依靠系统的文件规定来实施的内部的技术和管理手段。它们既是生产出符合国家质量要求的检测数据的技术管理制度和活动，也是一种“证据”，即向任务委托方、环境管理机构和公众等表明该检测数据是在严格的质量管理中完成的，具有足够的管理和技术上的保证手段，数据是准确可信的。

11.2 质量体系

证明数据质量可靠性的技术管理制度与活动可以千差万别，但是也有其共同点。为了实现质量保证和质量控制的目的，往往需要建立一套并保证有效运行的质量体系。它应覆盖环境检测活动所涉及的全部场所、所有环节，以使检测机构的质量管理工作程序化、文件化、制度化和规范化。

建立一个运行良好的质量体系，对于专业的向政府、企事业单位或者个人提供排污情况监测数据的社会化检测机构，按照《检验检测机构资质认定管理办法》（2021 年修正版）（质检总局令　第 163 号）、《检验检测机构资质认定能力评价　检验检测机构通用要求》（RB/T 214—2017）、《检验检测机构资质认定生态环境监测机构评审补充要求》（国市监检测〔2018〕245 号）的要求建立并运行质量体系是必要的。质量管理活动的目的是为本单位管理层、环境管理机构和公众提供证据，证明数据准确可信。质量手册不是必需的，但有利于检测实验室数据质量得到保证的一些程序性规定和记录是必要的（如实验室具体分析工作的实施流程、数据质量相关的管理流程等的详细规定，具体方法或设备使用的指导性详细说明，数据生产过程和监督数据生产需使用的各种记录表格等）。

建立质量体系不等于需要通过资质认定。质量体系的繁简程度与检测实验室的规模、业务范围、服务对象等密切相关，有时还需要根据业务委托方的要求修改完善质量体系。质量体系一般包括质量手册、程序文件、作业指导书和记录。有效的质量控制体系应满足“对检测工作进行全面规范，且保证全过程留痕”的基本要求。

11.2.1　质量手册

质量手册是检测实验室质量体系运行的纲领性文件，阐明检测实验室的质量目标，描述检测实验室全部检测质量活动的要素，规定检测质量活动相关人员的责任、权限和相互之间的关系，明确质量手册的使用、修改和控制的规定等。质量手册至少应包括批准页、自我声明、授权书、检测实验室概述、检测质量目标、组织机构、检测人员、设施和环境、仪器设备和标准物质，以及检测实验室为保证数据质量所做的一系列规定等。

（1）批准页：批准页的主要内容是说明编制质量体系的目的以及质量手册的内容，并由最高管理者批准实施。

（2）自我声明：检测实验室关于独立承担法律责任、遵守《中华人民共和国计量法》和监测技术标准规范等相关法律法规、客观出具数据等的承诺。

（3）授权书：检测实验室有多种情形需要授权，包括但不仅限于在最高管理者外出期间，授权给其他人员替其行使职权；最高管理者授权人员担任质量负责人、技术负责人等关键岗位；授权检测实验室的大型贵重仪器的人员使用等。

（4）检测实验室概述：简要介绍检测实验室的地理位置、人员构成、设备配置概况、隶属关系等基本信息。

（5）检测质量目标：检测质量目标即定量描述检测工作所达到的质量。

（6）组织结构：明确检测实验室与检测工作相关的外部管理机构的关系，与本单位中其他部门的关系，完成检测任务相关部门之间的工作关系等，通常以组织结构框图的方式表明。与检测任务相关的各部门的职责应予以明确和细化。例如，可规定检测质量管理部具有下列职责：

1）牵头制订检测质量管理年度计划、监督实施，并编制质量管理年度总结。

2）负责组织质量管理体系建设、运行管理，包括质量体系文件编制、宣贯、修订、内部审核、管理评审、质量督查、检测报告抽查、实验室和现场监督检查、质量保证和质量控制等工作。

3）负责组织人员开展内部持证上岗考核相关工作。

4）负责组织参加外部机构组织的能力验证、能力考核、比对抽测等各项考核工作。

5）负责组织仪器设备检定/校准工作，包括编制检定/校准计划、组织实施和确认。

6）负责标准物质管理工作，包括建立标准物质清册、管理标准物质样品库、标准样品的验收、入库、建档及期间核查等。

（7）检测人员：包括检测岗位划分和检测人员管理两部分内容。

检测岗位划分是指检测实验室将检测相关工作分为若干具体的检测工序，并明确各检测工序的职责。以检测实验室为例，岗位划分可描述为质量负责人，技术负责人，报告签发人、采样岗位、分析岗位、质量监督人，档案管理人等。可以由同一个人兼任不同的岗位，也可以专职从事某一个岗位。但报告编制、审核和签发应由三个不同的人员承担，不能由一个人兼任其中的两个及以上职责。

检测人员管理部分则规定从事采样、分析等检测相关工作的人员应接受的教育、培训，应掌握的技能，应履行的职责等。以分析岗位为例，人员管理可描述为以下几个方面：

1）分析人员必须经过培训，熟练掌握与本承担分析项目有关的标准监测方法或技术规范及有关法规，且具备对检验检测结果作出评价的判断能力，经内部考核合格后持证上岗。

2）熟练掌握所用分析仪器设备的基本原理、技术性能，以及仪器校准、调试、维护和常见故障的排除技术。

3）熟悉并遵守质量手册的规定，严格按监测标准、规范或作业指导书开展监测分析工作，熟悉记录的控制与管理程序，按时完成任务，保证监测数据准确可靠。

4）认真做好样品分析前的各项准备工作，分析样品的交接工作以及样品分析工作，确保按业务通知单或监测方案要求完成样品分析。

5）分析人员必须确保分析选用的分析方法现行有效，分析依据正确。

6）负责所使用仪器设备日常维护、使用和期间核查，编制/修订仪器设备操作规程、维护规程、期间核查规程和自校规程，并在计量检定/校准有效期内使用。负责做好使用、维护和期间核查记录。

7）确保分析质控措施和质控结果符合有关监测标准或技术规范及相关规定要求。

8）当分析仪器设备、分析环境条件或被测样品不符合监测技术标准或技术规范要求时，监测分析人员有权暂停工作，并及时向上级报告。

9）认真做好分析原始记录并签字，要求字迹清楚、内容完整、编号无误。

10）分析人员对分析数据的准确性和真实性负责。

11）校对上级安排的其他检测人员的分析原始记录。

检测实验室建立人员配备情况一览表（参考表 11-1），有助于提高人员管理效率。

表 11-1 检测人员一览表（样表）

序号	姓名	性别	出生年月	文化程度	职务/职称	所学专业	从事本技术领域年限	所在岗位	持证项目情况	备注
1	张三	男	1988 年 8 月	本科	工程师	分析化学	5	分析岗	水和废水：化学需氧量、氨氮	质量负责人
……										

（8）设施和环境：检测实验室的设施和环境条件指检测实验室配备必要的设施硬件，并建立制度保证监测工作环境适应监测工作需求。检测实验室的设施通常包括空调、除湿机、干湿度温度计、通风橱、纯水机、冷藏柜、超声波清洗仪、电子恒温恒湿箱、灭火器等检测辅助设备。至少应明确以下规定：

1）防止交叉污染的规定。例如，规定监测区域应有明显标识；严格控制进入和使用影响检测质量的实验区域；对相互有影响的活动区域进行有效隔离，防止交叉污染。比较典型的交叉污染例子有：挥发酚项目的检测分析会对在同一实验室进行的氨氮检测分析造成交叉污染的影响；在分析总砷、总铅、总汞、总镉等项目时，如果不同的样品间浓度差异较大，规定高、低浓度的采样瓶和分析器皿分别用专用酸槽浸泡洗涤，以免交叉污染。必要时，用优级纯酸稀释后浸泡超低浓度样品所用器皿等。

2）对可能影响检测结果质量的环境条件，规定检测人员进行监控和记录，保证其符合相关技术要求。例如，万分之一以上精度的电子天平正常工作对环境温度、湿度有控制要求，检测实验室应有监控设施，并用记录表格记录环境条件。

3）规定有效控制危害人员安全和人体健康的潜在因素。例如配备通风橱、消防器材等必要的防护和处置措施。

4）对化学品、废弃物、火、电、气和高空作业等安全相关因素作出规定等。

（9）仪器设备和标准物质：检测用仪器设备和标准物质是保障检测数据量值溯源的关键载体。检测实验室应配备满足检测方法规定的原理、技术性能要求的设备，应对仪器设备的购置、使用、标识、维护、停用、租借等管理作出明确规定，保证仪器设备得到合理配置、正确使用和妥善维护，提高检测数据的准确可靠性。例如，对于设备的配备可规定：

1）根据检测项目和工作量的需要及相关技术规范的要求，合理配备采样、样品制备、样品测试、数据处理和维持环境条件所要求的所有仪器设备种类和数量，并对仪器技术性能进行科学的分析评价和确认。

2）如果需要借用外单位的仪器设备，必须按本单位仪器设备严格管理。建立仪器设备配备情况一览表，往往有助于提高设备管理效率，仪器设备配备情况参考表 11-2。

表 11-2 仪器设备配备情况一览表（样表）

序号	设备名称	设备型号	出厂编号	检定/校准方式	检定/校准周期	仪器摆放位置
1	电子天平	TE212L	####	检定	一年	205 室
……						

此外，应根据检测项目开展情况配备标准物质，并做好标准物质管理。配备的标准物质应该是有证标准物质，保证标准物质在其证书规定的保存条件下贮存，建立标准物质台账，记录标准物质名称、购买时间、购买数量、领用人、领用时间和领用量等信息。

（10）其他：为保证建立的质量管理体系覆盖检测的各个方面、环节、所有场所，且能持续有效地指导实施质量管理活动，还应对以下质量管理活动作出原则性规定：

1）质量体系在哪些情形下，由谁提出、谁批准同意修改等。

2）如何正确使用管理质量体系各类管理和技术文件，即如何编制、审批、发放、修改、收回、标识、存档或销毁等处理各种文件。

3）如何购买对监测质量有影响的服务（如委托有资质的机构检定仪器即为购买服务），以及如何购买、验收和存储设备、试剂、消耗材料。

4）检测工作中出现的与相关规定不符合的事项，应如何采取措施。

5）质量管理、实际样品检测等工作中相关记录的格式模板应如何编制，以及实际工作过程中如何填写、更改、收集、存档和处置记录。

6）如何定期组织单位内部熟悉检测质量管理相关规定的人员，对相关规定的执行情况进行内部审核。

7）管理层如何就内部审核或者日常检测工作中发现的相关问题，定期研究解决。

8）检测工作中，如何选用、证实/确认检测方法。

9）如何对现场检测、样品采集、运输、贮存、接收、流转、分析、监测报告编制与签发等检测工作全过程的各个环节都采取有效的质量控制措施，以保证监测工作质量。

10）如何编制监测报告格式模板，实际检测工作中如何编写、校核、审核、修改和签发检测报告等。

11.2.2 程序文件

程序文件是规定质量活动方法和要求的文件，是质量手册的支持性文件，主要目的是对产生检测数据的各个环节、各个影响因素和各项工作全面规范。包括人员、设备、试剂、耗材、标准物质、检测方法、设施和环境、记录和数据录入发布等各关键因素，明确详细地规定某一项与检测相关的工作，执行人员是谁、经过什么环节、留下哪些记录，以实现在高时效地完成工作的同时保证数据质量。

编写程序文件时，应明确每个程序的控制目的、适用范围、职责分配、活动过程规定和相关质量技术要求，从而使程序文件具有可操作性。例如，制定检测工作程序，对检测任务的下达、检测方案的制定、采样器皿和试剂的准备、样品采集和现场检测、实验室内样品分析，以及测试原始积累的填写等诸多环节，规定分别由谁来实施以及实施过程中应该填写哪些记录，以保证工作有序开展。

档案管理也是一项涉及较多环节的工作，涉及档案产生后的暂存、收集、交接、保管和借阅查询使用等一系列环节，在各个环节又需要保证档案的完整性，制定一个档案管理程序就显得比较重要了。这个程序可以规定档案产生人员如何暂存档案，暂存的时限是多长，档案收集由谁来负责，交给档案收集人员时应履行的手续，档案集中后由谁来负责建立编号，如何保存，借阅查阅时应履行的手续等。

又如，检测方案的制定，方案制定人员需要弄清的文件有环评报告中的监测章节内容、生态环境部门作出的环评批复、执行的排放标准，许可证管理的相关要求，行业涉及的自行监测指南等。在明确管理要求后所制定的检测方案，宜请熟悉环境管理、环境监测、生产工艺和治理工艺的专业人员对方案进行审核把关，既有利于保证检测内容和频次等满足管理要求，又可避免不必要的人力、物力浪费。

一般来说，检测实验室需制定的程序性规定应包括人员培训程序、检测工作程序、设备管理程序、标准物质管理程序、档案管理程序、质量管理程序、服务和供应品的采购和管理程序、内务和安全管理程序、记录控制与管理程序等。

11.2.3　作业指导书

作业指导书是指特定岗位工作或活动应达到的要求和遵循的方法。下列情形往往需要检测机构制定作业指导书：

（1）标准检测方法中规定可采取等效措施，而检测机构又确实采取了等效措施。

（2）使用非母语的检测方法。

（3）操作步骤复杂的设备。

作业指导书应写得尽可能具体，且语言简洁不令人产生歧义，以保证各项操作的可重复性。

11.2.4　记录

记录包括质量记录和技术记录。质量记录是质量体系活动产生的记录，如内审记录、质量监督记录等；技术记录是各项监测工作所产生的记录，如《pH 分析原始记录表》《废水流量监测记录（流速仪法）》。记录是保证从检测方案的制定开始，到样品采集、样品运输和保存、样品分析、数据计算、报告编制、数据发布的各个环节留下关键信息的凭证，证明数据生产过程满足技术标准和规范要求的基础。检测实验室的记录既要简洁易懂，也要信息量足够让检测工作重现。这就要求认真学习国家的法律法规等管理规定和技术标准规范，把握必须记录备查的关键信息，在设计记录表格样式时予以考虑。如对于样品采集，除采样时间、地点、人员等基础信息外，还应包括检测项目、样品表观（定性描述颜色、悬浮物含量）、样品气味、保存剂的添加情况等信息。对于具体的某一项污染物的分析，需记录分析方法名称及代码、分析时间、分析仪器的名称型号、标准/校准曲线的信息、取样量、样品前处理情况、样品测试的信号值、计算公式、计算结果以及质控样品分析的结果等。

11.3 自行监测质控要点

自行监测的质量控制，既要考虑人员、设备、监测方法、试剂耗材等关键因素，也要重视设施环境等影响因素。每一项检测任务都应有足够证据表明其数据质量可信，在制定该项检测任务实施方案的同时，制定一个质控方案，或者在实施方案中有质量控制的专门章节，明确该项工作应针对性地采取哪些措施来保证数据质量。自行监测工作中，监测方案应包含自行监测点位，项目和频次，采样、制样和分析执行哪些技术规范等信息，并通过生态环境部门审查；日常监测工作中，需要落实负责现场监测和采样、制样和分析样品、报告编制工作的具体人员，以及应采取的质控措施。应采取的质控措施可以是一个专门的方案，规定承担采样、制样和分析样品的人员应该具有的技能（如经过适当的培训后持有上岗证），各环节的执行人员应该落实哪些措施来自证所开展工作的质量，质量控制人员应该如何查证各环节执行人员工作的有效性等。通常来说，质控方案就是保证数据质量所需要满足的人员、设备、监测方法、试剂耗材和环境设施等的共性要求。

11.3.1 人员

人员技能水平是自行监测质量的决定性因素，因此检测机构制定的规章制度性文件中，要明确规定不同岗位人员应具有的技术能力。例如应该具有的教育背景、工作经历、胜任该工作应接受的再教育培训，并以考核方式确认是否具有胜任岗位的技能。对于人员适岗的再教育培训，如掌握行业相关的政策法规、标准方法、操作技能等，由检测机构内部组织或者参加外部培训均可。适岗技能考核确认的方式也是多样化的，如笔试或者提问、操作演示、实样测试、盲样考核等。无论采用哪种培训、考核方式，均应有记录来证实工作过程。例如内部培训，应至少有培训教材、培训签到表，外部培训有会议通知、培训考核结果证明材料等。需注意对于口头提问和操作演示等考核方式，也应有记录，如口头提问，记录信息至少包括考核者姓名、提问内容、被考核者姓名、回答要点，以及对于考核结果的评价；操作演示的考核记录至少包括考核者姓名、要求考核演示的内容、被考核者姓名、演示情况的概述以及评价结论。在具体执行过程中，切忌人员技能培训走过场，杜绝出现徒有各种培训考核记录但人员技能依然不高的窘境。例如某厂自行监测厂界噪声的原始记录中，背景值仅为 30 dB（A），暴露出监测人员对仪器性能和环境噪声缺乏基本的认知。

11.3.2 仪器设备

监测设备是决定数据质量的另一关键因素。2015 年 1 月 1 日起开始施行的《中华人民共和国环境保护法》第二章第十七条明确规定："监测机构应当使用符合国家标准的监测设备，遵守监测规范。"所谓符合国家标准，首先应根据排放标准规定的监测方法选用监测设备，也就是仪器的测定原理、检测范围、测定精密度、准确度以及稳定性等满足方法的要求；其次，设备应根据国家计量的相关要求和仪器性能情况确定检定/校准，列入《中华人民共和国强制检定的工作计量器具目录》或有检定规程的仪器应送有资质的单位进行检定，如烟尘监测仪、天平、砝码、烟气采样器、大气采样器、pH 计、分光光度计、声级计、压力表等。属于非强制检定的仪器与设备可以送有资质的计量检定机构进行校准，无法送去检定或者送去校准的仪器设备，应由仪器使用单位自行溯源，即自己制定校准规范，对部分计量性能或参数进行检测，以确认仪器性能准确可靠。

对于投入使用的仪器，要确保其得到规范使用。应明确规定仪器设备如何使用、维护、维修和性能确认。例如，编写仪器设备操作规程（仪器操作说明书）和维护规程（仪器维护说明书），以保证使用人员能够正确使用和维护仪器。与采样和监测结果的准确性和有效性相关的仪器设备在投入使用前，必须进行量值溯源，即用前述的检定/校准或者自校手段确认仪器性能。对于送到有资质的检定或者校准单位的仪器，收到设备的检定或者校准证书后，应查看检定/校准单位实施的检定/校准内容是否符合实际的检测工作要求。例如，配备有多个传感器的仪器，检测工作需要使用的传感器是否都得到了检定；对于有多个量程的仪器，其检定或者校准范围是否满足日常工作需求。对于仪器的检定/校准或者自校，并不是一劳永逸的，应根据国家的检定/校准规程或者使用说明书要求，周期性地定期实施检定/校准或者自校，保持仪器在检定/校准或者自校有效期内使用，且每次监测前，都要使用分析标准溶液、标准气体等方式确认仪器量值，在证实其量值持续符合相应技术要求后使用。如定电位电解法规定烟气中二氧化硫、氮氧化物，每次测量前必须用标气进行校准，示值误差≤±5%方可使用。此外，应规定仪器设备的唯一性标识、状态标识，避免误用。仪器设备的唯一性标识既可以是仪器的出厂编码，也可以是检测单位按自行制定的规则编写的代码。

仪器的相关记录应妥善保存。建议给检测仪器建立一仪一档。档案的目录包括仪器说明书、仪器验收技术报告、仪器的检定/校准证书或者自校原始记录和报告、仪器的使用日志、维护记录、维修记录等，建议这些档案一年归一次档，避免遗失。应特别注意及时如实填写仪器使用日志，切忌事后补记，否则不实的仪器使用记录会影响数据是否真实的判断。比较常见的明显与事实不符的记录有：同一台现场检测仪器在同一时间，出现在相距几百千米的两个不同检测任务中；仪器使用日志中记录的分析样品量远大于该仪器最大日分析能力等，这种记录会让检查人员对数据的真实性画上巨大的问号。应建立制度规范，明确在必须对原始记录修改时应如何修改，避免原始记录被误改。

11.3.3 记录

规范使用监测方法，优先使用被检测对象适用的污染物排放标准中规定的监测方法。若有新发布的标准方法替代排放标准中指定的监测方法，应采用新标准。若新发布的监测方法与排放标准指定的方法不同，但适用范围相同的，也可使用。例如，《固定污染源废气　氮氧化物的测定　非分散红外吸收法 》（HJ 692—2014）、《固定污染源废气　氮氧化物的测定　定电位电解法》（HJ 693—2014）的适用范围明确为“固定污染源废气”，因此两项方法均适用于火电厂废气中氮氧化物的监测。

正确使用监测方法。污染源排放情况监测所使用的方法包括国家标准方法和国务院行业部门以文件、技术规范等形式发布的标准方法，特殊情况下也会用等效分析方法。为此，检测机构或者实验室往往需要根据方法的来源确定应实施方法证实还是方法确认，其中方法证实适用于国家标准方法和国务院行业部门以文件、技术规范等形式发布的方法，方法确认适用于等效分析方法。为实现正确使用监测方法，检测机构仅实施了方法证实是不够的，还需要检测机构要求使用该监测方法的每个人员使用该方法获得的检出限、空白、回收率、精密度、准确度等各项指标均满足方法性能的要求，方可认为检测人员掌握了该方法，才算为正确使用监测方法奠定了基础。当然，并非每次检测工作中均需对方法进行证实。一般认为，初次使用标准方法前，应证实能够正确运用标准方法；标准方法发生了变化，应重新予以证实。

通常而言，方法证实至少应包括以下 6 个方面的内容：

（1）人员：人员的技能是否得到及时更新，是否能够适应方法的工作要求；人员数量是否满足工作要求。

（2）设备：设备性能是否满足方法要求；是否需要添置前处理设备等辅助设备；设备数量是否满足要求。

（3）试剂耗材：方法对试剂种类、纯度等的要求；数量是否满足；是否建立了购买使用台账。

（4）环境设施条件：方法及其所用设备是否对温度、湿度有控制要求；环境条件是否得到监控。

（5）方法技术指标：使用日常工作所用的标准和试剂做方法的技术指标，如校准曲线、检出限、空白、回收率、精密度、准确度等，是否均达到了方法要求。

（6）技术记录：日常检测工作须填写的原始记录格式是否包含了足够的关键信息。

11.3.4 试剂耗材

规范使用标准物质，包括以下注意事项：

（1）应优先考虑使用国家批准的有证标准样品，以保证量值的准确性、可比性与溯源性。

（2）选用的标准样品与预期检测分析的样品，尽可能在基体、形态、浓度水平等性状方面接近。其中基体匹配是需要重点考虑的因素，因为只有使用与被测样品基体相匹配的标准样品，在解释实验结果时才很少或没有困难。

（3）应特别注意标准样品证书中所规定的取样量与取样方法。证书中规定的固体最小取样量、液体稀释办法等是测量结果准确性和可信度的重要影响因素，应严格遵守。

（4）应妥善贮存标准样品，并建立标准样品使用情况记录台账。有些标准样品有特殊的储存条件要求，应根据标准样品证书规定的储存条件保存标准样品，并在标准样品的有效期内使用，否则可能会影响标准样品量值的准确性。

严格按照方法要求购买和使用试剂/耗材。每个方法都规定了试剂的纯度，需要注意的是，市售的与方法要求的纯度一致的试剂，不一定能满足方法的使用要求，对数据结果有影响的试剂、新购品牌或者产品批次不一致时，在正式用于样品分析前应进行空白样品实验，以验证试剂质量是否满足工作需求。对于试剂纯度不满足方法需求的情形，应购买更高纯度的试剂或者由分析人员自行净化。比较典型的案例是分析水中苯系物的二硫化碳，市售分析纯二硫化碳往往需要实验室自行重蒸，或者购买优级纯二硫化碳才能满足方法对空白样品的要求。与此类似的还有分析重金属的盐酸、硝酸等，采用分析纯的酸往往会导致较高的空白和背景值，建议筛选品质可靠的优级纯酸。

牢记试剂/耗材有使用寿命。对于试剂，尤其是已经配制好的试剂，应注意遵守检测方法中对试剂有效期的规定。若没有特殊规定，建议参考执行《化学试剂　标准滴定溶液的制备》（GB/T 601—2016）中关于标准滴定溶液有效期的规定，即常温（15～25℃）下保存时间不超过 2 个月。特别应注意表观不被磨损类耗材的质保期，如定电位电解法的传感器、pH 计的电极等，这些仪器的说明书中明确规定了传感器或者电极的使用次数或者最长使用寿命，应严格遵守，以保证量值的准确性。

11.3.5　数据处理

数据的计算和报出也可能会发生失误，应高度重视。以火电厂排放标准为例，排放标准根据热能转化设施类型的不同，规定了不同的基准氧含量，实测的火电厂烟尘、二氧化硫、氮氧化物和汞及其化合物排放浓度，须折算为基准氧含量下的排放浓度，若忽略了此要求，将现场测试所得结果直接报出，必然导致较大偏差。对于废水检测，须留意在样品稀释后检测时，稀释倍数是否纳入了计算。已经完成的测定结果，还应注意计量单位是否正确，最好有熟悉该项目的工作人员校核，各项目结果汇总后，由专人进行数据审核后发出。录入电脑或者信息平台时，注意检查是否有小数点输入的错误。

完备的质量控制体系运行离不开有效的质量监督。检测机构或者实验室应设置覆盖其检测能力范围的监督员，这些监督员可以是专职的，也可以是兼职的。无论是哪种情形，监督员都应该熟悉检测程序、方法，并能够评价检测结果，发现可能的异常情况。为了使质量监督达到预期效果，最好在年初就制订监督计划，明确监督人、被监督对象、监督内容、监督频次等。通常情况下，新进上岗人员、使用新分析方法或者新设备，以及生产治理工艺发生变化的初期等实施的污染排放情况检测应受到有效监督。监督的情况应以记录的形式予以妥善保存。此外，检测机构或者实验室应定期总结监督情况，编写监督报告，以保证质量体系中的各标准、规范和质量措施等切实得到落实。

第 12 章　信息记录与报告

监测信息记录和报告是相关法律法规的要求，也是排污许可制度实施的重要内容，是排污单位必须开展的工作。信息记录和报告的目的是将排污单位与监测相关的内容记录下来，供管理部门和排污单位使用，同时定期按要求进行信息报告，以说明环境守法状况，同时为社会公众监督提供依据。本章围绕稀有稀土金属冶炼行业应开展的信息记录和报告的内容进行说明，为稀有稀土金属冶炼排污单位提供参考。

12.1　信息记录的目的与意义

说清污染物排放状况，自证是否正常运行污染治理设施、是否依法排污是法律赋予排污单位的权利和义务。自证守法，首先要有可以作为证据的相关资料，信息记录就是将所有可以作为证据的信息保留下来，在需要的时候有据可查。具体来说，信息记录的目的和意义体现在以下几个方面。

首先，便于监测结果溯源。监测的环节很多，任何一个环节出现了问题，都可能造成监测结果的错误。通过信息记录，将监测过程中的重要环节的原始信息记录下来，一旦发现监测结果存在可疑之处，就可以通过查阅相关记录，检查哪个环节出现了问题。对于不影响监测结果的问题，可以通过追溯监测过程进行校正，从而获得正确的结果。

其次，便于规范监测过程。认真记录各个监测环节的信息，便于规范监测活动，避免由于个别疏忽而遗忘个别程序，从而影响监测结果。通过对记录信息的分析，也可以发现影响监测过程的一些关键因素，这也有利于监测过程的改进。

再次，可以实现信息间的相互校验。记录各种过程信息，可以更好地反映排污单位的生产、污染治理、排放状况，从而便于建立监测信息与生产、污染治理等相关信息的逻辑关系，从而为实现信息间的互相校验、加强数据间的质量控制提供基础。通过记录各类信息，可以形成排污单位生产、污染治理、排放等全链条的证据链，避免单方面的信息不足以说明排污状况。

最后，丰富基础信息，有利于科学研究。排污单位生产、污染治理、排放过程中一系列过程信息，对研究排污单位污染治理和排放特征具有重要意义。监测信息记录极大地丰富了污染源排放和治理的基础信息，这为开展科学研究提供了大量基础信息。基于这些基础信息，利用大数据分析方法，可以更好地探索污染排放和治理的规律，为科学制定相关技术要求奠定良好基础。

12.2 信息记录的要求和内容

12.2.1 信息记录要求

信息记录是一项具体而琐碎的工作，做好信息记录对于排污单位和管理部门都很重要，一般来说，信息记录应该符合以下要求。

首先，信息记录的目的在于真实反映排污单位生产、污染治理、排放、监测的实际情况，因此，信息记录不需要专门针对需要记录的内容进行额外整理，只要保证所要求的记录内容便于查阅即可。为了便于查阅，排污单位应尽可能根据一般逻辑习惯整理成为台账保存。保存方式可以是电子台账，也可以是纸质台账，以便于查阅为原则。

其次，信息记录的内容不限于标准规范中要求的内容，其他排污单位认为有利于说清本单位排污状况的相关信息，也可以予以记录。考虑到排污单位污染排放的复杂性，影响排放的因素有很多，而排污单位最了解哪些因素会影响排污状况，因此，排污单位应根据本单位的实际情况，梳理本单位应记录的具体信息，丰富台账资料的内容，从而更好地建立生产、治理、排放的逻辑关系。

12.2.2 信息记录内容

12.2.2.1 手工监测记录

采用手工监测的指标，至少应记录以下 4 个方面的内容：

（1）采样相关记录，包括采样日期、采样时间、采样点位、混合取样的样品数量、采样器名称、采样人姓名等。

（2）样品保存和交接相关记录，包括样品保存方式、样品传输交接记录。

（3）样品分析相关记录，包括分析日期、样品处理方式、分析方法、质控措施、分析结果、分析人姓名等。

（4）质控相关记录，包括质控结果报告单等。

12.2.2.2 自动监测运维记录

自动监测设备的正常运行需要定期进行校准、校验和日常运行维护，校准、校验和日常运行维护开展情况直接决定了自动监测设备是否能够稳定正常运行，通过检查运维单位对自动监测设备的运行维护记录，可以对自动监测设备日常运行状态进行初步判断。因此，排污单位或者负责运行维护的单位要如实记录对自动监测设备的运行维护情况，具体包括自动监测系统运行状况、系统辅助设备运行状况、系统校准、校验工作等，仪器说明书及相关标准规范中规定的其他检查项目，校准、维护保养、维修记录等。

12.2.2.3　生产和污染治理设施运行状况

首先，污染物排放状况与排污单位生产和污染治理设施运行状况密切相关，记录生产和污染治理设施运行状况，有利于更好地说清污染物排放状况。

其次，考虑到受监测能力的限制，无法做到全面连续监测，记录生产和污染治理设施运行状况可以辅助说明未监测时段的排放状况，同时可以对监测数据是否具有代表性进行判断。

最后，由于监测结果可能受到仪器设备、监测方法等各种因素的影响，从而造成监测结果的不确定性，记录生产和污染治理设施运行状况，通过不同时段监测信息和其他信息的对比分析，可以对监测结果的准确性进行总体判断。

对于生产和污染治理设施运行状况，主要记录内容包括监测期间企业及各主要生产设施（至少涵盖废气主要污染源相关生产设施）运行状况（包括停机、启动情况）、产品产量、主要原辅料使用量、取水量、主要燃料消耗量、燃料主要成分、污染治理设施主要运行状态参数、污染治理主要药剂消耗情况等。日常生产中上述信息也需整理成台账保存备查。

12.2.2.4　工业固体废物（危险废物）产生与处理状况

工业固体废物作为重要的环境管理要素，排污单位应对一般工业固体废物和危险废物的产生、处理情况进行记录，同时一般工业固体废物和危险废物信息也可以作为废水、废气污染物产生排放的辅助信息。关于一般工业固体废物和危险废物的记录内容包括各类一般工业固体废物和危险废物的产生量、综合利用量、处置量、贮存量，危险废物还应详细记录其具体去向。

12.3　生产和污染治理设施运行状况

应详细记录企业生产及污染治理设施运行状况，日常生产中也应参照以下内容记录相关信息，并整理成台账保存备查。

12.3.1 生产运行状况记录

根据厂内生产布置和生产运行实际情况，记录每条生产线的原辅材料用量和产量情况。若不同生产线原辅材料交叉使用，且无法估算各生产线的原辅材料使用量或产量，也可以合并进行记录，但要进行说明。

取水量（新鲜水）是指调查年度从各种水源提取的并用于工业生产活动的水量总和，包括城市自来水用量、自备水（地表水、地下水和其他水）用量、水利工程供水量，以及企业从市场购得的其他水（如其他企业回用水量）。工业生产活动用水主要包括工业生产用水、辅助生产（包括机修、运输、空压站等）用水。厂区附属生活用水（厂内绿化、职工食堂、浴室、保健站、生活区居民家庭用水、企业附属幼儿园、学校、游泳池等的用水）如果单独计量且生活污水不与工业废水混排的水量不计入取水量。

主要原辅料（钨精矿、钼精矿、稀土精矿、钽铌精矿、化学药品等）使用量，根据本厂实际从外部购买的原辅材料进行整理记录，重点记录与污染物产生相关的原辅材料使用情况。

主要产品产量，根据排污单位实际生产情况，记录钨粉、钼制品、稀土合金或金属、钽片、铌条等产品的产量，为了更好地掌握污染物产生与生产状况的关系，仲钨酸铵、焙烧钼精矿、稀土分离产品、五氧化二钽和五氧化二铌等作为中间产品而非最终产品的，也应进行记录。

12.3.2 废水污染治理设施运行状况记录

为了佐证废水监测数据情况，按班次记录废水处理量、回用水量、回用去向、废水排放量、排放去向、污泥产生量及含水率、废水处理使用的药剂名称及用量、用电量等；若废水采用蒸发浓缩处理工艺的，还应记录冷凝水回用和排放情况、不凝气处理和排放情况；记录污水处理设施运行、故障及维护情况等。

12.3.3 废气污染治理设施运行状况记录

为了佐证废气监测数据情况，按更换批次记录废气处理使用的吸附剂、过滤材料等耗材的名称及用量；废气采用了副产物回收技术的，应记录副产物回收率、综合利用情况；记录废气处理设施运行参数、故障及维护情况等。

12.3.4 噪声污染治理设施运行状况记录

记录噪声污染治理设施日常巡检、故障及维护或更换情况等。

12.4 固体废物产生和处理情况

记录一般工业固体废物和危险废物的产生量、综合利用量、处置量、贮存量，危险废物还应详细记录其具体去向，原料或辅助工序中产生的其他危险废物的情况也应进行记录。

危险废物应严格执行危险废物相关管理记录与报告要求。根据生态环境部《关于推进危险废物环境管理信息化有关工作的通知》（环办固体函〔2020〕733 号）和《关于进一步推进危险废物环境管理信息化有关工作的通知》（环办固体函〔2022〕230 号）的要求，排污单位应强化主体责任意识，危险废物产生单位应按照国家有关规定通过“全国固体废物管理信息系统”定期申报危险废物的种类、产生量、流向、贮存、处置等有关资料；危险废物转移单位，应当通过国家固废信息系统填写、运行危险废物电子转移联单；危险废物处置单位应按照国家有关规定通过国家固废信息系统如实报告危险废物利用处置情况。

对于委托外单位处置利用一般工业固体废物或者危险废物的，以及接收外单位一般工业固体废物或者危险废物的，应详细记录固体废物处理处置情况。对于自行综合利用、自行处置一般工业固体废物和危险废物的，还应当对本单位所拥有的处置场、焚烧装置等综合利用和处置设施及运行情况进行记录。

固体废物的记录可参照《排污许可证申请与核发技术规范 工业固体废物（试行）》（HJ 1200—2021）的相关要求。

12.5 信息报告及信息公开

12.5.1 信息报告要求

为了使排污单位更好地掌握本单位实际排污状况，也便于更好地对公众说明本单位的排污状况和监测情况，排污单位应编写自行监测年度报告，年度报告至少应包含以下内容：

（1）监测方案的调整变化情况及变更原因。

（2）企业及各主要生产设施（至少涵盖废气主要污染源相关生产设施）全年运行天数，各监测点、各监测指标全年监测次数、超标情况、浓度分布情况。

（3）按要求开展的周边环境质量影响状况监测结果。

（4）自行监测开展的其他情况说明。

（5）排污单位实现达标排放所采取的主要措施。

自行监测年报不限于以上信息，任何有利于说明本单位自行监测情况和排放状况的信息，都可以写入自行监测年报中。另外，对于领取了排污许可证的排污单位，按照排污许可证管理要求，每年应提交年度执行报告，其中自行监测情况属于年度执行报告的重要组成部分，排污单位可以将自行监测年报作为年度执行报告的一部分一并提交。

12.5.2 应急报告要求

由于排污单位非正常排放会对环境或者污水处理设施产生影响，因此对于监测结果出现超标的，排污单位应加强监测，并查找超标原因。短期内无法实现稳定达标排放的，应向生态环境主管部门提交事故分析报告，说明事故发生的原因，采取减轻或防止污染的措施，以及今后的预防及改进措施等；若因发生事故或者其他突发事件，排放的污水可能危及城镇排水与污水处理设施安全运行的，应当立即采取措施消除危害，并及时向城镇排水主管部门和生态环境主管部门等有关部门报告。

12.5.3　信息公开要求

排污单位应根据排污许可证、《企业环境信息依法披露管理办法》（生态环境部令　第 24 号）及《国家重点监控企业自行监测及信息公开办法（试行）》（环发〔2013〕81 号）执行进行信息公开，但不限于此，排污单位还可以采取其他便于公众获取的方式进行信息公开。

信息公开应重点考虑两类群体的信息需求。一是排污单位周边居民的信息需求，周边居民是污染排放的直接影响对象，最关心污染物排放状况对自身及环境的影响，因此对污染物排放状况及周边环境质量状况有强烈的需求。二是排污单位同类行业或者其他相关者的信息需求，同一行业不同排污单位之间存在一定的竞争关系，当然都希望在污染治理上得到相对公平的待遇，因此会格外关心同行的排放状况，对同行业其他排污单位的排放状况信息有同行监督需求。

为了照顾这两类群体的信息需求，信息公开的方式应该便于这两类群体获取。排污单位可以通过在厂区外或当地媒体上发布监测信息，使周边居民及时了解排污单位的排放状况，这类信息公开相对灵活，以便周边居民获取信息。而为了实现同行监督和一些公益组织的监督，也为了便于政府监督，有组织的信息公开方式更有效率。目前，生态环境部通过排污许可证信息管理平台开展排污许可证申请、核发及排污许可证执行情况管理与信息公开，排污单位在该平台填报自行监测信息后可实现统一公开。

第 13 章　自行监测手工数据报送

为了方便排污单位信息报送和管理部门收集相关信息，受生态环境部生态环境监测司委托，中国环境监测总站组织开发了“全国污染源监测数据管理与共享系统”。为落实《排污许可管理条例》第二十三条信息公开有关规定，全国污染源监测数据管理与共享系统和全国排污许可证管理信息平台实现了互联互通，排污单位登录全国排污许可证管理信息平台，通过“监测记录”模块跳转至全国污染源监测数据管理与共享系统填报自行监测手工数据结果。自行监测手工数据填报完成后，在全国排污许可证管理信息平台查看自行监测手工数据信息公开内容。

13.1　自行监测手工数据报送系统总体架构设计

根据《关于印发 2015 年中央本级环境监测能力建设项目建设方案的通知》（环办函〔2015〕1596 号），中国环境监测总站负责建设“全国污染源监测数据管理与信息共享系统”，面向企业用户、环保用户、委托机构用户、系统管理用户 4 类用户，针对各自不同业务需求，系统提供数据采集、排放标准管理、监测业务管理、数据查询与分析、决策支持、数据采集移动终端、自行监测知识库、个人工作台、统一应用支撑、数据交换等功能。

另外，面向其他污染源监测信息采集系统［包括部级建设的固定污染源系统、全国排污许可证管理信息平台、各省（区、市）重点污染源监测系统］使用数据交换平台进行数据交换，减少企业重复填报。

系统整体架构如图 13-1 所示。

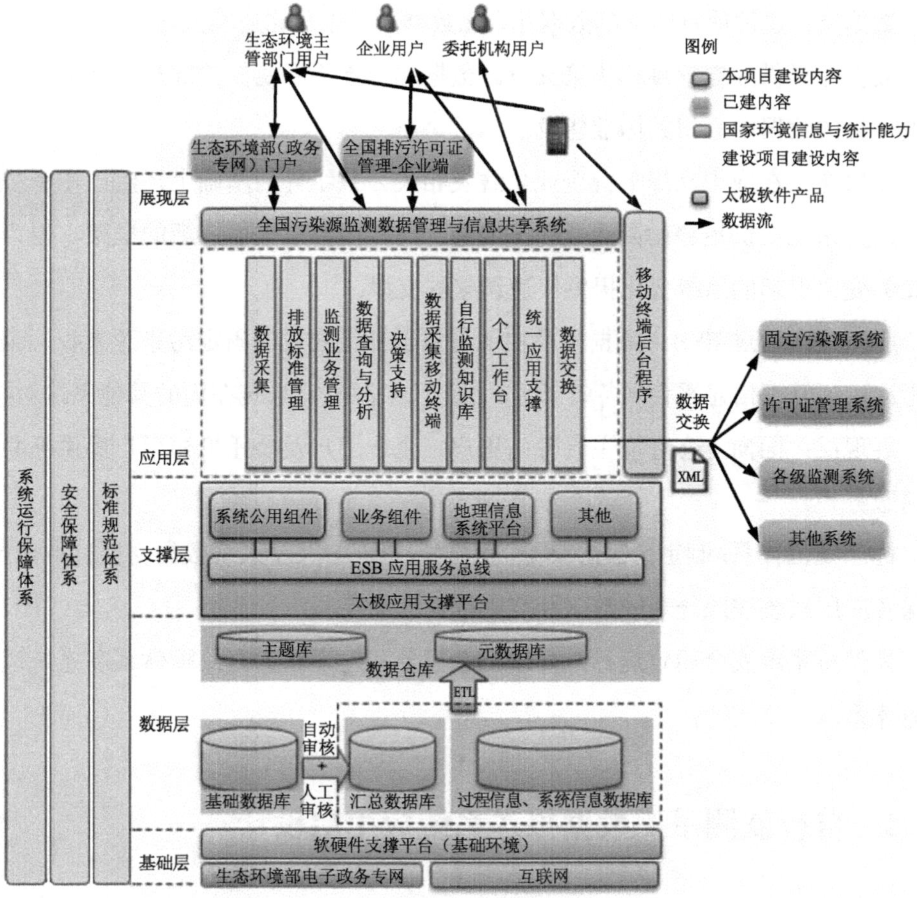

图 13-1　系统总体架构

系统总体架构采用 SOA 面向服务的五层三体系的标准成熟电子政务框架设计，以总线为基础，依托公共组件、通用业务组件和开发工具实现应用系统快速开发和系统集成。系统由基础层、数据层、支撑层、应用层、展现层五层及贯穿项目始终保障项目顺利实施和稳定、安全运行的系统运行保障体系、安全保障体系及标准规范体系构成。

基础层：在利用中国环境监测总站现有的软硬件及网络环境的基础上配置相应的系统运行所需软硬件设备及安全保障设备。

数据层：建设项目的基础数据库、元数据库，并在此基础上建设主题数据库、空间数据库提供数据挖掘和决策支持。数据库依据原环境保护部相关标准及能力建设项目的数据中心相关标准建设。

支撑层：在应用支撑平台企业总线及相关公共组件的基础上，建设本系统的组件，为系统提供足够的灵活性和扩展性，为应用集成提供灵活的框架，也为将来业务变化引起的系统变化提供快速调整的支撑。

应用层：通过 ESB、数据交换实现与包括部级建设的固定污染源系统、全国排污许可证管理信息平台、各省（区、市）污染源监测系统在内的其他系统对接。

展现层：面向生态环境主管部门用户、企业用户及委托机构用户提供互联网访问服务。

标准规范体系：制定全国污染源监测数据管理与共享系统数据交换标准规范，确保各应用系统按照统一的数据标准进行数据交换。

为保持系统安全稳定运行，同步配套设计和建设了安全保障体系和系统运行保障体系。

13.2 自行监测手工数据报送系统应用层设计

全国污染源监测数据管理与信息共享系统提供的业务应用包括数据采集、排放标准管理、监测业务管理、数据查询与分析、决策支持、数据采集移动终端、自行监测知识库、个人工作台、统一应用支撑及数据交换共享平台 10 个子系统。系统功能架构见图 13-2。

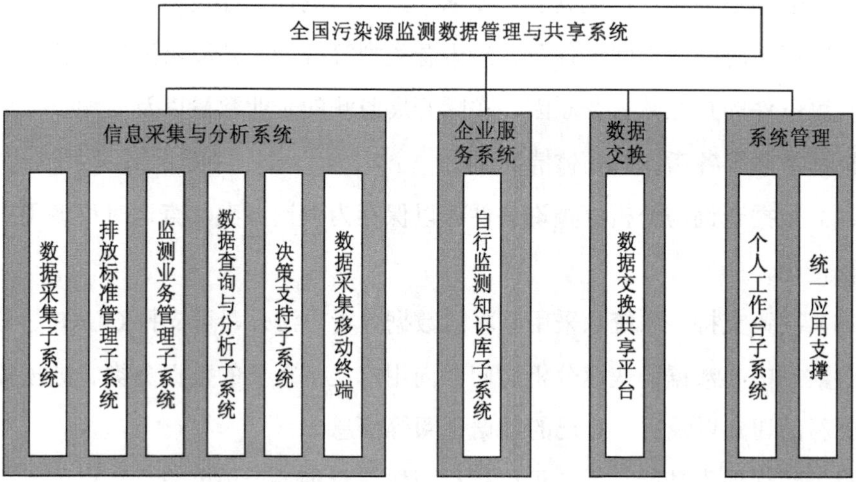

图 13-2　系统功能架构

（1）数据采集：主要对企业自行监测手工数据和管理部门开展的执法监测数据进行采集。面向全国已核发排污许可证的企业采集监测数据，提供信息填报、审核、查询、发布功能，并形成关联以持续监督。

系统能够满足各级生态环境主管部门录入执法监测数据、质控抽测数据、监督检查信息与结果、监测站标准化建设情况、环境执法与监管情况等。企业的基础信息由全国排污许可证管理信息平台直接获取，在系统中不可更改。企业自行监测方案由全国排污许可证管理信息平台直接获取，生态环境主管部门不再进行审核，企业自主确定自行监测方案执行时间。自行监测方案中除许可不包括要素外，其余要素在系统中不可更改。由于不同来源数据的采集频次和采集方式不同，系统能够提供不同的数据接入方式。

（2）排放标准管理：提供排放标准的维护管理和达标评价功能。管理用户可以对标准进行增、删、改、查操作，以保持标准为最新版本。提供接口，数据录入编辑和数据进行发布时均可调用该接口判定该数据是否超标，超标的给予提示并按超标比例的不同给出不同颜色提醒。

（3）监测业务管理：根据管理要求，汇总监测体系建设运行总体情况，生成表格。实现按时间、空间、行业、污染源类型等统计应开展监测的企业数量、不具备监测条件的企业数量及原因、实际开展监测的企业数量以及监测点位数量、监测指标数量等各指标的具体情况。

（4）数据查询与分析：查询条件可以保存为查询方案，查询时可调用查询方案进行查询。

（5）决策支持：系统除采用基本的数据分析方法外，可支持 OLAP 等分析技术，对数据中心数据的快速分析访问，向用户显示重要的数据分类、数据集合、数据更新的通知以及用户自己的数据订阅等信息。

提供环保搜索功能，用户可以按权限快速查询各类环境信息，也可以直接从系统进行汇总、平均或读取数据，实现多维数据结构的灵活表现。

（6）数据采集移动终端：数据采集移动端帮助环保用户随时随地了解企业情况并上报检查信息，提高污染源数据采集信息的及时性和准确性。

（7）自行监测知识库：企业自行监测知识库系统对排污单位提供自行监测相关的法律法规、政策文件、排放标准、监测技术规范和方法、自行监测方案范例、相关处罚案例等查询服务，帮助和指导企业做好自行监测工作。

（8）个人工作台：包括信息提醒（邮件和短信）、通知管理、数据报送情况查询、数据校验规则设置与管理等。为不同用户提供针对性强的用户体验，方便用户使用。

（9）统一应用支撑：实现系统维护相关功能，系统维护人员和数据管理人员基于这些功能对数据采集和服务进行管理，综合信息管理主要包括系统管理、个人工作管理、数据管理等方面的功能。

（10）数据交换共享平台：建立数据交换共享平台，实现系统中各子系统间的内部数据交换，以及实现与外部系统的数据交换。

内部交换包括采集子系统与查询分析子系统，各子系统与信息发布子系统之间进行数据交换。

外部交换主要是与其他信息系统的数据对接，将依据能力建设项目的相关标准制定监测数据标准、交换的工作流程标准、安全标准及交换运行保障标准等标准，制定统一的数据接口供各地现行污染源监测信息管理与数据共享。各相关系统按数据标准生成数据 XML 文件通过接口传递到本系统解析入库，以实现与本系统的互联互通，减少企业重复录入，提高数据质量。

13.3　自行监测手工数据报送方式和内容

13.3.1　报送方式

排污单位自行监测手工数据报送方式为登录全国排污许可证管理信息平台，通过“监测记录”模块跳转至全国污染源监测数据管理与共享系统填报自行监测手工数据结果。自行监测手工数据填报完成后，在全国排污许可证管理信息平台查看自行监测手工数据信息公开内容。自行监测手工数据报送流程如图 13-3 所示。

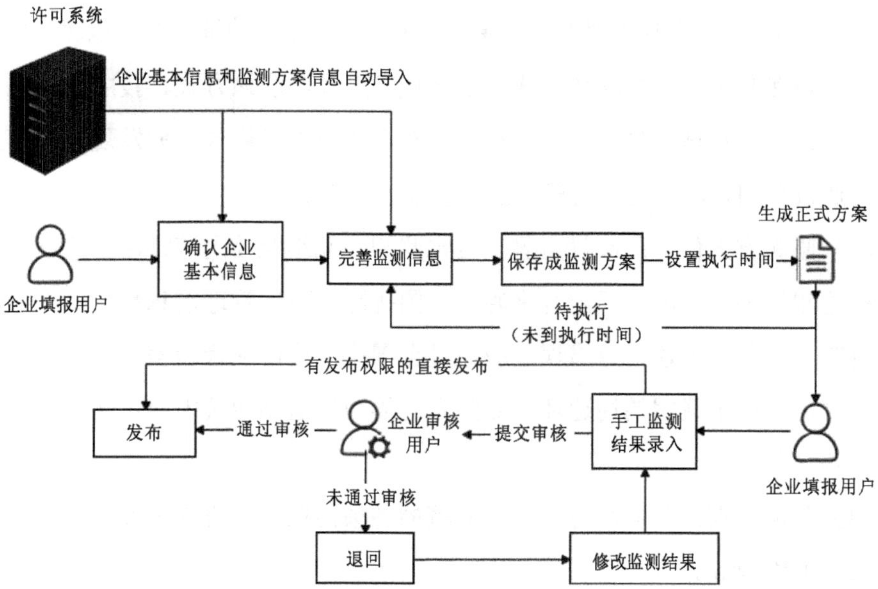

图 13-3　排污单位自行监测数据报送流程

13.3.2 具体流程

企业相关基础信息由全国排污许可证管理信息平台直接获取，在系统中不可更改。由全国排污许可证管理信息平台直接获取的企业自行监测方案相关要素（废气监测、废水监测、无组织监测）在系统中不可更改，企业可补充完善自行监测方案中的其他要素（周边环境、厂界噪声）。自行监测方案补充完善后，生态环境主管部门不再进行审核，企业自主确定自行监测方案执行时间。

自行监测数据的填报流程。自行监测方案到企业自主设定的执行时间后，企业按监测方案开展监测并按要求填报自行监测手工数据结果，手工监测数据需经过企业内部审核，审核通过的进行发布，不通过的退回企业填报用户修改。具有审核权限的填报用户也可以直接发布。

13.3.3 具体内容

（1）企业基本信息：企业名称、社会信用代码、组织机构代码（与统一社会信用代码二选一）、行业类别、企业注册地址、企业生产地址、企业地理位置、流域信息、环保联系人及其联系方式、法定代表人及其联系方式、技术负责人等由全国排污许可证管理信息平台直接获取，在系统中不可修改。如发现上述信息错误，应通过全国排污许可证管理信息平台进行修改完善。

（2）监测方案信息：废气监测、废水监测、无组织监测等排污许可证中明确了自行监测相关要求的各项内容来源于全国排污许可证管理信息平台，在系统中不可更改。如发现上述信息错误，应通过全国排污许可证管理信息平台进行修改完善。许可证中未载明的周边环境监测和厂界噪声监测相关内容可在系统中进行补充完善。

（3）监测数据：各监测点位开展监测的各项污染物的排放浓度、相关参数信息、未监测原因等。

13.4　自行监测信息完善

13.4.1　监测方案信息完善

排污单位自行监测方案信息（废气监测、废水监测、无组织监测）自动从全国排污许可证管理信息平台导入本系统中，排污许可证未载明的周边环境和厂界噪声自行监测要求企业可在本系统补充完善。

企业用户在系统主界面进入“数据采集”—“企业信息填报”—“监测方案信息”。在【选择方案版本】中如果选择“版本号名称”即可查看相应版本号的监测信息。如果想修改监测信息，点击右侧【加载该版本】即可，然后在【选择方案版本】处选择【当前编辑】。修改的过程可参照下面介绍的录入过程。录入新的监测信息，应在【选择方案版本】处选择【当前编辑】，然后点击右侧的【编辑】按钮进行编辑。如图 13-4 所示。

图 13-4　企业监测方案信息加载页面

在监测方案信息当前编辑中，会有从全国排污许可证管理信息平台同步过来的监测方案信息，包含相关排放设备、监测点、监测项目、排放标准、限值、监测频次等信息。如图 13-5 所示。

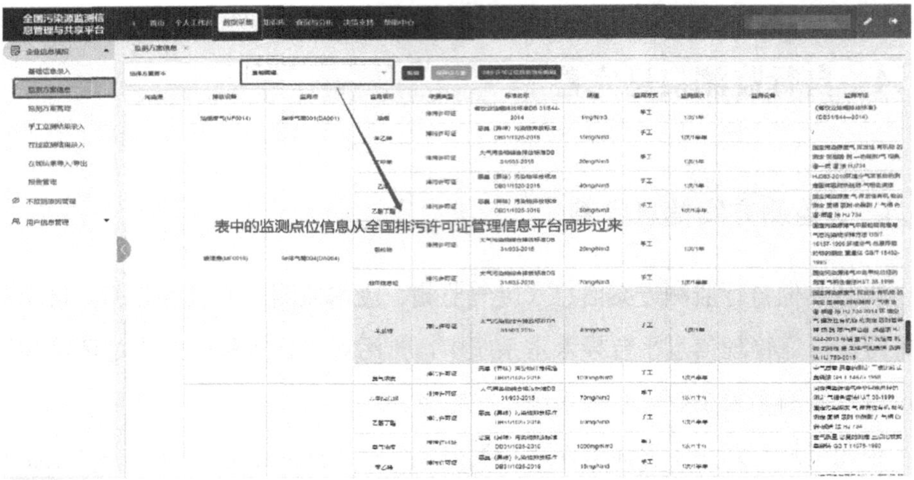

图 13-5　许可证系统导入企业的监测方案信息页面

13.4.1.1　周边环境和厂界噪声监测信息录入

（1）新增周边环境和厂界噪声监测点

在编辑页面下，点击周边环境和厂界噪声监测点右上方的【增加监测点】，弹出监测点新增页面。输入【排序序号】【监测点名称】【监测点编号】，选择【经度】【纬度】【开始时间】【结束时间】，周边环境还需选择【监测类型】。点击【新增标准】弹出新增标准页面，新增标准成功后，点击【提交】按钮回到新增监测点页面，在此页面确定填写完全部信息后，点击【立即提交】按钮即可。这两类监测点的新增页面类似，如图 13-6、图 13-7 所示。

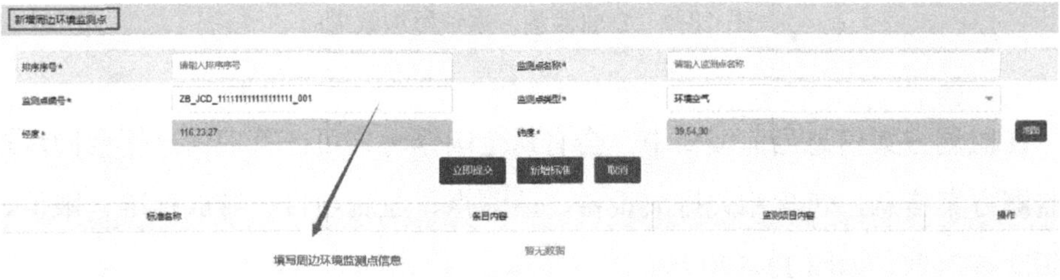

图 13-6　新增周边环境监测点信息

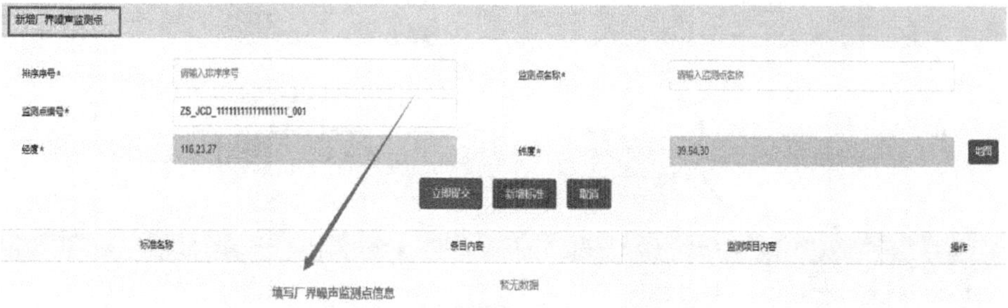

图 13-7 新增厂界噪声监测点信息

（2）新增周边环境和厂界噪声监测项目

一个监测点可能有多个监测项目，在添加完【监测点】之后，点击【增加项目】，弹出监测项目新增页面，录入相关信息。如图 13-8 所示。

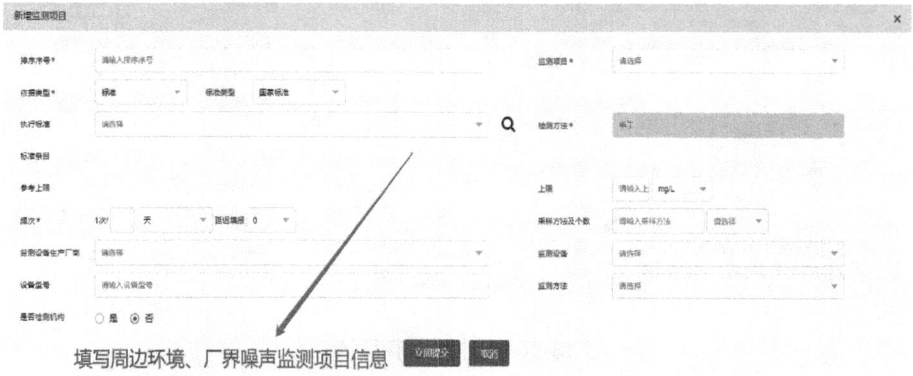

图 13-8 新增监测项目信息

（3）修改周边环境和厂界噪声监测项目信息

修改周边环境和厂界噪声监测点、监测项目时，点击相应的名称，即可进入修改页面，修改过程可参照本小节的第（1）（2）部分的新增过程。如图 13-9 所示。

图 13-9　修改监测项目信息

（4）删除周边环境和厂界噪声监测项目信息

删除周边环境和厂界噪声监测点、监测项目时，点击相应名称右侧的【删除】按钮即可。如图 13-10 所示。

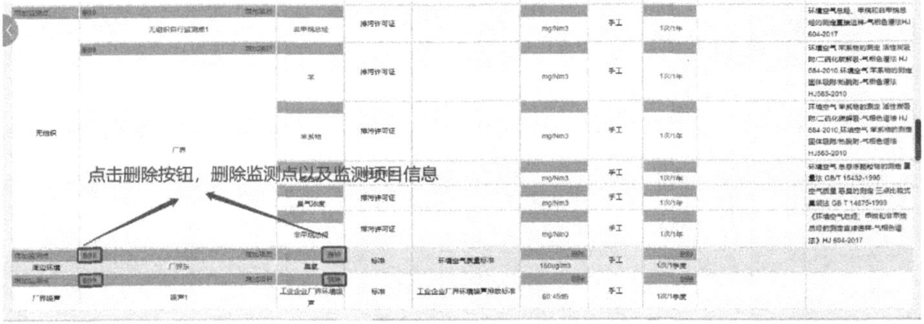

图 13-10　删除监测项目信息

13.4.1.2　完成监测方案

周边环境和厂界噪声监测信息录入完成后，点击页面上的【保存成方案】按钮，会弹出新建监测方案页面，输入【方案名称】【方案版本】等，选择【公开开始时间】【公开结束时间】【编制日期】，上传【单位平面图】【监测点位示意图】，设置方案开始执行时间，最后可点击【暂存】或者【生成正式方案】按钮。如图 13-11、图 13-12 所示。

图 13-11　监测方案内容

图 13-12　监测方案基本信息

13.4.1.3　监测方案管理

企业用户在系统主界面进入“数据采集”—“企业信息填报”—“监测方案管理”。

（1）查看

根据查询列表结果，点击每条数据右侧的查看🔍按钮，即可查看监测方案的部分信息。如图 13-13 所示。

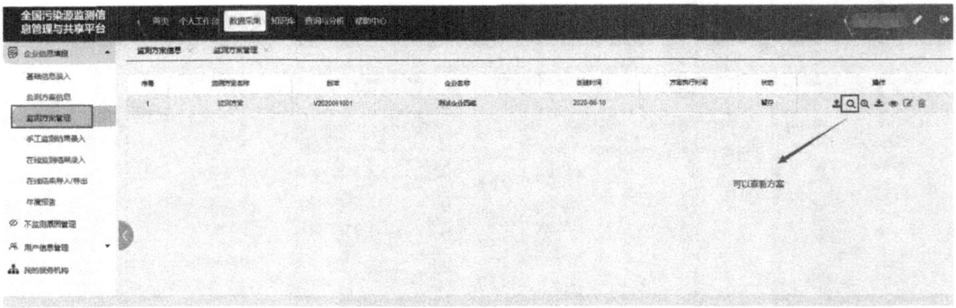

图 13-13　查看监测方案

进入监测方案查看信息页面后，点击右下方的【查看详情】按钮即可查看相应的详细信息。如图 13-14、图 13-15 所示。

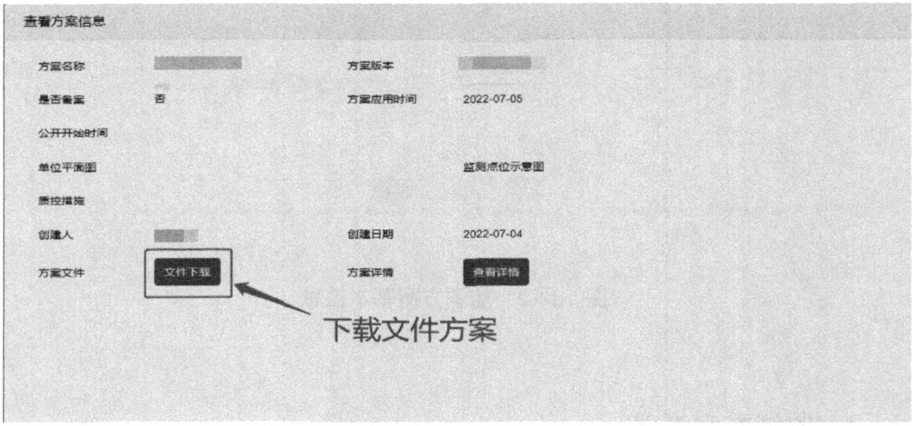

图 13-14　监测方案下载与查看

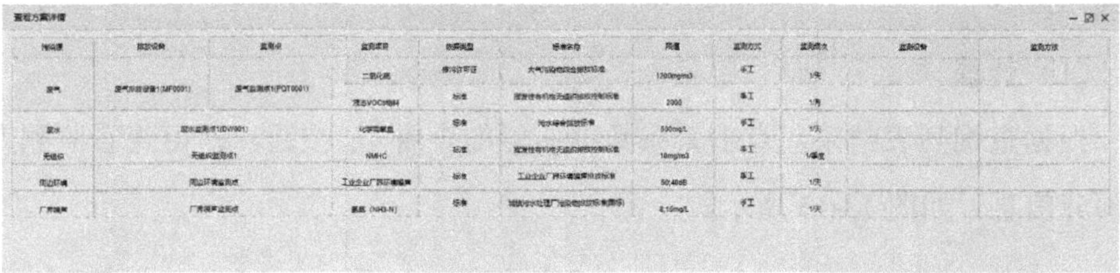

图 13-15　监测方案内容查看

（2）修改

针对方案状态【暂存】的情况可以对方案进行修改，点击右侧的【修改】按钮，可对方案基本信息进行修改，修改完成后点击【生成正式方案】按钮。如图 13-16 所示。

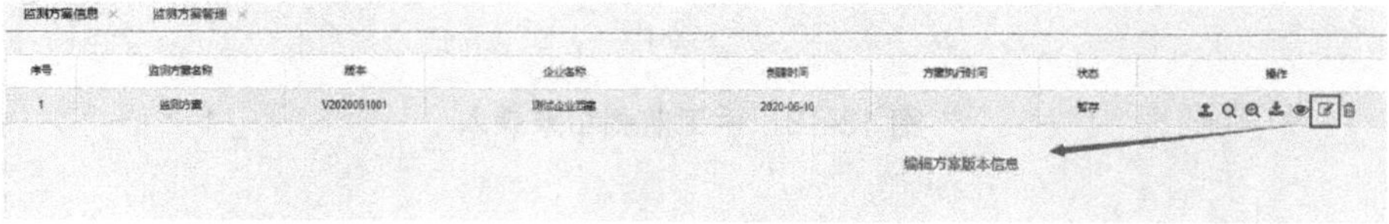

图 13-16　监测方案修改

（3）删除

针对方案状态【暂存】的情况可以对方案进行删除，点击右侧的【删除】按钮，即可对方案进行删除。如图 13-17 所示。

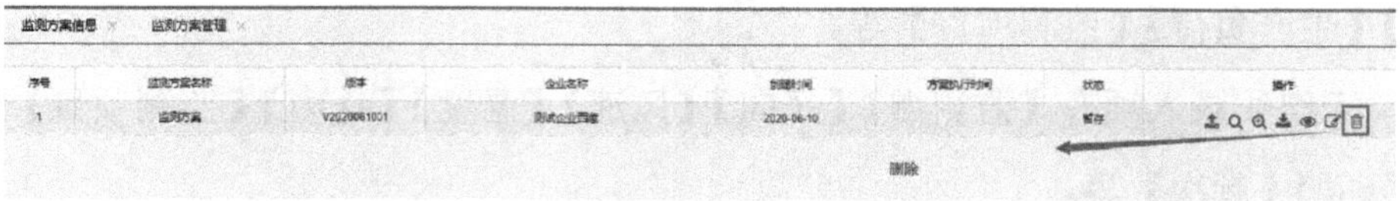

图 13-17　删除监测方案

13.4.2　监测数据录入

企业填报账户登录系统进入主界面“数据采集”—“企业信息填报”—“手工监测结果录入”。到达企业自主设定的方案开始执行时间后，方案正式生效，企业可针对监测项目，录入手工监测结果。

（1）录入手工监测结果

针对相应监测项目，选择需要录入手工监测结果的采样日期，“黄色”代表未填报完成，“绿色”代表填报完成，“橘色”代表未填报完成且超期，“红色矩形框”代表有超标数据。如图 13-18 所示。

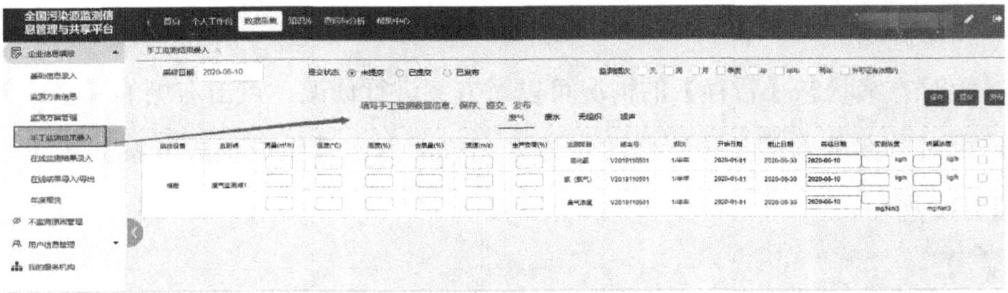

图 13-18　手工监测结果录入

企业选择完填报日期后，可选择不同的提交状态：【未提交】【已提交】【已发布】，下方会有【废水】【废气】【无组织】【周边环境】【噪声】中的一项或多项。

废水录入项有【监测点】【流量】【工作负荷】【监测项目】【频次单位】【频次】【截止日期】【监测结果】【备注原因】。

废气录入项有【排放设备】【监测点】【流量】【温度】【湿度】【含氧量】【流速】【生产负荷】【监测项目】等。

无组织录入项有【监测点】【风向】【风速】【温度】【压力】【监测项目】【频次单位】【频次】等。

周边环境录入项有【环境空气监测点】【湿度】【气温】【气压】【风速】【风向】【监测项目】【频次单位】等。

若录入的监测结果浓度超过标准值，文本所在输入框会变成红色，提示结果超标。如图 13-19 所示。

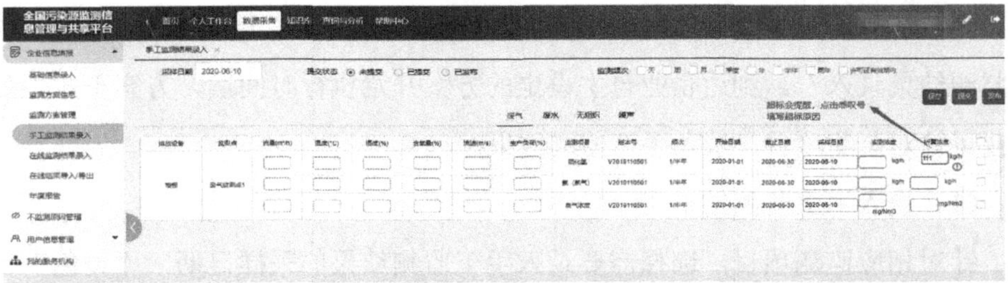

图 13-19　手工监测结果超标提示

（2）保存手工监测结果

此功能用于保存填报用户填完的手工监测结果，但不提交审核。只需在填报信息后，点击【保存】按钮，之前录入的信息即进行保存。如图 13-20 所示。

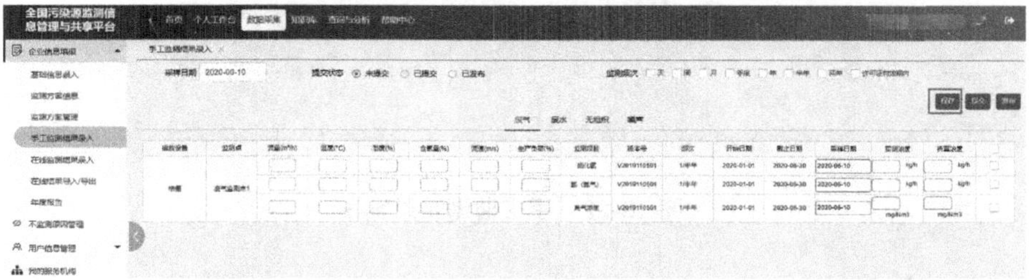

图 13-20　手工监测结果保存

（3）提交审核手工监测结果

此功能用于填报用户提交手工监测结果，针对需要提交的手工监测结果，在每条记录右侧或者全选旁的选择框□下进行勾选，再点击上方的【立即提交】按钮即可。如图 13-21 所示。

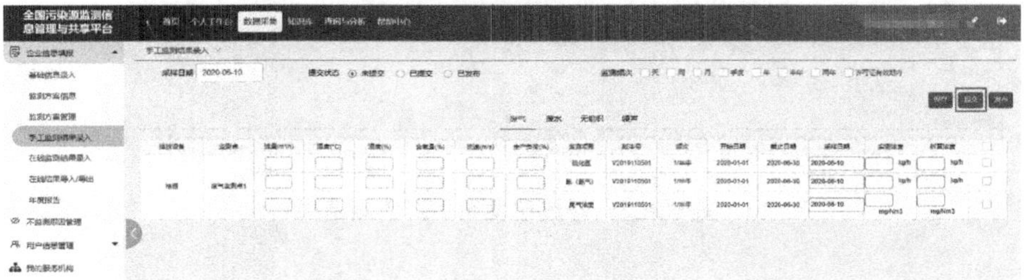

图 13-21　手工监测结果提交

（4）发布

此功能用于企业审核用户，对提交的手工监测结果进行发布处理。针对【提交状态】为【已提交】的手工监测结果，对需要发布的监测结果，在每条记录右侧或者全选旁的选择框□下进行勾选，然后点击【发布】按钮对其进行发布。如图 13-22 所示。

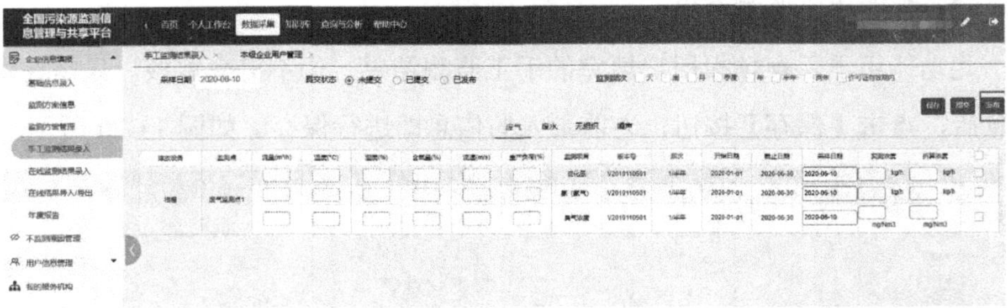

图 13-22　手工监测结果发布

（5）修改已发布数据

企业填报用户可以对已发布的手工监测结果进行修改，点击结果数据记录右侧的【修改】按钮，修改数据信息，即可完成修改。如图 13-23 所示。

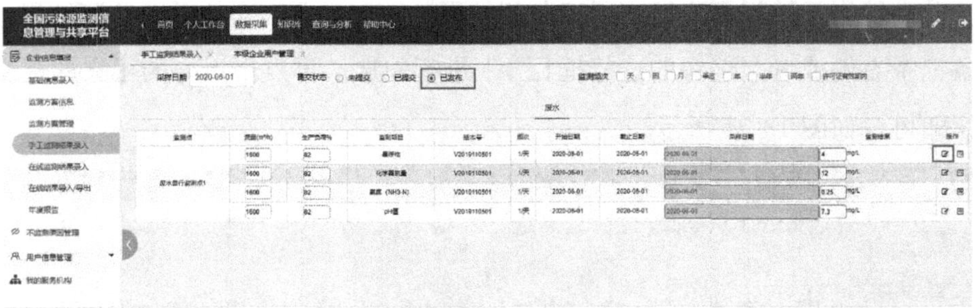

图 13-23　修改已发布手工监测结果

13.4.3　监测数据信息公开

企业审核用户对提交的手工监测结果进行发布处理后的次日，全国排污许可证管理信息平台公开企业自行监测手工数据。信息公开内容条目分为废气、废水、无组织、周边环境和厂界噪声，具体内容包括企业名称、监测点名称、监测项目名称、采样/监测时间、浓度等。如图 13-24 所示。

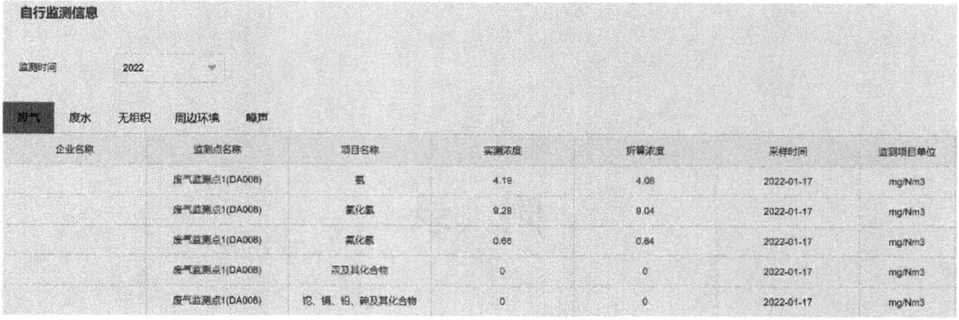

自行监测信息

监测时间　2022

废气　废水　无组织　周边环境　噪声

企业名称	监测点名称	项目名称	实测浓度	折算浓度	采样时间	监测项目单位
	废气监测点1(DA008)	氨	4.19	4.08	2022-01-17	mg/Nm3
	废气监测点1(DA008)	氯化氢	9.28	9.04	2022-01-17	mg/Nm3
	废气监测点1(DA008)	氟化氢	0.66	0.64	2022-01-17	mg/Nm3
	废气监测点1(DA008)	汞及其化合物	0	0	2022-01-17	mg/Nm3
	废气监测点1(DA008)	铊、镉、铅、砷及其化合物	0	0	2022-01-17	mg/Nm3

图 13-24　自行监测手工数据结果信息公开

附　录

附录 1

排污单位自行监测技术指南　总则

（HJ 819—2017）

前言

为落实《中华人民共和国环境保护法》《中华人民共和国大气污染防治法》《中华人民共和国水污染防治法》，指导和规范排污单位自行监测工作，制定本标准。

本标准提出了排污单位自行监测的一般要求、监测方案制定、监测质量保证和质量控制、信息记录和报告的基本内容和要求。

本标准为首次发布。

本标准由环境保护部环境监测司、科技标准司提出并组织制订。

本标准主要起草单位：中国环境监测总站。

本标准环境保护部 2017 年 4 月 25 日批准。

本标准自 2017 年 6 月 1 日起实施。

本标准由环境保护部解释。

1 适用范围

本标准提出了排污单位自行监测的一般要求、监测方案制定、监测质量保证和质量控制、信息记录和报告的基本内容和要求。

排污单位可参照本标准在生产运行阶段对其排放的水、气污染物，噪声以及对其周边环境质量影响开展监测。

本标准适用于无行业自行监测技术指南的排污单位；行业自行监测技术指南中未规定的内容按本标准执行。

2 规范性引用文件

本标准引用了下列文件或其中的条款。凡是未注明日期的引用文件，其最新版本适用于本标准。

GB 12348 工业企业厂界环境噪声排放标准

GB/T 16157 固定污染源排气中颗粒物测定与气态污染物采样方法

HJ 2.1 环境影响评价技术导则 总纲

HJ 2.2 环境影响评价技术导则 大气环境

HJ/T 2.3 环境影响评价技术导则 地面水环境

HJ 2.4 环境影响评价技术导则 声环境

HJ/T 55 大气污染物无组织排放监测技术导则

HJ/T 75 固定污染源烟气排放连续监测技术规范（试行）

HJ/T 76 固定污染源烟气排放连续监测系统技术要求及检测方法（试行）

HJ/T 91 地表水和污水监测技术规范

HJ/T 92 水污染物排放总量监测技术规范

HJ/T 164 地下水环境监测技术规范

HJ/T 166 土壤环境监测技术规范

HJ/T 194 环境空气质量手工监测技术规范

HJ/T 353 水污染源在线监测系统安装技术规范（试行）

HJ/T 354 水污染源在线监测系统验收技术规范（试行）

HJ/T 355 水污染源在线监测系统运行与考核技术规范（试行）

HJ/T 356 水污染源在线监测系统数据有效性判别技术规范（试行）

HJ/T 397 固定源废气监测技术规范

HJ 442 近岸海域环境监测规范

HJ 493 水质 样品的保存和管理技术规定

HJ 494 水质 采样技术指导

HJ 495 水质 采样方案设计技术规定

HJ 610 环境影响评价技术导则 地下水环境

HJ 733 泄漏和敞开液面排放的挥发性有机物检测技术导则

《企业事业单位环境信息公开办法》（环境保护部令 第31号）

《国家重点监控企业自行监测及信息公开办法（试行）》（环发〔2013〕81号）

3 术语和定义

下列术语和定义适用于本标准。

3.1 自行监测 self-monitoring

指排污单位为掌握本单位的污染物排放状况及其对周边环境质量的影响等情况，按照相关法律法规和技术规范，组织开展的环境监测活动。

3.2 重点排污单位 key pollutant discharging entity

指由设区的市级及以上地方人民政府环境保护主管部门商有关部门确定的本行政区域内的重点排污单位。

3.3 外排口监测点位 emission site

指用于监测排污单位通过排放口向环境排放废气、废水（包括向公共污水处理系统排放废水）污染物状况的监测点位。

3.4 内部监测点位 internal monitoring site

指用于监测污染治理设施进口、污水处理厂进水等污染物状况的监测点位，或监测工艺过程中影响特定污染物产生排放的特征工艺参数的监测点位。

4 自行监测的一般要求

4.1 制定监测方案

排污单位应查清所有污染源，确定主要污染源及主要监测指标，制定监测方案。监测方案内容包括：单位基本情况、监测点位及示意图、监测指标、执行标准及其限值、监测频次、采样和样品保存方法、监测分析方法和仪器、质量保证与质量控制等。

新建排污单位应当在投入生产或使用并产生实际排污行为之前完成自行监测方案的编制及相关准备工作。

4.2 设置和维护监测设施

排污单位应按照规定设置满足开展监测所需要的监测设施。废水排放口，废气（采样）监测平台、监测断面和监测孔的设置应符合监测规范要求。监测平台应便于开展监测活动，应能保证监测人员的安全。

废水排放量大于 100 t/d 的，应安装自动测流设施并开展流量自动监测。

4.3 开展自行监测

排污单位应按照最新的监测方案开展监测活动，可根据自身条件和能力，利用自有人员、场所和设备自行监测；也可委托其他有资质的检（监）测机构代其开展自行监测。

持有排污许可证的企业自行监测年度报告内容可以在排污许可证年度执行报告中体现。

4.4 做好监测质量保证与质量控制

排污单位应建立自行监测质量管理制度，按照相关技术规范要求做好监测质量保证与质量控制。

4.5 记录和保存监测数据

排污单位应做好与监测相关的数据记录，按照规定进行保存，并依据相关法规向社会公开监测结果。

5 监测方案制定

5.1 监测内容

5.1.1 污染物排放监测

包括废气污染物（以有组织或无组织形式排入环境）、废水污染物（直接排入环境或排入公共污水处理系统）及噪声污染等。

5.1.2 周边环境质量影响监测

污染物排放标准、环境影响评价文件及其批复或其他环境管理有明确要求的，排污单位应按照要求对其周边相应的空气、地表水、地下水、土壤等环境质量开展监测；其他排污单位根据实际情况确定是否开展周边环境质量影响监测。

5.1.3 关键工艺参数监测

在某些情况下，可以通过对与污染物产生和排放密切相关的关键工艺参数进行测试以补充污染物排放监测。

5.1.4 污染治理设施处理效果监测

若污染物排放标准等环境管理文件对污染治理设施有特别要求的，或排污单位认为有必要的，应对污染治理设施处理效果进行监测。

5.2 废气排放监测

5.2.1 有组织排放监测

5.2.1.1 确定主要污染源和主要排放口

符合以下条件的废气污染源为主要污染源：

a）单台出力 14 MW 或 20 t/h 及以上的各种燃料的锅炉和燃气轮机组；

b）重点行业的工业炉窑（水泥窑、炼焦炉、熔炼炉、焚烧炉、熔化炉、铁矿烧结炉、加热炉、热处理炉、石灰窑等）；

c）化工类生产工序的反应设备（化学反应器/塔、蒸馏/蒸发/萃取设备等）；

d）其他与上述所列相当的污染源。

符合以下条件的废气排放口为主要排放口：

a）主要污染源的废气排放口；

b）“排污许可证申请与核发技术规范”确定的主要排放口；

c）对于多个污染源共用一个排放口的，凡涉及主要污染源的排放口均为主要排放口。

5.2.1.2 监测点位

a）外排口监测点位：点位设置应满足 GB/T 16157、HJ 75 等技术规范的要求。净烟气与原烟气混合排放的，应在排气筒或烟气汇合后的混合烟道上设置监测点位；净烟气直接排放的，应在净烟气烟道上设置监测点位，有旁路的旁路烟道也应设置监测点位。

b）内部监测点位设置：当污染物排放标准中有污染物处理效果要求时，应在进入相应污染物处理设施单元的进出口设置监测点位。当环境管理文件有要求，或排污单位认为有必要的，可设置开展相应监测内容的内部监测点位。

5.2.1.3 监测指标

各外排口监测点位的监测指标应至少包括所执行的国家或地方污染物排放（控制）标准、环境影响评价文件及其批复、排污许可证等相关管理规定明确要求的污染物指标。排污单位还应根据生产过程的原辅用料、生产工艺、中间及最终产品，确定是否排放纳入相关有毒有害或优先控制污染物名录中的污染物指标，或其他有毒污染物指标，这些指标也应纳入监测指标。

对于主要排放口监测点位的监测指标，符合以下条件的为主要监测指标：

a）二氧化硫、氮氧化物、颗粒物（或烟尘/粉尘）、挥发性有机物中排放量较大的污染物指标；

b）能在环境或动植物体内积蓄对人类产生长远不良影响的有毒污染物指标（存在有毒有害或优先控制污染物相关名录的，以名录中的污染物指标为准）；

c）排污单位所在区域环境质量超标的污染物指标。

内部监测点位的监测指标根据点位设置的主要目的确定。

5.2.1.4 监测频次

a）确定监测频次的基本原则。

排污单位应在满足本标准要求的基础上，遵循以下原则确定各监测点位不同监测指标的监测频次：

1）不应低于国家或地方发布的标准、规范性文件、规划、环境影响评价文件及其批复等明确规定的监测频次；

2）主要排放口的监测频次高于非主要排放口；

3）主要监测指标的监测频次高于其他监测指标；

4）排向敏感地区的应适当增加监测频次；

5）排放状况波动大的，应适当增加监测频次；

6）历史稳定达标状况较差的需增加监测频次，达标状况良好的可以适当降低监测频次；

7）监测成本应与排污企业自身能力相一致，尽量避免重复监测。

b）原则上，外排口监测点位最低监测频次按照表 1 执行。废气烟气参数和污染物浓度应同步监测。

表 1　废气监测指标的最低监测频次

排污单位级别	主要排放口		其他排放口的监测指标
	主要监测指标	其他监测指标	
重点排污单位	月—季度	半年—年	半年—年
非重点排污单位	半年—年	年	年

注：为最低监测频次的范围，分行业排污单位自行监测技术指南中依据此原则确定各监测指标的最低监测频次。

c）内部监测点位的监测频次根据该监测点位设置目的、结果评价的需要、补充监测结果的需要等进行确定。

5.2.1.5　监测技术

监测技术包括手工监测、自动监测两种，排污单位可根据监测成本、监测指标以及监测频次等内容，合理选择适当的监测技术。

对于相关管理规定要求采用自动监测的指标，应采用自动监测技术；对于监测频次高、自动监测技术成熟的监测指标，应优先选用自动监测技术；其他监测指标，可选用手工监测技术。

5.2.1.6　采样方法

废气手工采样方法的选择参照相关污染物排放标准及 GB/T 16157、HJ/T 397 等执行。废气自动监测参照 HJ/T 75、HJ/T 76 执行。

5.2.1.7　监测分析方法

监测分析方法的选用应充分考虑相关排放标准的规定、排污单位的排放特点、污染物排放浓度的高低、所采用监测分析方法的检出限和干扰等因素。

监测分析方法应优先选用所执行的排放标准中规定的方法。选用其他国家、行业标准方法的，方法的主要特性参数（包括检出下限、精密度、准确度、干扰消除等）需符合标准要求。尚无国家和行业标准分析方法的，或采用国家和行业标准方法不能得到合格测定数据的，可选用其他方法，但必须做方法验证和对比实验，证明该方法主要特性参数的可靠性。

5.2.2 无组织排放监测

5.2.2.1 监测点位

存在废气无组织排放源的，应设置无组织排放监测点位，具体要求按相关污染物排放标准及 HJ/T 55、HJ 733 等执行。

5.2.2.2 监测指标

按本标准 5.2.1.3 执行。

5.2.2.3 监测频次

钢铁、水泥、焦化、石油加工、有色金属冶炼、采矿业等无组织废气排放较重的污染源，无组织废气每季度至少开展一次监测；其他涉及无组织废气排放的污染源每年至少开展一次监测。

5.2.2.4 监测技术

按本标准 5.2.1.5 执行。

5.2.2.5 采样方法

参照相关污染物排放标准及 HJ/T 55、HJ 733 执行。

5.2.2.6 监测分析方法

按本标准 5.2.1.7 执行。

5.3 废水排放监测

5.3.1 监测点位

5.3.1.1 外排口监测点位

在污染物排放标准规定的监控位置设置监测点位。

5.3.1.2 内部监测点位

按本标准 5.2.1.2 b）执行。

5.3.2 监测指标

符合以下条件的为各废水外排口监测点位的主要监测指标：

a）化学需氧量、五日生化需氧量、氨氮、总磷、总氮、悬浮物、石油类中排放量较大的污染物指标；

b)污染物排放标准中规定的监控位置为车间或生产设施废水排放口的污染物指标，以及有毒有害或优先控制污染物相关名录中的污染物指标；

c）排污单位所在流域环境质量超标的污染物指标。

其他要求按本标准 5.2.1.3 执行。

5.3.3 监测频次

5.3.3.1 监测频次确定的基本原则

按本标准 5.2.1.4 a）执行。

5.3.3.2 原则上，外排口监测点位最低监测频次按照表 2 执行。各排放口废水流量和污染物浓度同步监测。

表 2 废水监测指标的最低监测频次

排污单位级别	主要监测指标	其他监测指标
重点排污单位	日—月	季度—半年
非重点排污单位	季度	年

注：为最低监测频次的范围，在行业排污单位自行监测技术指南中依据此原则确定各监测指标的最低监测频次。

5.3.3.3 内部监测点位监测频次

按本标准 5.2.1.4 c）执行。

5.3.4 监测技术

按本标准 5.2.1.5 执行。

5.3.5 采样方法

废水手工采样方法的选择参照相关污染物排放标准及 HJ/T 91、HJ/T 92、HJ 493、HJ 494、HJ 495 等执行，根据监测指标的特点确定采样方法为混合采样方法或瞬时采样的方法，单次监测采样频次按相关污染物排放标准和 HJ/T 91 执行。污水自动监测采样方法参照 HJ/T 353、HJ/T 354、HJ/T 355、HJ/T 356 执行。

5.3.6 监测分析方法

按本标准 5.2.1.7 执行。

5.4 厂界环境噪声监测

5.4.1 监测点位

5.4.1.1 厂界环境噪声的监测点位置具体要求按 GB 12348 执行。

5.4.1.2 噪声布点应遵循以下原则：

a）根据厂内主要噪声源距厂界位置布点；

b）根据厂界周围敏感目标布点；

c）“厂中厂”是否需要监测根据内部和外围排污单位协商确定；

d）面临海洋、大江、大河的厂界原则上不布点；

e）厂界紧邻交通干线不布点；

f）厂界紧邻另一排污单位的，在临近另一排污单位侧是否布点由排污单位协商确定。

5.4.2 监测频次

厂界环境噪声每季度至少开展一次监测，夜间生产的要监测夜间噪声。

5.5 周边环境质量影响监测

5.5.1 监测点位

排污单位厂界周边的土壤、地表水、地下水、大气等环境质量影响监测点位参照排污单位环境影响评价文件及其批复及其他环境管理要求设置。

如环境影响评价文件及其批复及其他文件中均未作出要求，排污单位需要开展周边环境质量影响监测的，环境质量影响监测点位设置的原则和方法参照 HJ 2.1、HJ 2.2、HJ/T 2.3、HJ 2.4、HJ 610 等规定。各类环境影响监测点位设置按照 HJ/T 91、HJ/T 164、HJ 442、HJ/T 194、HJ/T 166 等执行。

5.5.2 监测指标

周边环境质量影响监测点位监测指标参照排污单位环境影响评价文件及其批复等管理文件的要求执行，或根据排放的污染物对环境的影响确定。

5.5.3 监测频次

若环境影响评价文件及其批复等管理文件有明确要求的，排污单位周边环境质量监测频次按照要求执行。

否则，涉水重点排污单位地表水每年丰、平、枯水期至少各监测一次，涉气重点排污单位空气质量每半年至少监测一次，涉重金属、难降解类有机污染物等重点排污单位土壤、地下水每年至少监测一次。发生突发环境事故对周边环境质量造成明显影响的，或周边环境质量相关污染物超标的，应适当增加监测频次。

5.5.4 监测技术

按本标准 5.2.1.5 执行。

5.5.5 采样方法

周边水环境质量监测点采样方法参照 HJ/T 91、HJ/T 164、HJ 442 等执行。

周边大气环境质量监测点采样方法参照 HJ/T 194 等执行。

周边土壤环境质量监测点采样方法参照 HJ/T 166 等执行。

5.5.6 监测分析方法

按本标准 5.2.1.7 执行。

5.6 监测方案的描述

5.6.1 监测点位的描述

所有监测点位均应在监测方案中通过语言描述、图形示意等形式明确体现。描述内容包括监测点位的平面位置及污染物的排放去向等。废水监测点需明确其所在废水排放口、对应的废水处理工艺，废气排放监测点位需明确其在排放烟道的位置分布、对应的污染源及处理设施。

5.6.2 监测指标的描述

所有监测指标采用表格、语言描述等形式明确体现。监测指标应与监测点位相对应，监测指标内容包括每个监测点位应监测的指标名称、排放限值、排放限值的来源（如标准名称、编号）等。

国家或地方污染物排放（控制）标准、环境影响评价文件及其批复、排污许可证中的污染物，如排污单位确认未排放，监测方案中应明确注明。

5.6.3 监测频次的描述

监测频次应与监测点位、监测指标相对应，每个监测点位的每项监测指标的监测频次都应详细注明。

5.6.4 采样方法的描述

对每项监测指标都应注明其选用的采样方法。废水采集混合样品的，应注明混合样采样个数。废气非连续采样的，应注明每次采集的样品个数。废气颗粒物采样，应注明每个监测点位设置的采样孔和采样点个数。

5.6.5 监测分析方法的描述

对每项监测指标都应注明其选用的监测分析方法名称、来源依据、检出限等内容。

5.7 监测方案的变更

当有以下情况发生时，应变更监测方案：

a）执行的排放标准发生变化；

b）排放口位置、监测点位、监测指标、监测频次、监测技术任一项内容发生变化；

c）污染源、生产工艺或处理设施发生变化。

6 监测质量保证与质量控制

排污单位应建立并实施质量保证与控制措施方案，以自证自行监测数据的质量。

6.1 建立质量体系

排污单位应根据本单位自行监测的工作需求，设置监测机构，梳理监测方案制定、样品采集、样品分析、监测结果报出、样品留存、相关记录的保存等监测的各个环节中，为保证监测工作质量应制定的工作流程、管理措施与监督措施，建立自行监测质量体系。

质量体系应包括对以下内容的具体描述：监测机构、人员、出具监测数据所需仪器设备、监测辅助设施和实验室环境、监测方法技术能力验证、监测活动质量控制与质量保证等。

委托其他有资质的检（监）测机构代其开展自行监测的，排污单位不用建立监测质量体系，但应对检（监）测机构的资质进行确认。

6.2 监测机构

监测机构应具有与监测任务相适应的技术人员、仪器设备和实验室环境，明确监测人员和管理人员的职责、权限和相互关系，有适当的措施和程序保证监测结果准确可靠。

6.3 监测人员

应配备数量充足、技术水平满足工作要求的技术人员，规范监测人员录用、培训教育和能力确认/考核等活动，建立人员档案，并对监测人员实施监督和管理，规避人员因素对监测数据正确性和可靠性的影响。

6.4 监测设施和环境

根据仪器使用说明书、监测方法和规范等的要求，配备必要的如除湿机、空调、干湿度温度计等辅助设施，以使监测工作场所条件得到有效控制。

6.5 监测仪器设备和实验试剂

应配备数量充足、技术指标符合相关监测方法要求的各类监测仪器设备、标准物质和实验试剂。

监测仪器性能应符合相应方法标准或技术规范要求，根据仪器性能实施自校准或者检定/校准、运行和维护、定期检查。

标准物质、试剂、耗材的购买和使用情况应建立台账予以记录。

6.6 监测方法技术能力验证

应组织监测人员按照其所承担监测指标的方法步骤开展实验活动，测试方法的检出浓度、校准（工作）曲线的相关性、精密度和准确度等指标，实验结果满足方法相应的规定以后，方可确认该人员实际操作技能满足工作需求，能够承担测试工作。

6.7 监测质量控制

编制监测工作质量控制计划，选择与监测活动类型和工作量相适应的质控方法，包括使用标准物质、采用空白实验、平行样测定、加标回收率测定等，定期进行质控数据分析。

6.8 监测质量保证

按照监测方法和技术规范的要求开展监测活动，若存在相关标准规定不明确但又影响监测数据质量的活动，可编写《作业指导书》予以明确。

编制工作流程等相关技术规定，规定任务下达和实施，分析用仪器设备购买、验收、维护和维修，监测结果的审核签发、监测结果录入发布等工作的责任人和完成时限，确保监测各环节无缝衔接。

设计记录表格，对监测过程的关键信息予以记录并存档。

定期对自行监测工作开展的时效性、自行监测数据的代表性和准确性、管理部门检查结论和公众对自行监测数据的反馈等情况进行评估，识别自行监测存在的问题，及时采取纠正措施。管理部门执法监测与排污单位自行监测数据不一致的，以管理部门执法监测结果为准，作为判断污染物排放是否达标、自动监测设施是否正常运行的依据。

7 信息记录和报告

7.1 信息记录

7.1.1 手工监测的记录

7.1.1.1 采样记录：采样日期、采样时间、采样点位、混合取样的样品数量、采样器名称、采样人姓名等。

7.1.1.2 样品保存和交接：样品保存方式、样品传输交接记录。

7.1.1.3 样品分析记录：分析日期、样品处理方式、分析方法、质控措施、分析结果、分析人姓名等。

7.1.1.4 质控记录：质控结果报告单。

7.1.2 自动监测运维记录

包括自动监测系统运行状况、系统辅助设备运行状况、系统校准、校验工作等；仪器说明书及相关标准规范中规定的其他检查项目；校准、维护保养、维修记录等。

7.1.3 生产和污染治理设施运行状况

记录监测期间企业及各主要生产设施（至少涵盖废气主要污染源相关生产设施）运行状况（包括停机、启动情况）、产品产量、主要原辅料使用量、取水量、主要燃料消耗量、燃料主要成分、污染治理设施主要运行状态参数、污染治理主要药剂消耗情况等。日常生产中上述信息也需整理成台账保存备查。

7.1.4 固体废物（危险废物）产生与处理状况

记录监测期间各类固体废物和危险废物的产生量、综合利用量、处置量、贮存量、倾倒丢弃量，危险废物还应详细记录其具体去向。

7.2 信息报告

排污单位应编写自行监测年度报告，年度报告至少应包含以下内容：

a）监测方案的调整变化情况及变更原因；

b）企业及各主要生产设施（至少涵盖废气主要污染源相关生产设施）全年运行天数，各监测点、各监测指标全年监测次数、超标情况、浓度分布情况；

c）按要求开展的周边环境质量影响状况监测结果；

d）自行监测开展的其他情况说明；

e）排污单位实现达标排放所采取的主要措施。

7.3 应急报告

监测结果出现超标的，排污单位应加密监测，并检查超标原因。短期内无法实现稳定达标排放的，应向环境保护主管部门提交事故分析报告，说明事故发生的原因，采取减轻或防止污染的措施，以及今后的预防及改进措施等；若因发生事故或者其他突发事件，排放的污水可能危及城镇排水与污水处理设施安全运行的，应当立即采取措施消除危害，并及时向城镇排水主管部门和环境保护主管部门等有关部门报告。

7.4 信息公开

排污单位自行监测信息公开内容及方式按照《企业事业单位环境信息公开办法》及《国家重点监控企业自行监测及信息公开办法（试行）》执行。非重点排污单位的信息公开要求由地方环境保护主管部门确定。

8 监测管理

排污单位对其自行监测结果及信息公开内容的真实性、准确性、完整性负责。排污单位应积极配合并接受环境保护行政主管部门的日常监督管理。

附录 2

排污单位自行监测技术指南 稀有稀土金属冶炼

（HJ 1244—2022）

前言

为贯彻《中华人民共和国环境保护法》《中华人民共和国水污染防治法》《中华人民共和国大气污染防治法》《中华人民共和国土壤污染防治法》《中华人民共和国固体废物污染环境防治法》《中华人民共和国噪声污染防治法》《排污许可管理条例》等法律法规，改善生态环境质量，指导和规范稀有稀土金属冶炼排污单位自行监测工作，制定本标准。

本标准规定了稀有稀土金属冶炼排污单位自行监测的一般要求、监测方案制定、信息记录和报告的基本内容及要求。

本标准为首次发布。

本标准由生态环境部生态环境监测司、法规与标准司组织制订。

本标准主要起草单位：中国环境监测总站、四川省生态环境监测总站、矿冶科技集团有限公司、内蒙古自治区环境监测总站。

本标准生态环境部 2022 年 4 月 27 日批准。

本标准自 2022 年 7 月 1 日起实施。

本标准由生态环境部解释。

1 适用范围

本标准规定了稀有稀土金属冶炼排污单位自行监测的一般要求、监测方案制定、信息记录和报告的基本内容及要求。

本标准适用于稀有稀土金属冶炼排污单位在生产运行阶段对其排放的水、气污染物，噪声以及对周边环境质量影响开展自行监测，具体包括 GB/T 4754—2017 中 3231 钨钼冶炼、3232 稀土金属冶炼、3239 其他稀有金属冶炼排污单位。属于 3239 其他稀有金属冶炼的钽、铌冶炼排污单位自行监测的内容及要求适用本标准；锆、铍冶炼排污单位自行监测的内容及要求参照本标准执行。

自备火力发电机组（厂）、配套动力锅炉的自行监测要求按照 HJ 820 执行。

环境辐射监测及信息公开要求按照《伴生放射性矿开发利用企业环境辐射监测及信息公开办法（试行）》执行。

2 规范性引用文件

本标准引用了下列文件或其中的条款。凡是注明日期的引用文件，仅注日期的版本适用于本标准。凡是未注日期的引用文件，其最新版本（包括所有的修改单）适用于本标准。

GB/T 4754—2017　国民经济行业分类

GB 26451　稀土工业污染物排放标准

GB 30485　水泥窑协同处置固体废物污染控制标准

HJ 2.2　环境影响评价技术导则　大气环境

HJ 2.3　环境影响评价技术导则　地表水环境

HJ 91.2　地表水环境质量监测技术规范

HJ 164　地下水环境监测技术规范

HJ/T 166　土壤环境监测技术规范

HJ 194　环境空气质量手工监测技术规范

HJ 442.8　近岸海域环境监测技术规范　第八部分　直排海污染源及对近岸海域水环境影响监测

HJ 610　环境影响评价技术导则　地下水环境

HJ 662　水泥窑协同处置固体废物环境保护技术规范

HJ 819 排污单位自行监测技术指南 总则

HJ 820 排污单位自行监测技术指南 火力发电及锅炉

HJ 964 环境影响评价技术导则 土壤环境（试行）

HJ 1200 排污许可证申请与核发技术规范 工业固体废物（试行）

《国家危险废物名录》

《伴生放射性矿开发利用企业环境辐射监测及信息公开办法（试行）》（国环规辐射〔2018〕1 号）

3 术语和定义

GB 26451 界定的以及下列术语和定义适用于本标准。

3.1 稀有稀土金属冶炼排污单位 emission unit for rare and rare earth metals smelting

从事 GB/T 4754—2017 中行业代码 323 稀有稀土金属冶炼活动的排污单位，包括从事行业代码 3231 钨钼冶炼的排污单位、从事行业代码 3232 稀土金属冶炼的排污单位、从事行业代码 3239 其他稀有金属冶炼的排污单位。

3.2 钨钼冶炼排污单位 tungsten and molybdenum separation and metal smelting pollutants emission unit

以钨精矿、钼精矿、含钨钼的物料为原料，生产仲钨酸铵、钨粉、钨条（杆）、钨粒、钨板坯、焙烧钼精矿、钼粉、钼条（杆）、其他钨、其他钼的排污单位，属于 GB/T 4754—2017 中行业代码 3231 钨钼冶炼行业。

3.3 稀土金属冶炼排污单位 rare earth metals smelting pollutants emission unit

以稀土精矿或含稀土的物料为原料，含有分解提取、分组、分离、金属及合金制取工艺中至少一步生产稀土化合物、稀土金属或稀土合金的排污单位，属于 GB/T 4754—2017 中行业代码 3232 稀土金属冶炼行业。

3.4 其他稀有金属冶炼排污单位 other rare metal smelting pollutants emission unit

以钽、铌、锆、铍等稀有金属精矿冶炼的排污单位，属于 GB/T 4754—2017

中行业代码 3239 其他稀有金属冶炼行业。

3.5 雨水排放口 rainwater outlet

直接或通过沟、渠或者管道等设施向厂界外专门排放天然降水的排放口。

4 自行监测的一般要求

排污单位应查清本单位的污染源、污染物指标及潜在的环境影响，制定监测方案，设置和维护监测设施，按照监测方案开展自行监测，做好质量保证和质量控制，记录和保存监测信息，依法向社会公开监测结果。

5 监测方案制定

5.1 废水排放监测

5.1.1 钨钼冶炼排污单位废水排放监测点位、监测指标及最低监测频次按照表 1 执行。

表 1 钨钼冶炼排污单位废水排放监测点位、监测指标及最低监测频次

监测点位	监测指标	监测频次	
		直接排放	间接排放
废水总排口	流量、pH、化学需氧量、氨氮	自动监测	
	总磷	月	季度
	悬浮物、总锌、石油类、氟化物	季度	半年
车间或生产设施废水排放口	流量、总铅、总砷、总汞、总镉	月	季度
生活污水排放口[a]	流量、pH、悬浮物、化学需氧量、五日生化需氧量、氨氮、总磷	季度	—
雨水排放口	pH、悬浮物、化学需氧量、氨氮、石油类	月[b]	

注：[a] 排污单位间接排放不要求开展自行监测，但应说明排放去向。

[b] 雨水排放口有流动水排放时按月监测。若监测一年无异常情况，可放宽至每季度开展一次监测。

5.1.2 稀土金属冶炼排污单位废水排放监测点位、监测指标及最低监测频次按照表 2 执行。

表 2 稀土金属冶炼排污单位废水排放监测点位、监测指标及最低监测频次

监测点位	监测指标	监测频次	
		直接排放	间接排放
废水总排口	流量、pH、化学需氧量、氨氮	自动监测	
	总磷、总氮	月	季度
	悬浮物、总锌、石油类、氟化物	季度	半年
车间或生产设施废水排放口	流量、总铅、总砷、总镉、总铬、六价铬	月	季度
雨水排放口	pH、悬浮物、化学需氧量、氨氮、石油类	月 [a]	

注：[a] 雨水排放口有流动水排放时按月监测。若监测一年无异常情况，可放宽至每季度开展一次监测。

5.1.3 钽铌冶炼排污单位废水排放监测点位、监测指标及最低监测频次按照表 3 执行。

表 3 钽铌冶炼排污单位废水排放监测点位、监测指标及最低监测频次

监测点位	监测指标	监测频次	
		直接排放	间接排放
废水总排口	流量、pH、化学需氧量、氨氮	自动监测	
	总磷	月	季度
	悬浮物、总锌、石油类、氟化物	季度	半年
生活污水排放口 [a]	流量、pH、悬浮物、化学需氧量、五日生化需氧量、氨氮、总磷	季度	—
雨水排放口	pH、悬浮物、化学需氧量、氨氮、石油类	月 [b]	

注：[a] 排污单位间接排放不要求开展自行监测，但应说明排放去向。

[b] 雨水排放口有流动水排放时按月监测。若监测一年无异常情况，可放宽至每季度开展一次监测。

5.2 废气排放监测

5.2.1 有组织废气排放监测

5.2.1.1 对于多个污染源或生产设备共用一个排气筒的，监测点位可布设在共用排气筒上。当执行不同排放控制要求的废气合并排气筒排放时，应在废气混合前进行监测；若监测点位只能布设在混合后的排气筒上，监测指标应涵盖所对应污染源或生产设备的监测指标，最低监测频次按照最严格的规定执行。

5.2.1.2 钨钼冶炼排污单位有组织废气排放监测点位、监测指标及最低监测频次按照表 4 执行。

表 4 钨钼冶炼排污单位有组织废气排放监测点位、监测指标及最低监测频次

原料类型	生产工序	监测点位	监测指标	监测频次
钨精矿-分解-离子交换	解吸	解吸废气处理系统排气筒	氨	半年
	除钼	除钼废气处理系统排气筒	硫化氢、氨	半年
	结晶	结晶废气处理系统排气筒	氨	月
钨精矿-分解-萃取	除钼	除钼废气处理系统排气筒	硫化氢[a]、氨[a]	半年
	萃取	萃取废气处理系统排气筒	非甲烷总烃	半年
	结晶	结晶废气处理系统排气筒	氨	月
仲钨酸铵-煅烧-还原烧结	煅烧	煅烧废气处理系统排气筒	颗粒物	自动监测（半年[b]）
			氨	月
	还原	还原废气处理系统排气筒	颗粒物	半年
	烧结	烧结废气处理系统排气筒	颗粒物	半年
钼精矿-氧化焙烧	钼精矿备料	备料废气处理系统排气筒	颗粒物	半年
	氧化焙烧	焙烧废气处理系统排气筒	颗粒物、二氧化硫	自动监测
	氧化钼破碎包装	破碎包装废气处理系统排气筒	颗粒物	半年
纯三氧化钼-还原烧结	还原	还原废气处理系统排气筒	颗粒物	半年
	烧结	烧结废气处理系统排气筒	颗粒物	半年

注：应按照相应分析方法、技术规范同步监测烟气参数。

[a] 根据除钼工艺类别选择监测指标。

[b] 适用于采用天然气等清洁能源为燃料的煅烧炉、窑。

5.2.1.3 稀土金属冶炼排污单位有组织废气排放监测点位、监测指标及最低监测频次按照表 5 执行。

表 5 稀土金属冶炼排污单位有组织废气排放监测点位、监测指标及最低监测频次

原料类型	生产工序	监测点位	监测指标	监测频次
包头混合型稀土精矿	焙烧[a]	焙烧废气处理系统排气筒	颗粒物、二氧化硫、氮氧化物（以 NO_2 计）	自动监测
			硫酸雾、氟化物	半年
	配酸	配酸废气处理系统排气筒	氯化氢	半年
	酸洗[b]	酸洗废气处理系统排气筒	氯化氢	半年
	酸溶[b]	酸溶废气处理系统排气筒	氯化氢	半年
	萃取	萃取废气处理系统排气筒	氯化氢	半年
	沉淀	沉淀废气处理系统排气筒	氯化氢[c]	半年
	煅烧	煅烧废气处理系统排气筒	颗粒物、二氧化硫、氮氧化物（以 NO_2 计）	自动监测(半年[d])
氟碳铈稀土精矿	焙烧	焙烧废气处理系统排气筒	颗粒物、二氧化硫、氮氧化物（以 NO_2 计）	自动监测
			氟化物	半年
	配酸	配酸废气处理系统排气筒	氯化氢	半年
	浸出	浸出废气处理系统排气筒	氯化氢、氯气	半年
	萃取	萃取废气处理系统排气筒	氯化氢	半年
	沉淀	沉淀废气处理系统排气筒	氯化氢[c]	半年
	煅烧	煅烧废气处理系统排气筒	颗粒物、二氧化硫、氮氧化物（以 NO_2 计）	自动监测（半年[d]）
南方离子吸附型稀土矿	配酸	配酸废气处理系统排气筒	氯化氢	半年
	酸溶	酸溶废气处理系统排气筒	氯化氢	半年
	萃取	萃取废气处理系统排气筒	氯化氢	半年
	沉淀	沉淀废气处理系统排气筒	氯化氢[c]	半年
	煅烧	煅烧废气处理系统排气筒	颗粒物、二氧化硫、氮氧化物（以 NO_2 计）	自动监测（半年[d]）

原料类型	生产工序	监测点位	监测指标	监测频次
稀土金属及合金生产（熔盐电解）		电解废气处理系统排气筒	颗粒物、氟化物	半年
稀土二次资源回收	焙烧	焙烧废气处理系统排气筒	颗粒物、二氧化硫、氮氧化物（以 NO_2 计）	自动监测
	酸溶	酸溶废气处理系统排气筒	氯化氢	半年
	萃取	萃取废气处理系统排气筒	氯化氢	半年
	沉淀	沉淀废气处理系统排气筒	氯化氢 [c]	半年
	煅烧	煅烧废气处理系统排气筒	颗粒物、二氧化硫、氮氧化物（以 NO_2 计）	自动监测（半年 [d]）

注：应按照相应分析方法、技术规范同步监测烟气参数。

[a] 适用于浓硫酸强化焙烧-萃取分离工艺。

[b] 适用于碱法分解处理-萃取分离工艺。

[c] 适用于草酸沉淀工艺。

[d] 适用于采用天然气等清洁能源为燃料的煅烧炉、窑，若采用纯电力能源，可不监测二氧化硫。

5.2.1.4 钽铌冶炼排污单位有组织废气排放监测点位、监测指标及最低监测频次按照表 6 执行。

表 6 钽铌冶炼排污单位有组织废气排放监测点位、监测指标及最低监测频次

原料类型	生产工序	监测点位	监测指标	监测频次
钽铌精矿	磨矿	磨矿废气处理系统排气筒	颗粒物	半年
	分解	分解废气处理系统排气筒	氟化物、硫酸雾	半年
	中和沉淀洗涤	中和沉淀洗涤废气处理系统排气筒	氨	月
	煅烧	煅烧废气处理系统排气筒	颗粒物	自动监测（半年 [a]）
			氨	月
	混料	混料废气处理系统排气筒	颗粒物	半年
	还原	还原废气处理系统排气筒	颗粒物	半年

注：应按照相应分析方法、技术规范同步监测烟气参数。

[a] 适用于采用天然气等清洁能源为燃料的煅烧炉、窑。

5.2.2 无组织废气排放监测

稀有稀土金属冶炼排污单位无组织废气排放监测点位设置应遵循 HJ 819 中的原则，其排放监测点位、监测指标及最低监测频次按照表 7 执行。

表 7 无组织废气排放监测点位、监测指标及最低监测频次

排污单位类型		监测点位	监测指标	监测频次
钨钼冶炼	钨冶炼	企业边界	颗粒物、二氧化硫、氨、硫化氢	季度
	钼冶炼	企业边界	颗粒物、二氧化硫	季度
稀土金属冶炼		企业边界	颗粒物、二氧化硫、氮氧化物（以 NO_2 计）、硫酸雾、氟化物、氯化氢	季度
钽铌冶炼		企业边界	颗粒物、氨、氟化物	季度

注：①根据生产工艺涉及的废气污染物，确定具体的监测指标。
②应同步监测气象参数。

5.3 厂界环境噪声监测

5.3.1 厂界环境噪声监测点位设置应遵循 HJ 819 中的原则，主要考虑炉窑系统、输送泵、压滤机、风机、水泵等噪声源在厂区内的分布情况和周边噪声敏感建筑物的位置。

5.3.2 厂界环境噪声每季度至少开展一次昼、夜间噪声监测，监测指标为等效连续 A 声级，夜间有频发、偶发噪声影响时，同时测量频发、偶发最大声级。夜间不生产的可不开展夜间噪声监测。周边有噪声敏感建筑物的，应提高监测频次。

5.4 周边环境质量影响监测

5.4.1 法律法规等有明确要求的，按要求开展周边环境质量影响监测。

5.4.2 无明确要求的，若排污单位认为有必要的，可根据实际情况参照表 8 对周边地表水、海水、地下水、环境空气、土壤环境质量开展监测，监测点位可按照 HJ 2.3、HJ 91.2、HJ 442.8、HJ 164、HJ 610、HJ 2.2、HJ 194、HJ 964、HJ/T 166 中的相关规定设置。

表 8　周边环境质量影响监测指标及最低监测频次

环境要素	监测指标	监测频次
地表水	pH、氟化物、石油类、化学需氧量、总磷、氨氮、总氮、锌、镉、铅、砷、汞、六价铬等	季度
海水	pH、化学需氧量、非离子氨、无机氮、活性磷酸盐、锌、镉、铅、砷、汞、六价铬、石油类等	半年
地下水	pH、耗氧量、氨氮、氟化物、氯化物、锌、镉、铅、砷、汞、六价铬等	年
环境空气	颗粒物、二氧化硫、硫酸雾、氯化氢、氟化物、氨等	半年
土壤	pH、锌、镉、铅、砷、铬、汞、六价铬等	年

注：排污单位应根据环境影响评价文件及其批复、排污许可证等相关生态环境管理规定以及生产工艺、原辅用料、中间及最终产品等实际生产情况，确定具体的监测指标。

5.5　其他要求

5.5.1　除表 1～表 7 中的污染物指标外，5.5.1.1 和 5.5.1.2 中的污染物指标也应纳入监测指标范围，并参照表 1～表 7 和 HJ 819 确定监测频次。

5.5.1.1　排污许可证、所执行的污染物排放（控制）标准、环境影响评价文件及其批复［仅限 2015 年 1 月 1 日（含）后取得环境影响评价批复的排污单位］、相关生态环境管理规定明确要求的污染物指标。

5.5.1.2　排污单位根据生产过程的原辅用料、生产工艺、中间及最终产品类型、监测结果确定实际排放的，在有毒有害污染物名录或优先控制化学品名录中的污染物指标，或其他有毒污染物指标。

5.5.2　各指标的监测频次在满足本标准的基础上，可根据 HJ 819 中的确定原则提高监测频次。

5.5.3　重点排污单位依法依规应当安装使用自动监测设备，非重点排污单位不作强制性要求，相应点位、指标的监测频次参照本标准确定。

5.5.4　采样方法、监测分析方法、监测质量保证与质量控制等按照 HJ 819 执行。

5.5.5　监测方案的描述、变更按照 HJ 819 执行。

6 信息记录和报告

6.1 信息记录

6.1.1 监测信息记录

手工监测记录和自动监测运维记录按照 HJ 819 执行。排污单位对自动监测数据的真实性、准确性负责，发现数据传输异常应当及时报告，并参照国家标准规范或自动监测数据异常标记规则执行。

6.1.2 生产和污染治理设施运行状况信息记录

6.1.2.1 一般规定

排污单位应详细记录生产及污染治理设施运行状况，日常生产中应参照 6.1.2.2～6.1.2.5 记录相关信息，并整理成台账保存备查。

6.1.2.2 生产运行状况记录

按照生产批次或生产周期记录正常工况各主要生产单元每项生产设施的运行状态、生产负荷、运行参数、主要产品产量、原辅用料及燃料使用情况（包括种类、名称、用量、成分分析）等信息。

6.1.2.3 废水污染治理设施运行状况记录

按班次记录废水处理量、回用水量、回用去向、废水排放量、排放去向、污泥产生量及含水率、废水处理使用的药剂名称及用量、用电量等；若废水采用蒸发浓缩处理工艺的，还应记录冷凝水回用和排放情况、不凝气处理和排放情况；记录污水处理设施运行、故障及维护情况等。

6.1.2.4 废气污染治理设施运行状况记录

按更换批次记录废气处理使用的吸附剂、过滤材料等耗材的名称及用量；废气采用了副产物回收技术的，应记录副产物回收率、综合利用情况；记录废气处理设施运行参数、故障及维护情况等。

6.1.2.5 噪声污染治理设施运行状况记录

记录噪声污染治理设施日常巡检、故障及维护或更换情况等。

6.1.3 工业固体废物记录

按照 HJ 1200 记录工业固体废物的相关信息，固体废物产生情况参见表 9。可能产生的危险废物按照《国家危险废物名录》或危险废物鉴别标准和鉴别方法认定。

表 9 工业固体废物产生情况

生产工序	废物种类
分解、净化过滤、除钼、熔盐电解、废水处理等	仲钨酸铵生产过程中碱分解碱煮渣（钨渣）[a]、盐煮渣（钨渣）、净化过滤磷砷渣、除钼过程中产生的除钼渣和废水处理污泥 [a]；稀土金属冶炼老化熔盐、废旧电极、熔炼炉渣；锅炉渣、废水处理中和沉淀渣、废气处理收尘渣和中和沉淀渣等

注：[a] 满足 GB 30485 和 HJ 662 要求进入水泥窑协同处置时，处置过程不按危险废物管理。

6.2 信息报告、应急报告和信息公开

按照 HJ 819 执行。

7 其他

排污单位应如实记录手工监测期间的工况（包括生产负荷、污染治理设施运行情况等），确保监测数据具有代表性。自动监测期间的工况标记，按照国家标准规范和相关行业工况标记规则执行。

本标准未规定的内容，按照 HJ 819 执行。

附录 3

自行监测质量控制相关模板和样表

附录 3-1 检测工作程序（样式）

1 目的

对监测任务的下达、监测方案的制定、采样器皿和试剂的准备，样品采集和现场监测，实验室内样品分析，以及测试原始积累的填写等各个环节实施有效的质量控制，保证监测结果的代表性、准确性。

2 适用范围

适用于本单位实施的监测工作。

3 职责

3.1 ×××负责下达监测任务。

3.2 ×××负责根据监测目的、排放标准、相关技术规范和管理要求制定监测方案（某些企业的监测方案是环境部门发放许可证时已经完成技术审查的，在一定时间段内执行即可，不必在每一次监测任务均制定监测方案）。

3.3 ×××负责实施需现场监测的项目，×××采集样品并记录采集样品的时间、地点、状态等参数，并做好样品的标识，×××负责样品流转过程中的质量控制，负责将样品移交给样品接收人员。

3.4 ×××负责接收送检样品，在接收送检样品时，对样品的完整性和对应检测要求的适宜性进行验收，并将样品分发到相应分析任务承担人员（如果没有集中接样后再由接样人员分发样品到分析人员的制度设计，这一步骤可以省略）。

3.5　×××负责本人承担项目样品的接收、保管和分析。

4　工作程序

4.1　方案制定

×××负责根据监测目的、排放标准、相关技术规范和环境管理要求，制定监测方案，明确监测内容、频次，各任务执行人，使用的监测方法、采用的监测仪器，以及采取的质控措施。经×××审核、×××批准后实施该监测方案。

4.2　现场监测和样品采集

×××采样人员根据监测方案要求，按国家有关的标准、规范到现场进行现场监测和样品采集，记录现场监测结果相关的信息，以及生产工况。样品采集后，按规定建立样品的唯一标识，填写采样过程质保单和采样记录。必要时，受检部门有关人员应在采样原始记录上签字认可。

4.3　样品的流转

采样人员送检样品时，由接样人员认真检查样品表观、编号、采样量等信息是否与采样记录相符合，确认样品量是否能满足检测项目要求，采样人员和接样人员双方签字认可（如果没有集中接样后再由接样人员分发样品到分析人员的制度设计，这一步骤可以省略）。

分析人员在接收样品时，应认真查看和验收样品表观、编号、采样量等信息是否与采样记录相符合，并核实样品交接记录，分析人员确认无误后在样品交接单上签字。

4.4　样品的管理

样品应妥善存放在专用且适宜的样品保存场所，分析人员应准确标识样品所处的实验状态，用“待测”、“在测”和“测毕”标签加以区别。

分析人员在分析前如发现样品异常或对样品有任何疑问时，应立即查找原因，待符合分析要求后，再进行分析。

对要求在特定环境下保存的样品，分析人员应严格控制环境条件，按要求保存，保证样品在存放过程中不变质、不损坏。若发现样品在保存过程中出现异常情况，应及时向质量负责人汇报，查明原因及时采取措施。

4.5 样品的分析

分析人员按监测任务分工安排，严格按照方案中规定的方法标准/规范分析样品，及时填写分析原始记录、测试环境监控记录、仪器使用记录等相关记录并签字。

4.6 样品的处置

除特殊情况需留存的样品外，监测后的余样应送污水处理站进行处理。

5 相关程序文件

《异常情况处理程序》

6 相关记录表格

《废水采样原始记录表》

《废气监测原始记录表》

《内部样品交接单》

《样品留存记录表》

《pH 分析原始记录表》

《颗粒物监测原始记录》

《烟气黑度测试记录表》

《现场监测质控审核记录》

《废水流量监测记录（流速仪法）》

附录 3-2 ××××（单位名称）废（污）水采样原始记录表

（检）字【　　　】第　　　号　　　　　　　　　　　　第　　页，共　　页

采样时间	排污口编号	样品编号	水温/℃	pH	流量		监测项目	废（污）水表观描述	废（污）水主要来源	排放规律（以流速变化判断）
					m^3/h	m^3/d				
时　分										1. 连续稳定； 2. 连续不稳定； 3. 间断稳定； 4. 间断不稳定
时　分										
时　分										
时　分										
时　分										
时　分										
时　分										
时　分										
时　分										

治理设施运行情况	治理设施类型及名称							新鲜用水量/（m^3/d）	
	处理量/（m^3/d）	设计		建设日期		COD_{Cr}设计去除率		回用水量/（m^3/d）	
		实际		处理规律		氨氮设计去除率		生产负荷	
	主要原料			主要产品					
备注	表观描述应包括颜色、气味、悬浮物含量情况等信息。回用水量不含设施循环水部分								

检测人员：　　　　　　校对：　　　　　　审核：　　　　　　检测日期：　　年　　月　　日

附录 3-3 ××××（单位名称）内部样品交接单

（检）字【 】第 号 第 页，共 页

送样人		采样时间		接样人		接样时间	
样品名称及编号	样品类型	样品表观	样品数量	监测项目		质保措施	分析人员签字
备注		平行样品分析项目及编号： 加标样品分析项目及编号：					

填写人员： 校对： 审核： 日期： 年 月 日

附录 3-4　重量法分析原始记录表

×环（监）【　　　　】第　　　　号　　　　　　　　　　　第　　页，共　　页

<table>
<tr><td rowspan="2">分析项目</td><td rowspan="2"></td><td>仪器名称型号</td><td></td><td>方法名称</td><td></td><td>送样日期</td><td></td><td rowspan="2">环境条件</td><td>室温/℃</td><td></td></tr>
<tr><td>仪器编号</td><td></td><td>方法依据</td><td></td><td>分析日期</td><td></td><td>湿度/%</td><td></td></tr>
<tr><td>烘干/灼烧温度/℃</td><td colspan="2"></td><td>烘干/灼烧时间/h</td><td colspan="2"></td><td>恒重温度/℃</td><td></td><td>恒重时间/h</td><td colspan="2"></td></tr>
</table>

<table>
<tr><td rowspan="2">样品名称及编号</td><td rowspan="2">器皿编号</td><td rowspan="2">取样量（ ）</td><td colspan="3">初重/g</td><td colspan="3">终重/g</td><td>样重/g</td><td rowspan="2">计算结果（ ）</td><td rowspan="2">报出结果（ ）</td><td rowspan="2">备注</td></tr>
<tr><td>W_1</td><td>W_2</td><td>$W_{均}$</td><td>W_1</td><td>W_2</td><td>$W_{均}$</td><td>ΔW</td></tr>
<tr><td></td><td></td><td></td><td></td><td></td><td></td><td></td><td></td><td></td><td></td><td></td><td></td><td rowspan="8"></td></tr>
<tr><td></td><td></td><td></td><td></td><td></td><td></td><td></td><td></td><td></td><td></td><td></td><td></td></tr>
<tr><td></td><td></td><td></td><td></td><td></td><td></td><td></td><td></td><td></td><td></td><td></td><td></td></tr>
<tr><td></td><td></td><td></td><td></td><td></td><td></td><td></td><td></td><td></td><td></td><td></td><td></td></tr>
<tr><td></td><td></td><td></td><td></td><td></td><td></td><td></td><td></td><td></td><td></td><td></td><td></td></tr>
<tr><td></td><td></td><td></td><td></td><td></td><td></td><td></td><td></td><td></td><td></td><td></td><td></td></tr>
<tr><td></td><td></td><td></td><td></td><td></td><td></td><td></td><td></td><td></td><td></td><td></td><td></td></tr>
<tr><td></td><td></td><td></td><td></td><td></td><td></td><td></td><td></td><td></td><td></td><td></td><td></td></tr>
</table>

分析：　　　　　　　校对：　　　　　　　审核：　　　　　　　报告日期：　　年　　月　　日

附录 3-5　原子吸收分光光度法原始记录表

×环（检）字【　　　】第　　　　号　　　　　　　　　　　　第　　页，共　　页

测定项目		方法名称			送样日期		环境条件	温度/℃	
仪器名称、型号		方法依据			分析日期			湿度/%	
仪器编号		波长/nm		狭缝/nm		灯电流/mA		火焰条件	
标准曲线	浓度系列/(mg/L)								
	吸光度（A_i）								
	$A_i-A_{0均值}$	$A_{0均值}$=							
	回归方程	$r=$		$a=$		$b=$			$y=bx+a$
样品前处理									

样品名称及编号	稀释方法	取样体积/mL	查曲线值/（mg/L）	计算结果/（mg/L）	报出结果/（mg/L）	备注

分析：　　　　　　校对：　　　　　　审核：　　　　　　报告日期：　　年　　月　　日

附录 3-6　容量法原始记录表

（检）字【　　　　】第　　　　号　　　　　　　　　　第　　页，共　　页

分析项目			接样时间		分析时间	
分析方法				方法依据		
标液名称		标液浓度		滴定管规格及编号		

样品前处理情况：

样品名称及编号	稀释方法	取样量/mL	消耗标准溶液体积/mL	计算结果/（mg/L）	报出结果/（mg/L）	备注

分析：　　　　　　校对：　　　　　　审核：　　　　　　报告日期：　　年　　月　　日

附录 3-7　pH 分析原始记录表

(检) 字【　　】第　　号　　　　　　　　　　第　页，共　页

采样日期					分析日期		
分析方法					仪器名称型号		
方法依据					仪器编号		
标准缓冲溶液温度/℃		标准缓冲溶液定位值 I		标准缓冲溶液定位值 II		标准缓冲溶液定位值III	

样品名称及编号	水温/℃	pH	备注

分析：　　　　校对：　　　　审核：　　　　报告日期：　年　月　日

附录 3-8 标准溶液配制及标定记录表

环（检）字【　　　】第　　　号　　　　　　　　　　第　　页，共　　页

基准试剂恒重	基准试剂			恒重日期		年　月　日	
	烘箱名称型号			烘箱编号			
	天平名称型号			天平编号			
	干燥次数	第一次		第二次		第三次	第四次
	干燥温度/℃						
	干燥时间/h						
	总量/g						
基准溶液配制	基准试剂			配制日期		年　月　日	
	样品编号	1#		2#		3#	4#
	$W_{始}$ /g						
	$W_{末}$ /g						
	$W_{净}$ /g						
	定容体积 $V_{定}$ /mL						
	配制浓度 $C_{基}$ /（mol/L）						
标准溶液标定	待标溶液		滴定管规格及编号		标定日期		
	标定编号	空白 1	空白 2	1#	2#	3#	4#
	基准溶液体积 $V_{基}$ /mL						
	标准溶液消耗体积 $V_{标}$ /mL						
	计算浓度 $C_{标}$ /（mol/L）						
	平均浓度 $C_{标}$ /（mol/L）						
	相对偏差/%						

基准溶液浓度计算：

$$C_{基}（mol/L）= 1\,000 \times W_{净} / M / V_{定}$$

式中：M——基准试剂摩尔质量

标准溶液浓度计算：

$$C_{标}（mol/L）= C_{基} \times V_{基} / V_{标}$$

或　$$C_{标}（mol/L）= 1\,000 \times W_{净} / M / V_{定}$$

备注：

分析：　　　　校对：　　　　审核：　　　　报告日期：　　年　　月　　日

附录 3-9 作业指导书样例

（氮氧化物化学发光测试仪作业指导书）

1 概述

1.1 适用范围

本作业指导书适用于化学发光法测试仪测定固定源排气中氮氧化物。

1.2 方法依据

本方法依据《固定污染源排气中颗粒物测定与气态污染物采样方法》（GB/T 16157—1996）、《固定源废气监测技术规范》（HJ/T 397—2007）以及 USEPA Method 7E。

1.3 方法原理及操作概要

试样气体中的一氧化氮（NO）与臭氧（O_3）反应，变成二氧化氮（NO_2）。NO_2变为激发态（NO_2^*）后在进入基态时会放射光，这一现象就是化学发光。

$$NO+O_3 \longrightarrow NO_2^*+O_2$$

$$NO_2^* \longrightarrow NO_2+h\nu$$

这一反应非常快且只有 NO 参与，几乎不受其他共存气体的影响。NO 为低浓度时，发光光量与浓度成正比。

2 测试仪器

便携式氮氧化物化学发光法测试仪。

3 测试步骤

3.1 接通电源开关，让测试仪预热。

3.2 设置当次测试的日期及时间。

3.3 预热结束后，将量程设置为实际使用的量程，并进行校正。

从菜单中选择“校正”。进入校正画面后，自动切换成 NO 管路（不通过 NO_x 转换器的管路）。

3.3.1 量程气体浓度设置

1）按下后，设置量程气体浓度。

2）根据所使用的量程气体，变更浓度设置。

3）设置量程气体钢瓶的浓度，按下“Enter”。

4）按下“Back”键，决定变更内容后，返回到校正画面。

3.3.2 零点校正（校正时请先执行零点校正）

1）选择校正管路。进行零点校正的组分在校正类别中选择“Zero”。

2）流入 N_2 气体后，等待稳定。

3）指示值稳定后按下。

4）按下“是”进行校正。完成零点校正。

3.3.3 量程校正

1）为了进行 NO 的量程校正，NO 以外选择“—”，只有 NO 选择“Span”。

2）校正类别中选择“Span”的组分会显示窗口，用于确认校正量程和量程气体浓度。确认内容后，按下“OK”返回到校正画面。

3）流入 CO 气体后，等待稳定。

4）指示值稳定后按下。

5）按下“是”进行校正。

3.4 完成所有的校正后，按下返回到菜单画面、测量画面。

3.5 从测量画面按下每个组分的量程按钮，按组分设置测量浓度的量程。每个组分的测量值/换算值/滑动平均值/累计值量程及校正量程是通用的。变更任何一个值的量程，其他值的量程也会跟着变更。模拟输出的满刻度值也会同时变更。

3.5.1 选择想要变更的组分的量程。

3.5.2 选择想要变更的量程，按下“OK”决定。

3.6 测试过程数据记录保存。

3.6.1 将有足够剩余空间且未 LOCK 的 SD 卡插入分析仪正面的 SD 卡插槽中。

3.6.2 从菜单 2/5 中选择“数据记录”。

3.6.3 选择“记录间隔”。

3.6.4 按下前进、后退键选择记录间隔，再按下“OK”决定。

3.6.5 选择保存文件夹。

3.6.6 选择保存文件夹后，按下。

3.6.7 确认开始记录时，按下“是”开始。

如果开始记录，记录状态就会从记录停止中变为记录中，同时 MEM LED 会亮黄灯。

3.6.8 停止记录时，请再次按下。确认停止记录时，按下“是”停止记录。

3.6.9 记录状态会再次从记录中变为记录停止中，同时 MEM LED 会熄灭。

4 测试结束

4.1 通过采样探头等吸入大气至读数降回到零点附近。

4.2 从菜单中选择测量结束。

4.3 按下“是”结束处理。

4.4 完成测量结束处理，显示关闭电源的信息后，请关闭电源开关。

附录 4

自行监测相关标准规范

附录 4-1　污染物排放标准及环境质量标准

序号	标准名称及标准号
1	《稀土工业污染物排放标准》（GB 26451—2011）
2	《污水综合排放标准》（GB 8978—1996）
3	《大气污染物综合排放标准》（GB 16297—1996）
4	《恶臭污染物排放标准》（GB 14554—1993）
5	《工业炉窑大气污染物排放标准》（GB 9078—1996）
6	《工业企业厂界环境噪声排放标准》（GB 12348—2008）
7	《地表水环境质量标准》（GB 3838—2002）
8	《海水水质标准》（GB 3097—1997）
9	《地下水质量标准》（GB/T 14848—2017）
10	《声环境质量标准》（GB 3096—2008）
11	《环境空气质量标准》（GB 3095—2012）
12	《土壤环境质量　农用地土壤污染风险管控标准（试行）》（GB 15618—2018）
13	《土壤环境质量　建设用地土壤污染风险管控标准（试行）》（GB 36600—2018）

注：标准统计截至 2023 年 4 月。

附录 4-2　相关监测技术规范

分类	标准号	标准名称
废气监测技术规范类	GB/T 16157—1996	《固定污染源排气中颗粒物测定与气态污染物采样方法》
	HJ/T 55—2000	《大气污染物无组织排放监测技术导则》
	HJ/T 397—2007	《固定源废气监测技术规范》
	HJ 733—2014	《泄漏和敞开液面排放的挥发性有机物检测技术导则》
	HJ 75—2017	《固定污染源烟气（SO_2、NO_x、颗粒物）排放连续监测技术规范》
	HJ 76—2017	《固定污染源烟气（SO_2、NO_x、颗粒物）排放连续监测系统技术要求及检测方法》
	HJ 905—2017	《恶臭污染环境监测技术规范》
废水监测技术规范类	HJ 91.1—2019	《污水监测技术规范》
	HJ/T 92—2002	《水污染物排放总量监测技术规范》
	HJ 353—2019	《水污染源在线监测系统（COD_{Cr}、NH_3-N 等）安装技术规范》
	HJ 354—2019	《水污染源在线监测系统（COD_{Cr}、NH_3-N 等）验收技术规范》
	HJ 355—2019	《水污染源在线监测系统（COD_{Cr}、NH_3-N 等）运行技术规范》
	HJ 356—2019	《水污染源在线监测系统（COD_{Cr}、NH_3-N 等）数据有效性判别技术规范》
	HJ 493—2009	《水质　样品的保存和管理技术规定》
	HJ 494—2009	《水质　采样技术指导》
	HJ 495—2009	《水质　采样方案设计技术规定》
	HJ 377—2019	《化学需氧量（COD_{Cr}）水质在线自动监测仪技术要求及检测方法》
	HJ 609—2019	《六价铬水质自动在线监测仪技术要求及检测方法》
	HJ 101—2019	《氨氮水质在线自动监测仪技术要求及检测方法》
	HJ/T 102—2003	《总氮水质自动分析仪技术要求》
	HJ/T 103—2003	《总磷水质自动分析仪技术要求》
	HJ/T 96—2003	《pH 水质自动分析仪技术要求》
	HJ 212—2017	《污染物在线监控（监测）系统数据传输标准》
	HJ 477—2009	《污染源在线自动监控（监测）数据采集传输仪技术要求》
	HJ 15—2019	《超声波明渠污水流量计技术要求及检测方法》
噪声监测技术规范类	HJ 706—2014	《环境噪声监测技术规范　噪声测量值修正》
	HJ 707—2014	《环境噪声监测技术规范　结构传播固定设备室内噪声》

分类	标准号	标准名称
其他技术规范类	HJ/T 166—2004	《土壤环境监测技术规范》
	HJ 91.2—2022	《地表水环境质量监测技术规范》
	HJ 164—2020	《地下水环境监测技术规范》
	HJ 194—2017	《环境空气质量手工监测技术规范》
	HJ 442.8—2020	《近岸海域环境监测技术规范　第八部分　直排海污染源及对近岸海域水环境影响监测》
	HJ 664—2013	《环境空气质量监测点位布设技术规范（试行）》
	HJ 2.1—2016	《建设项目环境影响评价技术导则　总纲》
	HJ 2.2—2018	《环境影响评价技术导则　大气环境》
	HJ 2.3—2018	《环境影响评价技术导则　地表水环境》
	HJ 610—2016	《环境影响评价技术导则　地下水环境》
	HJ 964—2018	《环境影响评价技术导则　土壤环境（试行）》
	GB 30485—2013	《水泥窑协同处置固体废物污染控制标准》
	HJ 662—2013	《水泥窑协同处置固体废物环境保护技术规范》
	HJ 819—2017	《排污单位自行监测技术指南　总则》
	HJ 820—2017	《排污单位自行监测技术指南　火力发电及锅炉》
	HJ 1200—2021	《排污许可证申请与核发技术规范　工业固体废物（试行）》
	HJ 1125—2020	《排污许可证申请与核发技术规范　稀有稀土金属冶炼》
	HJ 1244—2022	《排污单位自行监测技术指南　稀有稀土金属冶炼》
	HJ/T 373—2007	《固定污染源监测质量保证与质量控制技术规范（试行）》

注：标准统计截至 2023 年 4 月。

附录 4-3　废水污染物相关监测方法标准

序号	监测项目	分析方法
1	pH	《水质　pH 的测定　电极法》（HJ 1147—2020）
2		《水和废水监测分析方法（第四版）》国家环境保护总局（2002）3.1.6.2
3	水温	《水质　水温的测定　温度计或颠倒温度计测定法》（GB 13195—1991）
4	流量	《水污染物排放总量监测技术规范》（HJ/T 92—2002）
5	悬浮物	《水质　悬浮物的测定　重量法》（GB 11901—89）
6	化学需氧量	《水质　化学需氧量的测定　重铬酸盐法》（HJ 828—2017）
7		《水质　化学需氧量的测定　快速消解分光光度法》（HJ/T 399—2007）
8		《高氯废水　化学需氧量的测定　碘化钾碱性高锰酸钾法》（HJ/T 132—2003）
9		《高氯废水　化学需氧量的测定　氯气校正法》（HJ/T 70—2001）
10	总锌	《水质　32 种元素的测定　电感耦合等离子体发射光谱法》（HJ 776—2015）
11		《水质　65 种元素的测定　电感耦合等离子体质谱法》（HJ 700—2014）

序号	监测项目	分析方法
12	石油类	《水质　石油类和动植物油类的测定　红外分光光度法》（HJ 637—2018）
13		《水质　石油类的测定　紫外分光光度法（试行）》（HJ 970—2018）
14	氟化物	《水质　氟化物的测定　离子选择电极法》（GB 7484—1987）
15		《水质　氟化物的测定　氟试剂分光光度法》（HJ 488—2009）
16		《水质　氟化物的测定　茜素磺酸锆目视比色法》（HJ 487—2009）
17	总铅	《水质　32 种元素的测定　电感耦合等离子体发射光谱法》（HJ 776—2015）
18		《水质　65 种元素的测定　电感耦合等离子体质谱法》（HJ 700—2014）
19	总砷	《水质　总砷的测定　二乙基二硫代氨基甲酸银分光光度法》（GB 7485—1987）
20		《水质　32 种元素的测定　电感耦合等离子体发射光谱法》（HJ 776—2015）
21		《水质　65 种元素的测定　电感耦合等离子体质谱法》（HJ 700—2014）
22		《水质　汞、砷、硒、铋、锑的测定　原子荧光法》（HJ 694—2014）
23	总汞	《水质　总汞的测定　冷原子吸收分光光度法》（HJ 597—2011）
24		《水质　汞、砷、硒、铋、锑的测定　原子荧光法》（HJ 694—2014）
25		《水质　总汞的测定　高锰酸钾-过硫酸钾消解法　双硫腙分光光度法》（GB/T 7469—1987）
26	总镉	《水质　32 种元素的测定　电感耦合等离子体发射光谱法》（HJ 776—2015）
27		《水质　65 种元素的测定　电感耦合等离子体质谱法》（HJ 700—2014）
28	五日生化需氧量（BOD_5）	《水质　五日生化需氧量（BOD_5）的测定　稀释与接种法》（HJ 505—2009）
29	氨氮	《水质　氨氮的测定　连续流动-水杨酸分光光度法》（HJ 665—2013）
30		《水质　氨氮的测定　流动注射-水杨酸分光光度法》（HJ 666—2013）
31		《水质　氨氮的测定　蒸馏-中和滴定法》（HJ 537—2009）
32		《水质　氨氮的测定　纳氏试剂分光光度法》（HJ 535—2009）
33		《水质　氨氮的测定　水杨酸分光光度法》（HJ 536—2009）
34		《水质　氨氮的测定　气相分子吸收光谱法》（HJ/T 195—2005）
35	总氮	《水质　总氮的测定　连续流动-盐酸萘乙二胺分光光度法》（HJ 667—2013）
36		《水质　总氮的测定　流动注射-盐酸萘乙二胺分光光度法》（HJ 668—2013）
37		《水质　总氮的测定　碱性过硫酸钾消解紫外分光光度法》（HJ 636—2012）
38		《水质　总氮的测定　气相分子吸收光谱法》（HJ/T 199—2005）
39	总磷	《水质　磷酸盐和总磷的测定　连续流动-钼酸铵分光光度法》（HJ 670—2013）
40		《水质　总磷的测定　流动注射-钼酸铵分光光度法》（HJ 671—2013）
41		《水质　总磷的测定　钼酸铵分光光度法》（GB 11893—89）
42	总铬	《水质　铬的测定　火焰原子吸收分光光度法》（HJ 757—2015）
43		《水质　总铬的测定》（GB 7466—1987）
44		《水质　65 种元素的测定　电感耦合等离子体质谱法》（HJ 700—2014）
45	六价铬	《水质　六价铬的测定　流动注射-二苯碳酰二肼光度法》（HJ 908—2017）
46		《水质　六价铬的测定　二苯碳酰二肼分光光度法》（GB 7467—1987）

注：标准统计截至 2023 年 4 月。

附录 4-4　废气污染物相关监测方法标准

序号	监测项目	分析方法名称及编号
1	二氧化硫	《固定污染源废气　二氧化硫的测定　便携式紫外吸收法》（HJ 1131—2020）
2		《环境空气　二氧化硫的自动测定　紫外荧光法》（HJ 1044—2019）
3		《固定污染源废气　二氧化硫的测定　定电位电解法》（HJ 57—2017）
4		《固定污染源废气　二氧化硫的测定　非分散红外吸收法》（HJ 629—2011）
5		《环境空气　二氧化硫的测定　甲醛吸收-副玫瑰苯胺分光光度法》及修改单（HJ 482—2009）
6		《环境空气　二氧化硫的测定　四氯汞盐吸收-副玫瑰苯胺分光光度法》及修改单（HJ 483—2009）
7		《固定污染源排气中二氧化硫的测定　碘量法》（HJ/T 56—2000）
8		《固定污染源废气　气态污染物（SO_2、NO、NO_2、CO、CO_2）的测定　便携式傅立叶变换红外光谱法》（HJ 1240—2021）
9	氮氧化物	《固定污染源废气　氮氧化物的测定　便携式紫外吸收法》（HJ 1132—2020）
10		《环境空气　氮氧化物的自动测定　化学发光法》（HJ 1043—2019）
11		《固定污染源废气　氮氧化物的测定　非分散红外吸收法》（HJ 692—2014）
12		《固定污染源废气　氮氧化物的测定　定电位电解法》（HJ 693—2014）
13		《固定污染源排气　氮氧化物的测定　酸碱滴定法》（HJ 675—2013）
14		《环境空气　氮氧化物（一氧化氮和二氧化氮）的测定　盐酸萘乙二胺分光光度法》（HJ 479—2009）
15		《固定污染源排气中氮氧化物的测定　紫外分光光度法》（HJ/T 42—1999）
16		《固定污染源排气中氮氧化物的测定　盐酸萘乙二胺分光光度法》（HJ/T 43—1999）
17		《固定污染源废气　气态污染物（SO_2、NO、NO_2、CO、CO_2）的测定　便携式傅立叶变换红外光谱法》（HJ 1240—2021）
18	颗粒物	《固定污染源废气　低浓度颗粒物的测定　重量法》（HJ 836—2017）
19		《固定污染源排气中颗粒物测定与气态污染物采样方法》（GB/T 16157—1996）
20		《环境空气　总悬浮颗粒物的测定　重量法》（HJ 1263—2022）
21		《锅炉烟尘测试方法》（GB/T 5468—1991）
22	氨	《环境空气　氨、甲胺、二甲胺和三甲胺的测定　离子色谱法》（HJ 1076—2019）
23		《环境空气　氨的测定　次氯酸钠-水杨酸分光光度法》（HJ 534—2009）
24		《环境空气和废气　氨的测定　纳氏试剂分光光度法》（HJ 533—2009）

序号	监测项目	分析方法名称及编号
25	氨	《空气质量　氨的测定　离子选择电极法》（GB/T 14669—1993）
26	非甲烷总烃	《固定污染源废气　总烃、甲烷和非甲烷总烃的测定　气相色谱法》（HJ 38—2017）
27		《环境空气　总烃、甲烷和非甲烷总烃的测定　直接进样-气相色谱法》（HJ 604—2017）
28	硫化氢	《空气质量　硫化氢、甲硫醇、甲硫醚和二甲二硫的测定　气相色谱法》（GB/T 14678—1993）
29	硫酸雾	《固定污染源废气　硫酸雾的测定　离子色谱法》（HJ 544—2016）
30	氟化物	《大气固定污染源　氟化物的测定　离子选择电极法》（HJ/T 67—2001）
31		《环境空气　氟化物的测定　滤膜采样/氟离子选择电极法》（HJ 955—2018）
32	氯化氢	《环境空气和废气　氯化氢的测定　离子色谱法》（HJ 549—2016）
33		《固定污染源排气中氯化氢的测定　硫氰酸汞分光光度法》（HJ/T 27—1999）
34		《固定污染源废气　氯化氢的测定　硝酸银容量法》（HJ 548—2016）
35	氯气	《固定污染源排气中氯气的测定　甲基橙分光光度法》（HJ/T 30—1999）
36		《固定污染源废气　氯气的测定　碘量法》（HJ 547—2017）

注：标准统计截至 2023 年 4 月。

附录 4-5　危险废物相关监测方法标准

序号	分析方法名称及编号
1	《固体废物鉴别标准　通则》（GB 34330—2017）
2	《危险废物鉴别标准　通则》（GB 5085.7—2019）
3	《危险废物鉴别技术规范》（H 298—2019）
4	《危险废物鉴别标准　腐蚀性鉴别》（GB 5085.1—2007）
5	《危险废物鉴别标准　急性毒性初筛》（GB 5085.2—2007）
6	《危险废物鉴别标准　浸出毒性鉴别》（GB 5085.3—2007）
7	《危险废物鉴别标准　易燃性鉴别》（GB 5085.4—2007）
8	《危险废物鉴别标准　反应性鉴别》（GB 5085.5—2007）
9	《危险废物鉴别标准　毒性物质含量鉴别》（GB 5085.6—2007）

注：标准统计截至 2023 年 4 月。

附录 4-6　固体废物相关监测方法标准

序号	分析方法名称及编号
1	《固体废物　铅和镉的测定　石墨炉原子吸收分光光度法》(HJ 787—2016)
2	《固体废物　铅、锌和镉的测定　火焰原子吸收分光光度法》(HJ 786—2016)
3	《固体废物　22 种金属元素的测定　电感耦合等离子体发射光谱法》(HJ 781—2016)
4	《固体废物　金属元素的测定　电感耦合等离子体质谱法》(HJ 766—2015)
5	《固体废物　铍 镍 铜和钼的测定　石墨炉原子吸收分光光度法》(HJ 752—2015)
6	《固体废物　镍和铜的测定　火焰原子吸收分光光度法》(HJ 751—2015)
7	《固体废物　总铬的测定　石墨炉原子吸收分光光度法》(HJ 750—2015)
8	《固体废物　总铬的测定　火焰原子吸收分光光度法》(HJ 749—2015)
9	《固体废物　总磷的测定　偏钼酸铵分光光度法》(HJ 712—2014)
10	《固体废物　酚类化合物的测定　气相色谱法》(HJ 711—2014)
11	《固体废物　汞、砷、硒、铋、锑的测定　微波消解/原子荧光法》(HJ 702—2014)
12	《固体废物　六价铬的测定　碱消解/火焰原子吸收分光光度法》(HJ 687—2014)
13	《固体废物　浸出毒性浸出方法　醋酸缓冲溶液法》(HJ/T 300—2007)
14	《固体废物　浸出毒性浸出方法　硫酸硝酸法》(HJ/T 299—2007)
15	《固体废物　浸出毒性浸出方法　翻转法》(GB 5086.1—1997)
16	《固体废物　总铬的测定　硫酸亚铁铵滴定法》(GB/T 15555.8—1995)
17	《固体废物　六价铬的测定　硫酸亚铁铵滴定法》(GB/T 15555.7—1995)
18	《固体废物　六价铬的测定　二苯碳酰二肼分光光度法》(GB/T 15555.4—1995)
19	《固体废物　砷的测定　二乙基二硫代氨基甲酸银分光光度法》(GB/T 15555.3—1995)
20	《固体废物　总汞的测定　冷原子吸收分光光度法》(GB/T 15555.1—1995)
21	《固体废物　镍的测定　丁二酮肟分光光度法》(GB/T 15555.10—1995)
22	《固体废物　氟化物的测定　离子选择性电极法》(GB/T 15555.11—1995)
23	《固体废物　腐蚀性测定　玻璃电极法》(GB/T 15555.12—1995)
24	《固体废物　总铬的测定　二苯碳酰二肼分光光度法》(GB/T 15555.5—1995)

注：标准统计截至 2023 年 4 月。

附录 5

自行监测方案参考模板

××××有限公司
自行监测方案

企业名称：　××××有限公司

编制时间：　××××年××月

一、企业概况

（一）基本情况

主要介绍排污单位的地理位置、生产规模、产品生产情况、人员等基本信息。如：×××有限公司位于×××市×××路175号，成立于1969年4月，2005年5月×××集团整体上市后，成立新的×××股份公司，×××公司成为×××股份的子公司。公司占地面积为188 550 m^2，现有员工3 000余名。公司目前主要产品有×××、×××、×××、×××……年产量分别为×××、×××、×××、×××……

根据《排污单位自行监测技术指南　总则》（HJ 819—2017）及《排污单位自行监测指南　稀有稀土金属冶炼》（HJ 1244—2022）要求，公司根据实际生产情况，查清本单位的污染源、污染物指标及潜在的环境影响，制定了本公司环境自行监测方案。

（二）排污及治理情况

主要介绍排污单位生产的工艺流程，并分析产排污节点及污染治理的情况。

1．钨钼冶炼排污单位

×××钨冶炼排污单位主要工艺类别为×××，主要生产工序包括解吸、除钼、萃取、结晶、煅烧、还原、烧结/备料、氧化焙烧、破碎包装等生产过程。

（1）废水包括生产废水、初期雨水和生活污水。生产废水主要包括分解过滤洗涤废水、离子交换废水、萃取废水和结晶废水。产生的废水经过管道集中送入污水处理站集中处理，处理达到《污水综合排放标准》（GB 8978—1996）排放标准后，排入×××河/由市政管网进入×××市政污水处理厂。

（2）钨冶炼排污单位废气污染物产生的主要环节是解吸、除钼、萃取、结晶、煅烧、还原等生产过程，主要污染物有颗粒物、氨、硫化氢、非甲烷总烃；钼冶炼排污单位废气污染物产生的主要环节是备料、氧化焙烧、破碎包装等生产过程，主要污染物有颗粒物、二氧化硫。

（3）噪声主要由炉窑系统、输送泵、鼓风机、冷却塔、循环水系等高噪声机械产生。我公司通过选择性能优良的设备及采取加强设备维修、合理布局、弹性减振等措施降低噪声影响。

（4）钨冶炼排污单位产生的工业固体废物主要有仲钨酸铵生产过程碱煮渣（钨渣）、净化过滤磷砷渣、除钼过程中产生的除钼渣、废水处理污泥、盐煮渣（钨渣）、锅炉渣、废气处理收尘渣等；钼冶炼排污单位产生的工业固体废物主要有锅炉渣、废气处理收尘渣、废酸中和石膏渣等。这些固体废物根据《国家危险废物名录》或国家规定的危险废物鉴别标准和鉴别方法进行分类管理，属于危险废物的委托有资质的×××公司进行处理，按照危险废物管理程序进行申报、记录、处理。

2．稀土金属冶炼排污单位

×××稀土金属冶炼排污单位主要原料类型为包头混合型稀土精矿/氟碳铈稀土精矿/南方离子吸附型稀土矿等，主要生产工序包括焙烧、配酸、酸洗、酸溶、浸出、萃取、沉淀、煅烧等生产过程。

（1）废水包括生产废水、初期雨水和生活污水。生产废水主要包括分解提取工序废水、萃取分离工序废水等。产生的废水经过管道集中送入污水处理站集中处理，处理达到《稀土工业污染物排放标准》（GB 26451—2011）排放标准后，排入×××河/由市政管网进入×××市政污水处理厂。

（2）包头混合型稀土精矿排污单位废气污染物产生的主要环节是焙烧和配酸/酸洗和酸溶及萃取、沉淀、煅烧等生产过程，主要污染物有颗粒物、二氧化硫、氮氧化物、硫酸雾、氟化物、氯化氢；氟碳铈稀土精矿排污单位废气污染物产生的主要环节是焙烧、配酸、浸出、萃取、沉淀、煅烧等生产过程，主要污染物有颗粒物、二氧化硫、氮氧化物、氟化物、氯化氢、氯气；南方离子吸附型稀土矿排污单位废气污染物产生的主要环节是配酸、酸溶、萃取、沉淀、煅烧等生产过程，主要污染物有颗粒物、二氧化硫、氮氧化物、氯化氢；稀土金属及合金生产

（熔盐电解）排污单位废气污染物产生的环节是电解，主要污染物有颗粒物、氟化物；稀土二次资源回收废气污染物产生的主要环节是焙烧、酸溶、萃取、沉淀、煅烧等生产过程，主要污染物有颗粒物、二氧化硫、氮氧化物、氯化氢。

（3）噪声主要由炉窑系统、输送泵、鼓风机、冷却塔、循环水系等高噪声机械产生。我公司通过选择性能优良的设备及采取加强设备维修、合理布局、弹性减振等措施降低噪声影响。

（4）包头混合型稀土精矿排污单位产生的工业固体废物主要有锅炉渣、废水处理中和沉淀渣、水浸渣等；氟碳铈稀土精矿排污单位产生的工业固体废物主要有锅炉渣、废水处理中和沉淀渣、废气处理收尘渣、铁钍渣、铅渣等；南方离子吸附型稀土矿排污单位产生的工业固体废物主要有废水处理沉淀中和渣、酸溶渣等；稀土金属及合金生产（熔盐电解）排污单位产生的工业固体废物主要有老化熔盐、废旧电极、熔炼炉渣、废气处理废渣等；稀土二次资源回收排污单位产生的工业固体废物主要有锅炉渣、废水处理沉淀中和渣、酸溶渣等。这些固体废物根据《国家危险废物名录》或国家规定的危险废物鉴别标准和鉴别方法进行分类管理，属于危险废物的委托有资质的×××公司进行处理，按照危险废物管理程序进行申报、记录、处理。

3．钽铌冶炼排污单位

×××钽铌冶炼排污单位主要生产工序包括磨矿、分解、中和沉淀洗涤、煅烧、混料、还原等生产过程。

（1）废水包括生产废水、初期雨水和生活污水。生产废水主要包括萃取废水、中和沉淀废水、洗涤废水、结晶废水等。产生的废水经过管道集中送入污水处理站集中处理，处理达到《污水综合排放标准》（GB 8978—1996）排放标准后，排入×××河/由市政管网进入×××市政污水处理厂。

（2）废气污染物产生的主要环节是磨矿、分解、中和沉淀洗涤、煅烧、混料、还原等生产过程，主要污染物有颗粒物、氟化物、硫酸雾、氨。

（3）噪声主要由炉窑系统、输送泵、鼓风机、冷却塔、循环水系等高噪声机械产生。我公司通过选择性能优良的设备及采取加强设备维修、合理布局、弹性减振等措施降低噪声影响。

（4）产生的工业固体废物主要有萃取废水处理残渣、锅炉渣、废水处理污泥、废气处理收尘渣等。这些固体废物根据《国家危险废物名录》或国家规定的危险废物鉴别标准和鉴别方法进行分类管理，属于危险废物的委托有资质的×××公司进行处理，按照危险废物管理程序进行申报、记录、处理。

二、企业自行监测开展情况说明

主要介绍排污单位废水、废气、噪声等开展的监测项目、采取的监测方式等的总体概况。如公司自行监测手段采用手动监测和自动监测相结合的方式，监测分析采取自主监测和委托第三方检测机构相结合的方式。

通过梳理公司相关项目的环评及批复、排污许可证及废水、废气、噪声执行的相关标准，对照单位生产及产排污情况，确定自行监测应开展的监测点位、监测指标、采用的监测分析方法及监测过程中应采取的质量控制和保证措施。

各工序废水经预处理后进入公司污水处理厂进行集中处理，处理达标后进市政管网/×××地表水，属于间接排放/直接排放，监测点位主要为公司废水总排口、生活污水排放口和雨水排放口。涉及的主要监测指标有pH、化学需氧量（COD_{Cr}）、氨氮（NH_3-N）、总磷、总氮、悬浮物、总锌、石油类、氟化物、总铅、总砷、总汞、总镉、五日生化需氧量。其中pH、COD_{Cr}、NH_3-N和流量采取自动监测，并与省、市环境部门联网，委托×××环境科技工程有限公司运维，其他项目采取手工监测方式，其中总氮、总锌、石油类及五日生化需氧量委托×××环境监测有限公司监测。

废气监测主要污染物有颗粒物、二氧化硫、氮氧化物、氟化物、氨、氯化氢、氯气、硫化氢、非甲烷总烃等。其中炉窑系统的颗粒物、二氧化硫、氮氧化物采取自动监测，并与省、市生态环境部门联网，委托×××环境科技工程有限公司运维，其他点位的颗粒物、氨、氯化氢、氯气、氟化物、非甲烷总烃等以及无组织排放的废气委托×××环境监测有限公司检测。

通过对现场生产设备进行梳理，根据设备在厂区的布置情况，在厂区的东、西、南、北 4 个边界和 1 个环境敏感点布置噪声监测点位，每季度 1 次，昼夜各 1 次。

三、监测方案

本部分是排污单位自行监测方案的核心部分，是自行监测内容的具体化、细化。按照废水、废气、噪声等不同污染类型以不同监测点位分别列出各监测指标的监测频次、监测方法、执行标准等监测要求。

（一）废水监测方案

1．钨钼冶炼排污单位

（1）废水监测点位、监测项目及监测频次见表 1。

表 1　钨钼冶炼排污单位废水污染源监测内容一览表

监测点位	监测指标	监测频次		监测方式	自主/委托
		直接排放	间接排放		
废水总排口	流量、pH、化学需氧量、氨氮	自动监测		自动	委托
	总磷	月	季度	手工	自主
	悬浮物、总锌、石油类、氟化物	季度	半年	手工	委托
车间或生产设施废水排放口	流量、总铅、总砷、总汞、总镉	月	季度	手工	委托
生活污水排放口[a]	流量、pH、悬浮物、化学需氧量、五日生化需氧量、氨氮、总磷	季度	—	手工	委托
雨水排放口	pH、悬浮物、化学需氧量、氨氮、石油类	月[b]		手工	委托
……	……	……		……	……

注：a 排污单位间接排放不要求开展自行监测，但应说明排放去向。

b 雨水排放口有流动水排放时按月监测。若监测一年无异常情况，可放宽至每季度开展一次监测。

（2）废水污染物监测方法及依据见表 2。

表 2 钨钼冶炼排污单位废水污染物监测方法及依据一览表

序号	监测项目	监测方法及依据	分析仪器
1	pH	《水质 pH 的测定 电极法》（HJ 1147—2020）	pH 电极
2	化学需氧量	《水质 化学需氧量的测定 重铬酸盐法》（HJ 828—2017）或《高氯废水 化学需氧量的测定 碘化钾碱性高锰酸钾法》（HJ/T 132—2003）等	消解装置、滴定管等
3	氨氮	《水质 氨氮的测定 纳氏试剂分光光度法》（HJ 535—2009）	分光光度计
4	总磷	《水质 总磷的测定 钼酸铵分光光度法》（GB 11893—89）	分光光度计
5	悬浮物	《水质 悬浮物的测定 重量法》（GB 11901—89）	电子天平
6	总锌	《水质 65 种元素的测定 电感耦合等离子体质谱法》（HJ 700—2014）	电感耦合等离子体质谱仪
7	石油类	《水质 石油类和动植物油类的测定 红外分光光度法》（HJ 637—2018）	分光光度计
8	氟化物	《水质 氟化物的测定 离子选择电极法》（GB 7484—1987）	氟离子选择电极
9	总铅	《水质 65 种元素的测定 电感耦合等离子体质谱法》（HJ 700—2014）	电感耦合等离子体质谱仪
10	总砷	《水质 汞、砷、硒、铋、锑的测定 原子荧光法》（HJ 694—2014）	原子荧光光谱仪
11	总汞	《水质 汞、砷、硒、铋、锑的测定 原子荧光法》（HJ 694—2014）	原子荧光光谱仪
12	总镉	《水质 65 种元素的测定 电感耦合等离子体质谱法》（HJ 700—2014）	电感耦合等离子体质谱仪
13	五日生化需氧量	《水质 五日生化需氧量（BOD_5）的测定 稀释与接种法》（HJ 505—2009）	溶解氧仪
……	……	……	……

（3）废水排放监测结果执行标准见表 3。

表 3 钨钼冶炼排污单位废水污染物排放执行标准

序号	监测点位	污染物种类	执行标准	标准限值
1	废水总排口	pH	《污水综合排放标准》（GB 8978—1996）表 4 一级	6～9
2		化学需氧量		100
3		氨氮		15
4		总磷		0.5
5		悬浮物		70
6		总锌		2.0
7		石油类		5
8		氟化物		10
9	车间或生产设施废水排放口	总铅	《污水综合排放标准》（GB 8978—1996）表 1	1.0
10		总砷		0.5
11		总汞		0.05
12		总镉		0.1
13	生活污水排放口	pH	《污水综合排放标准》（GB 8978—1996）表 4 一级	6～9
14		悬浮物		70
15		化学需氧量		100
16		五日生化需氧量		20
17		氨氮		15
18		总磷		0.5
19	雨水排放口	pH	参照《污水综合排放标准》（GB 8978—1996）表 4 一级	6～9
20		悬浮物		70
21		化学需氧量		100
22		氨氮		15
23		石油类		5
……	……	……	……	……

2．稀土金属冶炼排污单位

（1）废水监测点位、监测项目及监测频次见表 4。

表 4 稀土金属冶炼排污单位废水污染源监测内容一览表

监测点位	监测指标	监测频次		监测方式	自主/委托
		直接排放	间接排放		
废水总排口	流量、pH、化学需氧量、氨氮	自动监测		自动	委托
	总磷、总氮	月	季度	手工	自主
	悬浮物、总锌、石油类、氟化物	季度	半年	手工	委托
车间或生产设施废水排放口	流量、总铅、总砷、总镉、总铬、六价铬	月	季度	手工	委托
雨水排放口	pH、悬浮物、化学需氧量、氨氮、石油类	月[a]		手工	委托
……	……	……		……	……

注：[a]雨水排放口有流动水排放时按月监测。若监测一年无异常情况，可放宽至每季度开展一次监测。

（2）废水污染物监测方法及依据见表 5。

表 5 稀土金属冶炼排污单位废水污染物监测方法及依据一览表

序号	监测项目	监测方法及依据	分析仪器
1	pH	《水质 pH 的测定 电极法》（HJ 1147—2020）	pH 电极
2	化学需氧量	《水质 化学需氧量的测定 重铬酸盐法》（HJ 828—2017）或《高氯废水 化学需氧量的测定 碘化钾碱性高锰酸钾法》（HJ/T 132—2003）等	消解装置、滴定管等
3	氨氮	《水质 氨氮的测定 纳氏试剂分光光度法》（HJ 535—2009）	分光光度计
4	总磷	《水质 总磷的测定 钼酸铵分光光度法》（GB 11893—89）	分光光度计
5	总氮	《水质 总氮的测定 碱性过硫酸钾消解紫外分光光度法》（HJ 636—2012）	分光光度计
6	悬浮物	《水质 悬浮物的测定 重量法》（GB 11901—89）	电子天平
7	总锌	《水质 65 种元素的测定 电感耦合等离子体质谱法》（HJ 700—2014）	电感耦合等离子体质谱仪
8	石油类	《水质 石油类和动植物油类的测定 红外分光光度法》（HJ 637—2018）	分光光度计
9	氟化物	《水质 氟化物的测定 离子选择电极法》（GB 7484—1987）	氟离子选择电极
10	总铅	《水质 65 种元素的测定 电感耦合等离子体质谱法》（HJ 700—2014）	电感耦合等离子体质谱仪
11	总砷	《水质 汞、砷、硒、铋、锑的测定 原子荧光法》（HJ 694—2014）	原子荧光光谱仪

序号	监测项目	监测方法及依据	分析仪器
12	总镉	《水质　65 种元素的测定　电感耦合等离子体质谱法》（HJ 700—2014）	电感耦合等离子体质谱仪
13	总铬	《水质　65 种元素的测定　电感耦合等离子体质谱法》（HJ 700—2014）	电感耦合等离子体质谱仪
14	六价铬	《水质　六价铬的测定　二苯碳酰二肼分光光度法》（GB 7467—1987）	分光光度计
15	五日生化需氧量	《水质　五日生化需氧量（BOD_5）的测定　稀释与接种法》（HJ 505—2009）	溶解氧仪
……	……	……	……

（3）废水排放监测结果执行标准见表 6。

表 6　稀土金属冶炼排污单位废水污染物排放执行标准

序号	监测点位	污染物种类	执行标准	标准限值
1	废水总排口	pH	《稀土工业污染物排放标准》（GB 26451—2011）表 2 直接排放	6～9
2		化学需氧量		70
3		氨氮		15
4		总磷		1
5		总氮		30
6		悬浮物		50
7		总锌		1.0
8		石油类		4
9		氟化物		8
10	车间或生产设施废水排放口	总铅	《稀土工业污染物排放标准》（GB 26451—2011）表 2	0.2
11		总砷		0.1
12		总镉		0.05
13		总铬		0.8
14		六价铬		0.1
15	雨水排放口	pH	参照《稀土工业污染物排放标准》（GB 26451—2011）表 2 直接排放	6～9
16		悬浮物		50
17		化学需氧量		70
18		氨氮		15
19		石油类		4
……	……	……	……	……

3．钽铌冶炼排污单位

（1）废水监测点位、监测项目及监测频次见表 7。

表 7　钽铌冶炼排污单位废水污染源监测内容一览表

监测点位	监测指标	监测频次		监测方式	自主/委托
		直接排放	间接排放		
废水总排口	流量、pH、化学需氧量、氨氮	自动监测		自动	委托
	总磷	月	季度	手工	自主
	悬浮物、总锌、石油类、氟化物	季度	半年	手工	委托
生活污水排放口[a]	流量、pH、悬浮物、化学需氧量、五日生化需氧量、氨氮、总磷	季度	—	手工	委托
雨水排放口	pH、悬浮物、化学需氧量、氨氮、石油类	月[b]		手工	委托
……	……	……		……	……

注：a 排污单位间接排放不要求开展自行监测，但应说明排放去向。

b 雨水排放口有流动水排放时按月监测。若监测一年无异常情况，可放宽至每季度开展一次监测。

（2）废水污染物监测方法及依据见表 8。

表 8　钽铌冶炼排污单位废水污染物监测方法及依据一览表

序号	监测项目	监测方法及依据	分析仪器
1	pH	《水质　pH 的测定　电极法》（HJ 1147—2020）	pH 电极
2	化学需氧量	《水质　化学需氧量的测定　重铬酸盐法》（HJ 828—2017）或《高氯废水　化学需氧量的测定　碘化钾碱性高锰酸钾法》（HJ/T 132—2003）等	消解装置、滴定管等
3	氨氮	《水质　氨氮的测定　纳氏试剂分光光度法》（HJ 535—2009）	分光光度计
4	总磷	《水质　总磷的测定　钼酸铵分光光度法》（GB 11893—89）	分光光度计
5	悬浮物	《水质　悬浮物的测定　重量法》（GB 11901—89）	电子天平
6	总锌	《水质　65 种元素的测定　电感耦合等离子体质谱法》（HJ 700—2014）	电感耦合等离子体质谱仪
7	石油类	《水质　石油类和动植物油类的测定　红外分光光度法》（HJ 637—2018）	分光光度计
8	氟化物	《水质　氟化物的测定　离子选择电极法》（GB 7484—1987）	氟离子选择电极
9	五日生化需氧量	《水质　五日生化需氧量（BOD_5）的测定　稀释与接种法》（HJ 505—2009）	溶解氧仪
……	……	……	……

（3）废水排放监测结果执行标准见表 9。

表 9 钽铌冶炼排污单位废水污染物排放执行标准

序号	监测点位	污染物种类	执行标准	标准限值
1	废水总排口	pH	《污水综合排放标准》（GB 8978—1996）表 4 一级	6～9
2		化学需氧量		100
3		氨氮		15
4		总磷		0.5
5		悬浮物		70
6		总锌		2.0
7		石油类		5
8		氟化物		10
9	生活污水排放口	pH	《污水综合排放标准》（GB 8978—1996）表 4 一级	6～9
10		悬浮物		70
11		化学需氧量		100
12		五日生化需氧量		20
13		氨氮		15
14		总磷		0.5
15	雨水排放口	pH	参照《污水综合排放标准》（GB 8978—1996）表 4 一级	6～9
16		悬浮物		70
17		化学需氧量		100
18		氨氮		15
19		石油类		5
……	……	……	……	……

（二）有组织废气监测方案

1．钨钼冶炼排污单位

（1）有组织废气监测点位、监测项目及监测频次见表 10。

表 10　钨钼冶炼排污单位有组织废气监测内容一览表

原料类型	生产工序	监测点位	监测指标	监测频次	监测方式	自主/委托
钨精矿-分解-离子交换	解吸	排气筒	氨	半年	手工	委托
	除钼	排气筒	硫化氢、氨	半年	手工	委托
	结晶	排气筒	氨	月	手工	委托
钨精矿-分解-萃取	除钼	排气筒	硫化氢[a]、氨[b]	半年	手工	委托
	萃取	排气筒	非甲烷总烃	半年	手工	委托
	结晶	排气筒	氨	月	手工	委托
仲钨酸铵-煅烧-还原烧结	煅烧	排气筒	颗粒物	自动监测（半年[b]）	自动/手工	委托
			氨	月	手工	委托
	还原	排气筒	颗粒物	半年	手工	委托
	烧结	排气筒	颗粒物	半年	手工	委托
钼精矿-氧化焙烧	钼精矿备料	排气筒	颗粒物	半年	手工	委托
	氧化焙烧	排气筒	颗粒物、二氧化硫	自动监测	自动	委托
	氧化钼破碎包装	排气筒	颗粒物	半年	手工	委托
纯三氧化钼-还原烧结	还原	排气筒	颗粒物	半年	手工	委托
	烧结	排气筒	颗粒物	半年	手工	委托
……	……	……	……	……	……	……

注：应按照相应分析方法、技术规范同步监测烟气参数（动压、静压、烟温、氧含量及湿度）。

[a] 根据除钼工艺类别选择监测指标。

[b] 适用于采用天然气等清洁能源为燃料的煅烧炉、窑。

（2）有组织废气排放监测方法及依据见表 11。

表 11　钨钼冶炼排污单位有组织废气监测方法及依据一览表

序号	监测项目	监测方法及依据	分析仪器
1	烟气参数	《固定污染源排气中颗粒物的测定与气态污染物采样方法》（GB/T 16157—1996）	智能烟尘平行采样仪电子分析天平
2	颗粒物	《固定污染源排气中颗粒物测定与气态污染物采样方法》（GB/T 16157—1996）、《固定污染源废气中低浓度颗粒物的测定　重量法》（HJ 836—2017）	
3	二氧化硫	《固定污染源废气　二氧化硫的测定　定电位电解法》（HJ 57—2017）	自动烟气测试仪
4	非甲烷总烃	《固定污染源废气　总烃、甲烷和非甲烷总烃的测定气相色谱法》（HJ 38—2017）	气相色谱仪
5	氨	《环境空气和废气　氨的测定　纳氏试剂分光光度法》（HJ 533—2009）	分光光度计
6	硫化氢	《空气质量　硫化氢、甲硫醇、甲硫醚和二甲二硫的测定　气相色谱法》（GB/T 14678—1993）	气相色谱仪
……	……	……	……

（3）有组织废气排放监测结果执行标准见表 12。

表 12　钨钼冶炼排污单位有组织废气监测结果执行标准

序号	监测点位	监测项目	执行标准	标准限值
1	煅烧、还原、烧结、氧化焙烧	颗粒物	《工业炉窑大气污染物排放标准》（GB 9078—1996）	200/100 mg/m^3
2	钼精矿备料、氧化钼破碎包装	颗粒物	《大气污染物综合排放标准》（GB 16297—1996）	120 mg/m^3
3	氧化焙烧	二氧化硫	《工业炉窑大气污染物排放标准》（GB 9078—1996）	850 mg/m^3
4	除钼、煅烧	氨	《恶臭污染物排放标准》（GB 14554—1993）	4.9 kg/h
5	除钼	硫化氢	《恶臭污染物排放标准》（GB 14554—1993）	0.33 kg/h
6	萃取	非甲烷总烃	《大气污染物综合排放标准》（GB 16297—1996）	120 mg/m^3
……	……	……	……	……

2．稀土金属冶炼排污单位

（1）有组织废气监测点位、监测项目及监测频次见表13。

表13　稀土金属冶炼排污单位有组织废气监测内容一览表

原料类型	生产工序	监测点位	监测指标	监测频次	监测方式	自主/委托
包头混合型稀土精矿	焙烧[a]	排气筒	颗粒物、二氧化硫、氮氧化物（以 NO_2 计）	自动监测	自动	委托
			硫酸雾、氟化物	半年	手工	委托
	配酸	排气筒	氯化氢	半年	手工	委托
	酸洗[b]	排气筒	氯化氢	半年	手工	委托
	酸溶[b]	排气筒	氯化氢	半年	手工	委托
	萃取	排气筒	氯化氢	半年	手工	委托
	沉淀	排气筒	氯化氢[c]	半年	手工	委托
	煅烧	排气筒	颗粒物、二氧化硫、氮氧化物（以 NO_2 计）	自动监测（半年[d]）	自动/手工	委托
氟碳铈稀土精矿	焙烧	排气筒	颗粒物、二氧化硫、氮氧化物（以 NO_2 计）	自动监测	自动	委托
		排气筒	氟化物	半年	手工	委托
	配酸	排气筒	氯化氢	半年	手工	委托
	浸出	排气筒	氯化氢、氯气	半年	手工	委托
	萃取	排气筒	氯化氢	半年	手工	委托
	沉淀	排气筒	氯化氢[c]	半年	手工	委托
	煅烧	排气筒	颗粒物、二氧化硫、氮氧化物（以 NO_2 计）	自动监测（半年[d]）	自动/手工	委托
南方离子吸附型稀土矿	配酸	排气筒	氯化氢	半年	手工	委托
	酸溶	排气筒	氯化氢	半年	手工	委托
	萃取	排气筒	氯化氢	半年	手工	委托
	沉淀	排气筒	氯化氢[c]	半年	手工	委托
	煅烧	排气筒	颗粒物、二氧化硫、氮氧化物（以 NO_2 计）	自动监测（半年[d]）	自动/手工	委托
稀土金属及合金生产（熔盐电解）		排气筒	颗粒物、氟化物	半年	手工	委托

原料类型	生产工序	监测点位	监测指标	监测频次	监测方式	自主/委托
稀土二次资源回收	焙烧	排气筒	颗粒物、二氧化硫、氮氧化物（以 NO_2 计）	自动监测	自动	委托
	酸溶	排气筒	氯化氢	半年	手工	委托
	萃取	排气筒	氯化氢	半年	手工	委托
	沉淀	排气筒	氯化氢[c]	半年	手工	委托
	煅烧	排气筒	颗粒物、二氧化硫、氮氧化物（以 NO_2 计）	自动监测（半年[d]）	自动/手工	委托
……	……	……	……	……	……	……

注：应按照相应分析方法、技术规范同步监测烟气参数（动压、静压、烟温、氧含量及湿度）。

[a]适用于浓硫酸强化焙烧-萃取分离工艺。

[b]适用于碱法分解处理-萃取分离工艺。

[c]适用于草酸沉淀工艺。

[d]适用于采用天然气等清洁能源为燃料的煅烧炉、窑，若采用纯电力能源，可不监测二氧化硫。

（2）有组织废气排放监测方法及依据见表 14。

表 14 稀土金属冶炼排污单位有组织废气监测方法及依据一览表

序号	监测项目	监测方法及依据	分析仪器
1	烟气参数	《固定污染源排气中颗粒物的测定与气态污染物采样方法》（GB/T 16157—1996）	智能烟尘平行采样仪电子分析天平
2	颗粒物	《固定污染源排气中颗粒物测定与气态污染物采样方法》（GB/T 16157—1996）、《固定污染源废气中低浓度颗粒物的测定 重量法》（HJ 836—2017）	智能烟尘平行采样仪电子分析天平
3	二氧化硫	《固定污染源废气 二氧化硫的测定 定电位电解法》（HJ 57—2017）	自动烟气测试仪
4	氮氧化物（以 NO_2 计）	《固定污染源废气 氮氧化物的测定 定电位电解法》（HJ 693—2014）	自动烟气测试仪
5	硫酸雾	《固定污染源废气 硫酸雾的测定 离子色谱法》（HJ 544—2016）	离子色谱
6	氟化物	《大气固定污染源 氟化物的测定 离子选择电极法》（HJ/T 67—2001）	氟离子选择电极
7	氯化氢	《环境空气和废气 氯化氢的测定 离子色谱法》（HJ 549—2016）、《固定污染源废气 氯化氢的测定 硝酸银容量法》（HJ 548—2016）	离子色谱/滴定管
8	氯气	《固定污染源排气中氯气的测定 甲基橙分光光度法》（HJ/T 30—1999）、《固定污染源废气 氯气的测定 碘量法》（HJ 547—2017）	分光光度计/滴定管
……	……	……	……

（3）有组织废气排放监测结果执行标准见表 15。

表 15　稀土金属冶炼排污单位有组织废气监测结果执行标准

序号	监测点位	监测项目	执行标准	标准限值
1	焙烧	颗粒物	《稀土工业污染物排放标准》（GB 26451—2011）及其修改单	40 mg/m^3
2	焙烧	二氧化硫	《稀土工业污染物排放标准》（GB 26451—2011）及其修改单	300 mg/m^3
3	焙烧	氮氧化物（以 NO_2 计）	《稀土工业污染物排放标准》（GB 26451—2011）及其修改单	200 mg/m^3
4	煅烧	颗粒物	《稀土工业污染物排放标准》（GB 26451—2011）及其修改单	40 mg/m^3
5	煅烧	二氧化硫	《工业炉窑大气污染物排放标准》（GB 9078—1996）	850 mg/m^3
6	煅烧	氮氧化物（以 NO_2 计）	《稀土工业污染物排放标准》（GB 26451—2011）及其修改单	160 mg/m^3
7	焙烧	硫酸雾	《稀土工业污染物排放标准》（GB 26451—2011）及其修改单	35 mg/m^3
8	焙烧	氟化物	《稀土工业污染物排放标准》（GB 26451—2011）及其修改单	7 mg/m^3
9	配酸、酸洗、酸溶、浸出、萃取、沉淀	氯化氢	《稀土工业污染物排放标准》（GB 26451—2011）及其修改单	20 mg/m^3
10	浸出	氯气	《稀土工业污染物排放标准》（GB 26451—2011）及其修改单	20 mg/m^3
11	稀土金属及合金生产	颗粒物	《稀土工业污染物排放标准》（GB 26451—2011）及其修改单	50 mg/m^3
12	稀土金属及合金生产	氟化物	《稀土工业污染物排放标准》（GB 26451—2011）及其修改单	5 mg/m^3
……	……	……	……	……

3．钽铌冶炼排污单位

（1）有组织废气监测点位、监测项目及监测频次见表16。

表16 钽铌冶炼排污单位有组织废气监测内容一览表

原料类型	生产工序	监测点位	监测指标	监测频次	监测方式	自主/委托
钽铌精矿	磨矿	排气筒	颗粒物	半年	手工	委托
	分解	排气筒	氟化物、硫酸雾	半年	手工	委托
	中和沉淀洗涤	排气筒	氨	月	手工	自主
	煅烧	排气筒	颗粒物	自动监测（半年[a]）	自动/手工	委托
			氨	月	手工	委托
	混料	排气筒	颗粒物	半年	手工	委托
	还原	排气筒	颗粒物	半年	手工	委托
……	……	……	……	……	……	……

注：应按照相应分析方法、技术规范同步监测烟气参数（动压、静压、烟温、氧含量及湿度）。

[a]适用于采用天然气等清洁能源为燃料的煅烧炉、窑。

（2）有组织废气排放监测方法及依据见表17。

表17 钽铌冶炼排污单位有组织废气监测方法及依据一览表

序号	监测项目	监测方法及依据	分析仪器
1	烟气参数	《固定污染源排气中颗粒物的测定与气态污染物采样方法》（GB/T 16157—1996）	智能烟尘平行采样仪电子分析天平
2	颗粒物	《固定污染源排气中颗粒物测定与气态污染物采样方法》（GB/T 16157—1996）、《固定污染源废气中低浓度颗粒物的测定 重量法》（HJ 836—2017）	
3	二氧化硫	《固定污染源废气 二氧化硫的测定 定电位电解法》（HJ 57—2017）	自动烟气测试仪
4	硫酸雾	《固定污染源废气 硫酸雾的测定 离子色谱法》（HJ 544—2016）	离子色谱
5	氟化物	《大气固定污染源 氟化物的测定 离子选择电极法》（HJ/T 67—2001）	氟离子选择电极
6	氨	《环境空气和废气 氨的测定 纳氏试剂分光光度法》（HJ 533—2009）	分光光度计
……	……	……	……

（3）有组织废气排放监测结果执行标准见表 18。

表 18 钽铌冶炼排污单位有组织废气监测结果执行标准

序号	监测点位	监测项目	执行标准	标准限值
1	磨矿、混料、还原	颗粒物	《大气污染物综合排放标准》（GB 16297—1996）	120 mg/m^3
2	煅烧	颗粒物	《工业炉窑大气污染物排放标准》（GB 9078—1996）	200 mg/m^3
3	分解	氟化物	《大气污染物综合排放标准》（GB 16297—1996）	9.0 mg/m^3
4	分解	硫酸雾	《大气污染物综合排放标准》（GB 16297—1996）	45 mg/m^3
5	中和沉淀洗涤、煅烧	氨	《恶臭污染物排放标准》（GB 14554—1993）	4.9 kg/h
……	……	……	……	……

（三）无组织废气排放监测方案

（1）无组织废气监测项目及监测频次见表 19，监测项目是在梳理有组织废气排放污染物的基础上确定的。

表 19 无组织废气污染源监测内容一览表

排污单位类型		监测点位	监测指标	监测频次	监测方式	自主/委托
钨钼冶炼	钨冶炼	企业边界	颗粒物、二氧化硫、氨、硫化氢	季度	手工	委托
	钼冶炼	企业边界	颗粒物、二氧化硫	季度	手工	委托
稀土金属冶炼		企业边界	颗粒物、二氧化硫、氮氧化物（以 NO_2 计）、硫酸雾、氟化物、氯化氢	季度	手工	委托
钽铌冶炼		企业边界	颗粒物、氨、氟化物	季度	手工	委托
……		……	……	……	……	……

注：根据生产工艺涉及的废气污染物，确定具体的监测指标。

应同步监测气象参数。

（2）无组织废气排放监测方法及依据见表 20。

表 20　无组织废气排放监测方法及依据一览表

序号	监测项目	监测方法及依据	分析仪器
1	颗粒物	《环境空气　总悬浮颗粒物的测定　重量法》（HJ 1263—2022）	万分之一天平和十万分之一天平
2	二氧化硫	《环境空气　二氧化硫的测定　甲醛吸收-副玫瑰苯胺分光光度法》（HJ 482—2009）	分光光度计
3	氮氧化物（以 NO_2 计）	《环境空气　氮氧化物（一氧化氮和二氧化氮）的测定　盐酸萘乙二胺分光光度法》（HJ 479—2009）	分光光度计
4	硫酸雾	《固定污染源废气　硫酸雾的测定　离子色谱法》（HJ 544—2016）	离子色谱
5	氟化物	《环境空气　氟化物的测定　滤膜采样氟离子选择电极法》（HJ 480—2009）	氟离子选择电极
6	氯化氢	《环境空气和废气　氯化氢的测定　离子色谱法》（HJ 549—2016）	离子色谱
7	氨	《环境空气和废气　氨的测定　纳氏试剂分光光度法》（HJ 533—2009）	分光光度计
8	硫化氢	《空气质量　硫化氢、甲硫醇、甲硫醚、二甲二硫的测定　气相色谱法》（GB/T 14678—1993）	气相色谱

（3）无组织废气排放监测结果执行标准见表 21。

表 21　无组织废气排放监测结果执行标准

<table>
<tr><th colspan="2">排污单位类型</th><th>监测项目</th><th>执行标准</th><th>标准限值</th></tr>
<tr><td rowspan="6">钨钼冶炼</td><td rowspan="4">钨冶炼</td><td>颗粒物</td><td>《大气污染物综合排放标准》（GB 16297—1996）</td><td>1.0 mg/m³</td></tr>
<tr><td>二氧化硫</td><td>《大气污染物综合排放标准》（GB 16297—1996）</td><td>0.40 mg/m³</td></tr>
<tr><td>氨</td><td>《恶臭污染物排放标准》（GB 14554—93）</td><td>1.5 mg/m³</td></tr>
<tr><td>硫化氢</td><td>《恶臭污染物排放标准》（GB 14554—93）</td><td>0.06 mg/m³</td></tr>
<tr><td rowspan="2">钼冶炼</td><td>颗粒物</td><td>《大气污染物综合排放标准》（GB 16297—1996）</td><td>1.0 mg/m³</td></tr>
<tr><td>二氧化硫</td><td>《大气污染物综合排放标准》（GB 16297—1996）</td><td>0.40 mg/m³</td></tr>
</table>

排污单位类型	监测项目	执行标准	标准限值
稀土金属冶炼	颗粒物	《稀土工业污染物排放标准》（GB 26451—2011）	1.0 mg/m^3
	二氧化硫	《稀土工业污染物排放标准》（GB 26451—2011）	0.40 mg/m^3
	氮氧化物（以 NO_2 计）	《稀土工业污染物排放标准》（GB 26451—2011）	0.12 mg/m^3
	硫酸雾	《稀土工业污染物排放标准》（GB 26451—2011）	1.2 mg/m^3
	氟化物	《稀土工业污染物排放标准》（GB 26451—2011）	0.02 mg/m^3
	氯化氢	《稀土工业污染物排放标准》（GB 26451—2011）	0.20 mg/m^3
钽铌冶炼	颗粒物	《大气污染物综合排放标准》（GB 16297—1996）	1.0 mg/m^3
	氨	《恶臭污染物排放标准》（GB 14554—1993）	1.5 mg/m^3
	氟化物	《大气污染物综合排放标准》（GB 16297—1996）	20 μg/m^3
……	……	……	……

（四）厂界环境噪声监测方案

（1）厂界环境噪声监测内容见表 22。

表 22　厂界环境噪声监测内容表（L_{eq}）

监测点位	主要噪声源	监测频次	执行标准	标准限值
东侧厂界（Z1）	污水处理系统	季度	《工业企业厂界环境噪声排放标准》（GB 12348—2008）3 类	昼间：65 dB（A）；夜间：55 dB（A）
南侧厂界（Z2）	炉窑系统	季度		
西侧厂界（Z3）	输送泵	季度		
北侧厂界（Z4）	真空系统设备	季度		

（2）厂界环境噪声监测方法见表 23。

表 23　厂界环境噪声监测方法

监测项目	监测方法	分析仪器	备注
厂界环境噪声（L_{eq}）	《工业企业厂界环境噪声排放标准》（GB 12348—2008）	AWA6270+噪声统计分析仪	昼间：06：00—22：00；夜间：22：00—06：00，昼夜各测一次

四、监测点位示意图

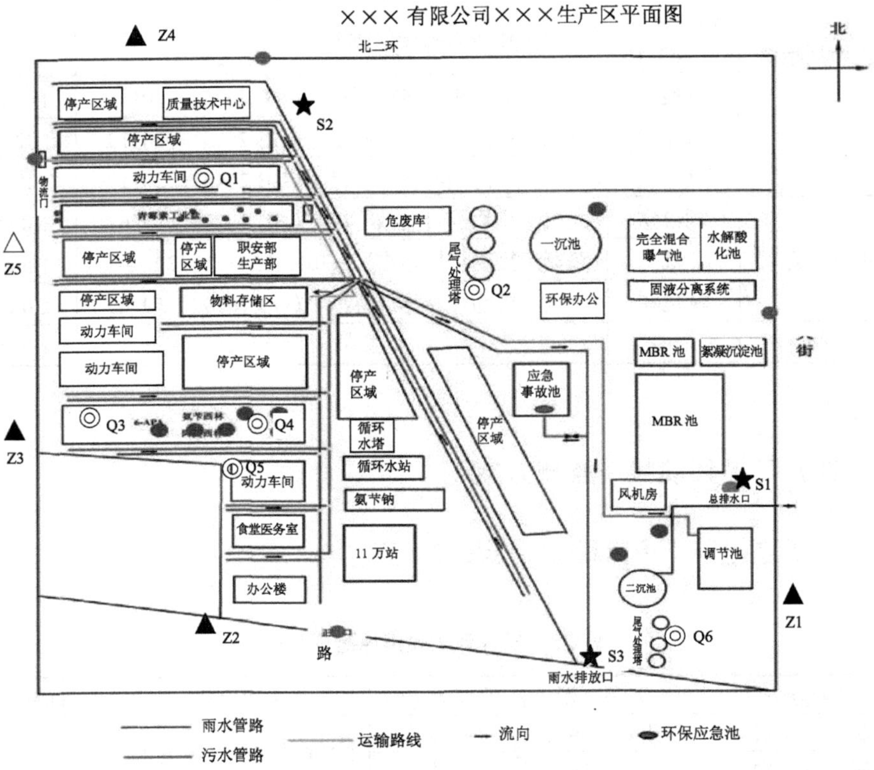

图1　×××有限公司×××生产区废水、废气、噪声监测点位示意图

五、质量控制措施

主要从内部、外部对监测人员、实验室能力、监测技术规范、仪器设备、记录等质控管理提出适合本单位的质控管理措施。例如：

委外检测的×××工业技术服务有限公司是通过国家计量认定的实验室，取得CMA检测资质证书，编号为170912341506。所委托检测项目，该公司均具备检测能力，如有方法出现变更等检测能力发生变化时，该公司应及时向我单位提供最新检测能力表。

1. 监测技术规范性

×××工业技术服务有限公司建立执行了《检测方法及方法确认程序》。自行监测遵守国家环境监测技术规范和方法，每年开展标准查新工作和编制“标准方法现行有效性核查报告”。检测项目依据的标准均为现行有效的国家标准和行业标准，不使用非标准。

2. 仪器要求

×××工业技术服务有限公司建立执行了《仪器设备管理程序》《量值溯源程序》《期间核查程序》等制度用于仪器、环境监控设备的配置、使用、维护、标识、档案管理等。

配备了满足检测工作所需的重要仪器设备有烟尘采样仪 8 台、定电位电解法烟气分析仪（3 台）、非分散红外烟气分析仪（1 台）、常规空气采样器（16 台）、紫外/可见分光光度计 4 台、离子色谱仪 1 台、吹扫捕集-气相色谱仪（1 台）、原子吸收光谱仪（火焰、石墨炉）各 1 台、红外油分仪 3 台、pH 计 3 台，以及其他若干实验室辅助设备等，性能状况良好，都能够满足现有检测能力的要求。

所有主要仪器均单建设备档案并信息完整，均能按照量值溯源要求制订仪器设备计量检定/校准计划并实施，并在有效期内使用。中心对主要检测设备开展检定/校准结果技术确认工作，并定期实施关键参数性能期间核查，以确保仪器的技术性能处于稳定状态。

委外检测中，×××工业技术服务有限公司测量仪器有智能烟尘平行采样仪、电子分析天平、高分辨率气质谱联用仪、气相色谱/质谱联用仪，所有仪器设备也均经过计量检定。

3. 记录要求

服务公司建立执行《记录控制程序》《检测物品管理程序》《检测数据控制与管理程序》《检测报告管理程序》。对监测记录进行全过程控制，确保所有记录客观、及时、真实、准确、清晰、完整、可溯源，为监测活动提供客观证据。

中心记录分管理和技术两大类，其中主要技术类包括原始记录、采样单、样品接收单、分析记录、仪器检定/校准、期间核查、数据审核、质量统计分析、检测报告等。

尤其对原始记录的填写、修改方式、保存、用笔规定、记录人员（采样、检测分析、复核、审核）标识做了明确规定。

自动监测设备应保存仪器校验记录。校验记录根据×××市生态环境局在线监测科要求，按照规范进行，记录内容需完整准确，各类原始记录内容应完整，不得随意涂改，并有相关人员签字。

手动监测记录必须提供原始采样记录，采样记录的内容须准确完整，至少 2 人共同采样和签字，规范修改；采样必须按照《固定源废气监测技术规范》（HJ/T 397—2007）和《固定污染源监测质量保证与质量控制技术规范》（HJ/T 373—2007）中的要求进行；样品交接记录内容需完整、规范。

4．环境管理体系

公司制定了《环保设施运行管理办法》《环境监测管理办法》等一系列的环保管理制度，明确了各部门环保管理职责和管理要求。多年来，公司按照体系化要求开展环保管理及环境监测工作，日常工作贯彻“体系工作日常化，日常工作体系化”的原则。

公司设立环境监测管理部，全面负责污染治理设施、污染物排放监测。自动监控系统的运行过程中，对日常巡检、维护保养以及设备的校准和校验都作出了明确的规定，对于系统运行中出现的故障，做到了及时现场检查、处理，并按要求快速修复设备，确保了系统持续正常运行。

×××公司自配有环境监测中心，中心实验室依据《检测和校准实验室能力认可准则》（CNAS-CL01：2006）及化学检测领域应用说明建立质量管理体系，与所从事的环境监测活动类型、范围和工作量相适应，规范环境监测人、机、物、料、环、法的管理，满足认可体系共计 25 类质量和技术要素，实现了监测数据的“五性”目标。

监测中心制定《质量手册》《质量保证工作制度》《质量监督（员）管理制度》《监测结果质量控制程序》《监测数据控制与管理程序》《监测报告管理程序》，并依据管理制度每年制订年度实验室质量控制计划，得到有效实施。

质控分内部和外部两种形式，外部质控是每年组织参加由CNAS及CNAS承认的能力验证提供者（如原环保部标准物质研究所）组织的能力验证、测量审核，并对结果分析和有效性评价，得出仪器设备的性能状况和人员水平的结论。

内部质控使用有证标样、加标回收、平行双样和空白值测试等方式，定期对结果进行统计分析，形成质量分析报告。

1．人员持证上岗

×××公司自配环境监测中心现有监测岗位人员共计人员24名，其中管理人员1名，技术人员6名、监测人员15名、其他辅助人员2名。中心建立执行《人员培训管理程序》，对内部监测人员上岗资质执行上岗前的技术能力确认和上岗后技术能力持续评价。实行上岗证（中心发公司认可的上岗证）和国家环境保护监察员技能等级证（发证单位是人力资源和社会保障部）双证管理模式。

运维单位负责污染源在线监控系统运行和维护的人员均取得了“污染源在线监测设备运行维护”资格证书，分为废水和废气项目，并按照相关法规要求，定期安排运维人员进行运维知识和技能培训。每年与运维单位签订污染源在线监控系统运维委托协议，明确运行维护工作内容、职责及考核细则。

2．实验室能力认定

×××有限公司监测分自行监测和委托第三方检测机构检测两种模式。

委外监测的主要指标有废水中的总铅、总砷、总镉、总汞、总铬、六价铬；废气中的氯化氢、氯气、氨和非甲烷总烃。

中心实验室按照国家实验室认可准则开展监测，对资质认定许可范围内的监测项目进行监测。

委外监测的×××工业技术服务有限公司也是通过国家计量认定的实验室，取得CMA检测资质证书，编号为170912341506。所委托监测项目，该公司均具备监测能力，如有方法出现变更等监测能力发生变化时，该公司应及时向我单位提供最新监测能力表。

3．监测技术规范性

×××环境监测中心建立执行了《监测方法及方法确认程序》。自行监测遵守国家环境监测技术规范和方法，每年开展标准查新工作和编制标准方法现行有效性核查报告。监测项目依据的标准均为现行有效的国家标准和行业标准，不使用非标准。

4．仪器要求

×××环境监测中心建立执行了《仪器设备管理程序》《量值溯源程序》《期间核查程序》等制度用于仪器、环境监控设备的配置、使用、维护、标识、档案管理等。

中心配备了满足监测工作所需的重要仪器设备有烟尘采样仪 8 台、定电位电解法烟气分析仪（3 台）、非分散红外烟气分析仪（1 台）、常规空气采样器（16 台）、紫外/可见分光光度计 4 台、离子色谱仪 1 台、吹扫捕集-气相色谱仪（1 台）、原子吸收光谱仪（火焰、石墨炉）各 1 台、红外油分仪 3 台、pH 计 3 台，以及其他若干实验室辅助设备等，性能状况良好，都能够满足现有监测任务的要求。

所有主要仪器均单建设备档案并信息完整，均能按照量值溯源要求制订仪器设备计量检定/校准计划并实施，并在有效期内使用。中心对主要监测设备开展检定/校准结果技术确认工作，并定期实施关键参数性能期间核查，以确保仪器的技术性能处于稳定状体。

委外监测中，×××工业技术服务有限公司测量仪器有智能烟尘平行采样仪、电子分析天平、高分辨率气质谱联用仪、气相色谱/质谱联用仪，所有仪器设备也均应经过计量检定。

5．记录要求

×××环境监测中心建立执行了《记录控制程序》《检测物品管理程序》《监测数据控制与管理程序》《监测报告管理程序》。对监测记录进行全过程控制，确保所有记录客观、及时、真实、准确、清晰、完整、可溯源，为监测活动提供客观证据。

中心记录分管理和技术两大类，其中主要技术类包括原始记录、采样单、样品接收单、分析记录、仪器检定/校准、期间核查、数据审核、质量统计分析、监测报告等。

对原始记录的填写、修改方式、保存、用笔规定、记录人员（采样、检测分析、复核、审核）标识作出明确规定。

自动监测设备应保存仪器校验记录。校验记录根据×××市生态环境局在线监测科要求，按照规范进行，记录内容需完整准确，各类原始记录内容应完整，不得随意涂改，并由相关人员签字。

手动监测记录必须提供原始采样记录，采样记录的内容须准确完整，至少2 人共同采样和签字，规范修改；采样必须按照《固定源废气监测技术规范》（HJ/T 397—2007）和《固定污染源监测质量保证与质量控制技术规范》（HJ/T 373—2007）中的要求进行；样品交接记录内容需完整、规范。

6. 环境管理体系

公司制定了《环保设施运行管理办法》《环境监测管理办法》等一系列的环保管理制度，明确了各部门环保管理职责和管理要求。多年来，公司按照体系化要求开展环保管理及环境监测工作，日常工作贯彻“体系工作日常化，日常工作体系化”的原则。

公司设立环境监测管理部，全面负责污染治理设施、污染物排放监测。自动监控系统的运行过程中，对日常巡检、维护保养以及设备的校准和校验都作出了明确的规定，对于系统运行中出现的故障，做到了及时现场检查、处理，并按要求快速修复设备，确保了系统持续正常运行。

六、信息记录和报告

（一）信息记录

1．监测和运维记录

手工监测和自动监测的记录均按照《排污单位自行监测技术指南　稀有稀土金属冶炼》（HJ 1244—2022）要求执行。

（1）现场采样时，记录采样点位、采样日期、监测指标、采样方法、采样人姓名、保存方式等采样信息，并记录废水水温、流量、色嗅等感官指标。

（2）实验室分析时，记录分析日期、样品点位、监测指标、样品处理方式、分析方法、测定结果、质控措施、分析人员等。

（3）自动设备运行台账应记录自动监控设备名称、运维单位、巡检、校验日期、校验结果、标准样品浓度、有效期、运维人员等信息。

2．生产和污染治理设施运行状况记录

（1）生产运行状况记录：按照生产批次或生产周期记录正常工况各主要生产单元每项生产设施的运行状态、生产负荷、运行参数、主要产品产量、原辅用料及燃料使用情况（包括种类、名称、用量、成分分析）等信息。

（2）污染治理设施运行状况：按照生产批次或生产周期记录正常工况各主要生产单元每项生产设施的运行状态、生产负荷、运行参数、主要产品产量、原辅用料及燃料使用情况（包括种类、名称、用量、成分分析）等信息；按更换批次记录废气处理使用的吸附剂、过滤材料等耗材的名称及用量；废气采用了副产物回收技术的，应记录副产物回收率、综合利用情况，记录废气处理设施运行参数、故障及维护情况等；记录噪声污染治理设施日常巡检、故障及维护或更换情况等。

3．工业固体废物信息记录

按照《排污许可证申请与核发技术规范　工业固体废物（试行）》（HJ 1200—2021）记录工业固体废物的相关信息，可能产生的危险废物按照《国家危险废物名录》或危险废物鉴别标准和鉴别方法认定。

稀有稀土金属冶炼排污单位主要的工业固体废物为分解、净化过滤、除钼、熔盐电解、废水处理等生产工序产生的仲钨酸铵生产碱分解碱煮渣（钨渣）、盐煮渣（钨渣）、净化过滤磷砷渣、除钼渣和废水处理污泥；稀土金属冶炼老化熔盐、废旧电极、熔炼炉渣；锅炉渣、废水处理中和沉淀渣、废气处理收尘渣和中和沉淀渣等。当仲钨酸铵生产过程中碱分解碱煮渣（钨渣）和废水处理污泥满足《水泥窑协同处置固体废物污染控制标准》（GB 30485—2013）和《水泥窑协同处置固体废物环境保护技术规范》（HJ 662—2013）的要求进入水泥窑协同处置时，处置过程不按危险废物管理。

（二）信息报告

每年年底编写自行监测年度报告。年度报告包含以下内容：

1. 监测方案的调整变化情况及变更原因。

2. 企业及各主要生产设施（至少涵盖废气主要污染源相关生产设施）全年运行天数，各监测点、各监测指标全年监测次数、超标情况、浓度分布情况。

3. 周边环境质量影响状况监测结果。

4. 自行监测开展的其他情况说明。

5. 实现达标排放所采取的主要措施。

（三）应急报告

1. 当监测结果超标时，我公司对超标的项目增加监测频次，并检查超标原因。

2. 若短期内无法实现稳定达标排放的，公司应向生态环境局提交事故分析报告，说明事故发生的原因，采取减轻或防止污染的措施，以及今后的预防及改进措施。

七、自行监测信息公布

（一）公布方式

手工监测数据通过“全国污染源监测信息管理与共享平台”、××××等平台公开，自动监测数据通过××××等平台进行公开。

（二）公布内容

1．基础信息，包括单位名称、组织机构代码、法定代表人、生产地址、联系方式，以及生产经营和管理服务的主要内容、产品及规模。

2．排污信息，包括主要污染物及特征污染物的名称、排放方式、排放口数量和分布情况、排放浓度和总量、超标情况，以及执行的污染物排放标准、核定的排放总量。

3．防治污染设施的建设和运行情况。

4．自行监测年度报告。

5．自行监测方案。

6．未开展自行监测的原因。

（三）公布时限

1．手动监测数据于监测完成后 5 个工作日内公布，自动监测数据实时公布。

2．每年 1 月底前公布上年度自行监测年度报告。

3．企业基础信息随监测数据一并公布。

参考文献

[1] EPA Office of Wastewater Management-Water Permitting. Water permitting 101[EB/OL]. [2015-06-10]. http：//www. epa. gov/npdes/pubs/101 pape. pdf.

[2] Office of Enforcement and Compliance Assurance. NPDES compliance inspection manual[R]. Washington D. C.：U. S. Environmental Protection Agency，2004.

[3] U. S. EPA. Interim guidance for performance-based reductions of NPDES permit monitoring frequencies[EB/OL]. [2015-07-05]. http：//www. epa. gov/npdes/pubs/perf-red. pdf.

[4] U. S. EPA. U. S. EPA NPDES permit writers' manual[S]. Washington D. C.：U. S. EPA，2010.

[5] UK. EPA. Monitoring discharges to water and sewer：M18 guidance note[EB/OL]. [2017-06-05]. https：//www.gov.uk/government/publications/m18-monitoring-of-discharges-to-water-and-sewer.

[6] Huang X W，Long Z Q，Wang L S. Technology development for rare earth cleaner hydrometallurgy in China[J]. Rare Met.，2015，34（4）：215-222.

[7] 常杪，冯雁，郭培坤，等. 环境大数据概念、特征及在环境管理中的应用[J]. 中国环境管理，2015，7（6）：26-30.

[8] 冯晓飞，卢瑛莹，陈佳. 政府的污染源环境监督制度设计[J]. 环境与可持续发展，2017，42（4）：33-35.

[9] 环境保护部大气污染防治欧洲考察团，刘炳江，吴险峰，等. 借鉴欧洲经验加快我国大气污染防治工作步伐——环境保护部大气污染防治欧洲考察报告之一[J]. 环境与可持续发展，2013（5）：5-7.

[10] 姜文锦，秦昌波，王倩，等. 精细化管理为什么要总量质量联动？——环境质量管理的国际经验借鉴[J]. 环境经济，2015（3）：16-17.

[11] 罗毅. 环境监测能力建设与仪器支撑[J]. 中国环境监测，2012，28（2）：1-4.

[12] 罗毅. 推进企业自行监测　加强监测信息公开[J]. 环境保护，2013，41（17）：13-15.

[13] 钱文涛. 中国大气固定源排污许可证制度设计研究[D]. 北京：中国人民大学，2014.

[14] 曲格平. 中国环境保护四十年回顾及思考（回顾篇）[J]. 环境保护，2013，41（10）：10-17.

[15] 宋国君，赵英煚. 美国空气固定源排污许可证中关于监测的规定及启示[J]. 中国环境监测，2015，31（6）：15-21.

[16] 孙强，王越，于爱敏，等. 国控企业开展环境自行监测存在的问题与建议[J]. 环境与发展，2016，28（5）：68-71.

[17] 谭斌，王丛霞. 多元共治的环境治理体系探析[J]. 宁夏社会科学，2017（6）：101-103.

[18] 唐桂刚，景立新，万婷婷，等. 堰槽式明渠废水流量监测数据有效性判别技术研究[J]. 中国环境监测，2013，29（6）：175-178.

[19] 王军霞，陈敏敏，穆合塔尔•古丽娜孜，等. 美国废水污染源自行监测制度及对我国的借鉴[J]. 环境监测管理与技术，2016，28（2）：1-5.

[20] 王军霞，陈敏敏，唐桂刚，等. 我国污染源监测制度改革探讨[J]. 环境保护，2014，42（21）：24-27.

[21] 王军霞，陈敏敏，唐桂刚，等. 污染源，监测与监管如何衔接？——国际排污许可证制度及污染源监测管理八大经验[J]. 环境经济，2015（Z7）：24.

[22] 王军霞，唐桂刚，景立新，等. 水污染源五级监测管理体制机制研究[J]. 生态经济，2014，30（1）：162-164，167.

[23] 王军霞，唐桂刚. 解决自行监测“测”“查”“用”三大核心问题[J]. 环境经济，2017（8）：32-33.

[24] 薛澜，张慧勇. 第四次工业革命对环境治理体系建设的影响与挑战[J]. 中国人口・资源与环境，2017，27（9）：1-5.

[25] 张紧跟，庄文嘉. 从行政性治理到多元共治：当代中国环境治理的转型思考[J]. 中共宁波

市委党校学报，2008，30（6）：93-99.

[26] 张静，王华. 火电厂自行监测现状及建议[J]. 环境监控与预警，2017，9（4）：59-61.

[27] 张伟，袁张燊，赵东宇. 石家庄市企业自行监测能力现状调查及对策建议[J]. 价值工程，2017，36（28）：36-37.

[28] 张秀荣. 企业的环境责任研究[D]. 北京：中国地质大学，2006.

[29] 赵吉睿，刘佳泓，张莹，等. 污染源 COD 水质自动监测仪干扰因素研究[J]. 环境科学与技术，2016，39（S1）：299-301，314.

[30] 左航，杨勇，贺鹏，等. 颗粒物对污染源 COD 水质在线监测仪比对监测的影响[J]. 中国环境监测，2014，30（5）：141-144.

[31] 王军霞，唐桂刚，赵春丽. 企业污染物排放自行监测方案设计研究——以造纸行业为例[J]. 环境保护，2016，44（23）：45-48.

[32] 张静，王华. 火电厂自行监测关键问题研究[J]. 环境监测管理与技术，2017，29（3）：5-7.

[33] 王娟，余勇，张洋，等. 精细化工固定源废气采样时机的选择探讨[J]. 环境监测管理与技术，2017，29（6）：58-60.

[34] 尹卫萍. 浅谈加强环境现场监测规范化建设[J]. 环境监测管理与技术，2013，25（2）：1-3.

[35] 成钢. 重点工业行业建设项目环境监理技术指南[M]. 北京：化学工业出版社，2016.

[36] 杨驰宇，滕洪辉，于凯，等. 浅论企业自行监测方案中执行排放标准的审核[J]. 环境监测管理与技术，2017，29（4）：5-8.

[37] 王亘，耿静，冯本利，等. 天津市恶臭投诉现状与对策建议[J]. 环境科学与管理，2008，33（9）：49-52.

[38] 邬坚平，钱华. 上海市恶臭污染投诉的调查分析[J]. 上海环境科学，2003（增刊）：185-189.

[39] 张旭东. 工业有机废气污染治理技术及其进展探讨[J]. 环境研究与监测，2005，18（1）：24-26.

[40] 王宝庆，马广大，陈剑宁. 挥发性有机废气净化技术研究进展[J]. 环境污染治理技术与设备，2003，4（5）：47-51.

[41] 陈平，陈俊. 挥发性有机化合物的污染控制[J]. 石油化工环境保护，2006，29（3）：20-23.

[42] 吕唤春，潘洪明，陈英旭. 低浓度挥发性有机废气的处理进展[J]. 化工环保，2001，21（6）：324-327.

[43] 杨啸，王军霞. 排污许可制度实施情况监督评估体系研究[J]. 环境保护科学，2021，47（1）：10-14.

[44] 王军霞，刘通浩，敬红，等. 支撑排污许可制度的固定源监测技术体系完善研究[J]. 中国环境监测，2021，37（2）：76-82.

[45] 刘国文，王继徽. 含氟含氨氮废水的治理[J]. 硬质合金，2005（4）：245-249.

[46] 左铁镛. 树立科学发展观　实现我国钨业可持续发展[J]. 中国钨业，2008（1）：6-9.

[47] 于常武，许士国，陈国伟，等. 水体中钼污染物的迁移转化研究进展[J]. 环境污染与防治，2008（9）：70-74.

[48] 郭青蔚，王肇信，肖文至，等. 现代铌钽冶金[M]. 北京：冶金工业出版社，2009.

[49] 都基峻，田刚，张凡. 钼冶炼工艺的循环经济探讨[J]. 环境工程，2011，29（S1）：381-384.

[50] 姚卫东，曹七林，伍尊中. 钽铌湿法冶炼含氟废水的综合利用及其治理[J]. 材料研究与应用，2011，5（1）：71-73.

[51] 黄江波，徐文炘. 钽铌钨锡多金属矿冶炼项目污染防治措施探讨[J]. 广州化工，2013，41（3）：109-111.

[52] 张胤，王青春，许剑轶，等. 稀土材料制备技术[M]. 北京：化学工业出版社，2014.

[53] 黄小卫，李红卫. 中国稀土[M]. 北京：冶金工业出版社，2015.

[54] 叶波. 钨钼分离专利技术研究进展[J]. 矿产保护与利用，2016（1）：70-73.

[55] 张伟宁，郑培生，聂全新，等. 钽铌冶炼过程中三废治理及综合利用[J]. 广州化工，2017，45（22）：127-129.

[56] 冯宗玉，黄小卫，王猛，等. 典型稀土资源提取分离过程的绿色化学进展及趋势[J]. 稀有金属，2017，41（5）：604-612.

[57] 干勇，李春龙，杨占峰，等. 稀土采选与环境保护[M]. 北京：冶金工业出版社，2018.

[58] 王春梅，刘玉柱，赵龙胜，等. 我国稀土新材料与绿色制备技术现状与发展趋势[J]. 中国材料进展，2018，37（11）：841-847，879.

[59] 党晓娥，魏新华，李兴波，等. 稀有金属冶金学——钨钼钒冶金[M]. 北京：冶金工业出版社，2018.

[60] 谢建清. 钨渣回收利用技术研究现状[J]. 中国钨业，2019，34（1）：50-57.

[61] 王猛，黄小卫，冯宗玉，等. 包头混合型稀土矿冶炼分离过程的绿色工艺进展及趋势[J]. 稀有金属，2019，43（11）：1131-1141.

[62] 徐菘泽，刘朝晖. 我国稀土产业发展研究[J]. 合作经济与科技，2021（18）：32-33.

[63] 郭咏梅，孟庆江，杨丽，等. 呼吁：我国稀土总量控制指标区分轻重稀土资源进行管控——放开或逐步放开我国轻稀土资源管控对保护性离子型稀土矿种继续实行总量控制指标管理[J]. 稀土信息，2021（3）：22-25.

[64] 徐淼，张庆. 中国稀土市场的现状、问题及对策[J]. 全国流通经济，2021（30）：137-139.

[65] 冯宗玉，王猛，赵龙胜，等. 稀土元素萃取分离提纯技术发展现状与展望[J]. 中国稀土学报，2021，39（3）：469-478.

[66] 杨斌清，程婧，徐鹏伟. 我国稀土消费结构现状与趋势分析[J/OL]. 稀土：1-9[2022-09-26].